广西高等职业教育示范特色专业系列教材
（作物生产技术专业群）

有机产品与环境检测

杨　杰　主编

中国农业大学出版社
·北京·

内容摘要

本教材重点介绍了有机产品及环境检测的相关基础理论及相关实用技术，主要内容包括有机产品及相关概念；国内外农产品环境标准体系；有机产品产地灌溉水水质、产地空气和产地土壤的环境监测方法和具体实例；有机农产品中农药残留、重金属含量的检测方法、原理、主要检测技术和具体实例。

本教材可供有机农业、生态农业、现代农艺、食品等行业的教学、生产和管理人员使用，也可供对农产品安全检测感兴趣的普通读者阅读。

图书在版编目（CIP）数据

有机产品与环境检测/杨杰主编. —北京:中国农业大学出版社，2019.6
ISBN 978-7-5655-2225-3

Ⅰ.①有…　Ⅱ.①杨…　Ⅲ.①有机农业-农产品-环境监测　Ⅳ.①X83

中国版本图书馆CIP数据核字（2019）第107493号

书　名　有机产品与环境检测
作　者　杨　杰　主编

策划编辑　司建新　　**责任编辑**　洪重光
封面设计　郑　川
出版发行　中国农业大学出版社
社　　址　北京市海淀区学清路甲38号　　**邮政编码**　100083
电　　话　发行部010-62733489,1190　　读者服务部010-62732336
　　　　　　编辑部010-62732617,2618　　出　版　部010-62733440
网　　址　http://www.caupress.cn　　**E-mail** cbsszs@cau.edu.cn
经　　销　新华书店
印　　刷　北京鑫丰华彩印有限公司
版　　次　2019年6月第1版　　2019年6月第1次印刷
规　　格　787×1 092　16开本　15.5印张　290千字
定　　价　52.50元

图书如有质量问题本社发行部负责调换

教材编审委员会

编写人员

主　编　杨　杰（广西农业职业技术学院）

副主编　钟莉传（广西农业职业技术学院）

刘　云（广西农业职业技术学院）

刘焕龙（北京农业职业学院）

参　编　赵广存（广西农业职业技术学院）

黎金玲（广西农业职业技术学院）

前　言

农产品的安全关系到广大人民群众的身体健康和生命安全，关系到经济发展和社会稳定。有机产品是根据有机农业原则和有机产品生产方式及标准生产、加工出来的，通过合法的有机产品认证机构认证并被颁发证书的一切农产品。有机产品认证从生产过程控制着手，对农药、化肥、兽药、饲料添加剂等化学投入品在使用管理等方面进行严格的控制，能够从根本上有效地解决农产品源头污染问题，有力推动农产品的健康可持续发展，提升我国农产品的安全水平和国际竞争力。

但是当前有机农业的生产过程主要依据操作者按照相关标准进行操作，并做好生产记录即可，很难通过检测手段来识别是否为有机产品。因此市场上存在有机产品鱼龙混杂，不良商贩以次充好欺骗消费者以赚取高额利润的情况。部分生产企业和商家出现非法竞争、违规操作、缺乏诚信的行为，少数的企业在有机产品的生产中违规使用农药、抗生素等投入物；也存在个别企业滥用有机农产品标识，不规范使用有机农产品标识对消费者造成很多误导和曲解，造成有机农产品市场的混乱，引发消费者的信任危机。这些现象挤压了有机产品的生存空间，给有机农业造成极坏的影响。有机产品的检测和有机产品生产的监管是有机产品安全的保障，在保证有机产品安全，提高有机产品的市场竞争力，促进有机产品进出口贸易，保障人民群众健康上发挥重要的作用。

本教材分析影响有机产品安全的各类因素，重点介绍有机产品产地环境中灌溉水、土壤、空气的主要检测方法、原理和应用实例，有机产品生产过程中的重金属、农药残留的危害，各种样品采集、主要检测技术和具体的检测实例。这些内容包含环境监测工职业技能鉴定的知识，包括水环境监测工、土壤环境监测工和大气环境监测工职业技能鉴定的备考知识，既有理论分析，又有紧密结合生产实际的应用实例；可供有机农业、生态农业、现代农艺、食品等行业的教学、生产和管理人员使用，也可供对农产品安全检测感兴趣的普通读者阅读。

全书共分为 4 章，分别为绪论，有机产品产地环境检测，有机产品中重金属检测，有机产品中农药残留检测，第 1 至第 3 章附有相关的检测实例。

本书主要由广西农业职业技术学院、北京农业职业学院教学研究人员参加编写,具体分工如下:杨杰(第0,1章)、刘云(第2章)、钟莉传(第3章)。刘焕龙、赵广存、黎金玲参与初稿材料收集,杨杰、刘焕龙统稿、定稿。

由于本书涉及的领域很广,编者水平有限,书中难免有许多不足之处,敬请广大读者提出宝贵意见,以便再版时补充修正。

编　者

2019年3月

目　录

0

绪　论

学习目标

1. 掌握有机产品、有机农业的概念。
2. 了解国内外有机产品发展现状。
3. 掌握学好本门课程的方法。

随着全球生态环境问题逐年加剧和工业化进程的快速推进，农业产地污染日趋严重，引起了人们对食品安全问题的高度关注，特别是随着人们消费水平和认知水平的不断提高，消费者对健康、安全、无污染产品的需求更加迫切。然而，近年来，猕猴桃施用“膨大剂”、养猪添加“瘦肉精”、奶粉中添加“三聚氰胺”等一系列“菜篮子污染”问题时常被媒体报道，显示出令人担忧的食品安全隐患。如何确保农产品质量安全已成全社会乃至全球关注的焦点问题之一。农产品质量安全是指农产品“从田间到餐桌”的全过程安全。21 世纪，随着农产品贸易和经济全球化进一步推进，国际市场的激烈竞争加剧，农产品安全又关系着国家的经济发展和国际形象。因此，各国对农产品安全问题都十分重视。

有机产品（organic product）是根据有机农业原则和有机产品生产方式及标准生产、加工出来的，通过合法的有机产品认证机构认证并被颁发证书的一切农产品。有机产品认证从生产过程控制着手，对农药、化肥、兽药、饲料添加剂等化学投入品在使用管理等方面进行严格的控制，能够从根本上有效地解决农产品源头污染问题，有力推动农产品的健康可持续发展，提升我国农产品的安全水平和国际竞争力。

有机农业作为保证食品安全的绿洲，成为世界农业的发展趋势和农业研究的热点课题。目前我国使用的《中华人民共和国国家标准　有机产品》被称为“史上最严”的标准,因此,真正的有机产品是能够反映农产品质量安全水平的。但是我国地域辽阔,自然条件复杂,农业生产类型和管理措施多种多样,农业生产整体技术含量低,管理水平不齐。在发展的同时,也看到当前有机农业的生产过程主要依据操作者按照相关标准进行操作,并做好生产记录即可,很难通过检测手段来识别是否为有机,也给部分不守信用的生产者和商家钻了空子,对消费者的市场信心造成了不良影响。在目前的市场环境中,存在着有机产品鱼龙混杂,不良商贩以次充好欺骗消费者以赚取高额利润的情况。部分生产企业和商家有非法竞争、违规操作、缺乏诚信的行为,少数的企业在有机农产品的生产中违规使用农药、抗生素等非法投入物;也存在个别企业滥用有机农产品标识,不规范使用有机农产品标识,造成有机农产品市场的混乱,引发消费者的信任危机,挤压有机产品的生存空间,给有机农业造成极坏的影响。因此,如何用检测手段保障有机产品的消费安全,提高有机产品的市场竞争力,促进有机产品进出口贸易是当前有机产品生产中迫切需要解决的问题。

0.1　有机产品及相关概念

目前,反映我国农产品安全的概念有 3 个:即无公害产品、绿色产品、有机产品。

0.1.1　无公害产品

无公害产品是按照无公害产品生产的技术标准和要求生产的、符合通用卫生标准并经有关部门认定的安全产品。严格来讲,无公害产品是普通产品都应当达到的一种基本要求。

0.1.2　绿色产品

绿色产品是我国农业部门在 20 世纪 90 年代初发展的一种产品,分为 A 级绿色产品和 AA 级绿色产品。其中, A 级绿色产品生产中允许限量使用化学合成生产资料, AA 级绿色产品则较为严格地要求在生产过程中不使用化学合成的肥料、农药、饲料添加剂、产品添加剂和其他有害于环境和健康的物质。从本质上来讲,绿色产品是从普通产品向有机产品发展的一种过渡产品。

0.1.3 有机产品

《中华人民共和国国家标准 有机产品》中定义：有机产品是生产、加工、销售过程符合本部分的供人类消费、动物食用的产品。“本部分”范围指：农作物、食用菌、野生植物、畜禽、水产、蜜蜂等各种生物。

有机产品是根据有机农业原则，生产过程中禁止使用人工合成的农药、化肥、激素、抗生素、食品添加剂等化学物质和采用对环境无害的方式生产、销售过程，受专业认证机构全程监控，通过独立认证机构认证并颁发证书，销售总量受控制的一类真正纯天然、高品质、无污染、安全的健康食品。有机农产品是国际上通行的环保生态食品，已经成为发达国家的消费主流。

0.1.4 有机农业

有机农业（organic farming）指在动植物生产过程中不使用化学合成的农药、化肥、生产调节剂、饲料添加剂等物质，以及基因工程生物及其产物，而是遵循自然规律和生态学原理，采取一系列可持续发展的农业技术，协调种植业和养殖业的平衡，维持农业生态系统持续稳定的一种农业生产方式。

0.1.5 相关概念

有机食品是指人类生存与发展所需的最基本的物质生活资料，是人们从事精神和物质生产的必要前提。有机食品和有机农产品的内涵有差异，外延有交叉。一般将有机食品与有机农产品、有机产品等概念混同使用，如从事食品科学研究的人爱好使用有机食品安全，从事农业科学研究的人偏好使用有机农产品或有机产品质量安全。相对而言，有机产品质量安全涵盖的范围较宽，既包括可食用农产品质量安全，又包括非食用农产品质量安全。前者构成农产品质量安全的主体部分；同时，可食用农产品又包含在食品这个大概念中，也是食品工业的主要原料来源，可食用农产品的生产是食品加工产业的源头。本教材中提到的有机产品主要是指有机农产品。

0.2 国内外有机产品安全现状

0.2.1 国外有机产品发展现状

由于发达国家农产品过剩，生态环境恶化以及环保主义运动，促进了有机农业发展；1972 年，国际有机农业运动联盟的成立标志着国际上有机产品开始起步。

随着人们环境保护意识的不断提高和对美好生活的向往，国际有机产品市场迅速扩大，为满足不断增长的消费需求，将会有更多的农民从常规农业生产方式转向有机农业生产方式，更多的农场成为有机农场，增加有机产品供给。

据国际有机农业研究机构瑞士有机农业研究所（FiBL）调查结果，2015 年全球约有 242 万个有机生产商，有机用地（含转化期用地）9 060 万 hm^2，其中有机农地 5 092 万 hm^2，有机水产 3 万 hm^2，有机森林 27 万 hm^2，野生采集和养蜂区 3 936 万 hm^2，其他非农有机用地 2 万 hm^2。

发展中国家易于发展劳动密集型的有机产品。现在，发展中国家有机产品数量不断增长，有机产品生产规模逐步扩大，中国、印度、巴西等发展中国家的有机产品市场也迅速发展起来。

0.2.2 我国有机产品发展现状

20 世纪 90 年代有机农业在我国兴起，有机产业和有机产品生产在我国得到快速发展。有机产品因环境友好、产品质量安全性高而被广大消费者接受，生产和销售规模逐年增加，特别是近两年得到了飞速发展。我国有机农业在标准制定、市场培育、生产技术、质量控制、加工技术、产品认证等方面的经验日趋成熟。

随着全球有机农业的发展，我国越来越多的有机农业生产者不断推动市场发展，开展有机产品科普和宣传，有机产品的市场规模不断变大、市场需求不断增加，越来越受到政府的关注。我国有机产品的贸易额也日趋增长。截至 2015 年 12 月 31 日，我国境内依据中国有机标准进行的有机植物生产面积为 152.4 万 hm^2，其中有机种植面积为 92.7 万 hm^2，野生采集面积为 59.7 万 hm^2；2015 年有机产品的生产面积和销售额都分别位列世界第四。我国主要有机产品为谷物、蔬菜、水果、豆类及油料作物、茶叶等。

有机产业作为资源节约型、环境友好型的发展模式，以健康、生态、公平、关爱为发展理念，遵循自然生态系统原理，将可持续发展思想贯穿于有机产品生产的全过程，在保护生态环境的前提下，促进农业转型升级，提质增效。有机产业不仅能够带动农民增收，健康、生态、安全的有机产品也日益受到消费者的青睐，正在逐步成为市场消费热点。

但是，目前我国有机农产品生产效率较低，而且加工程度低，收益能力小。我国向境外市场出口的产品主要包括豆类、大米、茶叶、食用菌、蔬菜、食用油和草药等。豆类产品是最大的出口产品，占到总出口额的42%左右，然后依次是谷类、坚果、蔬菜和茶叶。

我国有机农业产品需求量逐渐增加，但发展缓慢，增幅较小，生产的有机农产品主要用于出口到一些较发达国家如日本、新加坡等，其余的用于满足国内的消费市场，主要销往北京、上海等较发达城市。

目前我国有机农业虽然已经初具规模，但是还处在初期阶段，有很大的上升空间，发展有机农业、生产有机产品符合生态文明建设的要求，是传统农业转型的最佳方向之一。

0.3 影响有机产品发展的因素及对策

我国地域辽阔，自然条件复杂，农业生产类型和管理措施多种多样，农业生产整体技术含量低，管理水平不齐。在发展的同时，也看到当前有机农业的生产过程主要依据操作者按照相关标准进行操作，并做好生产记录即可，很难通过检测手段来识别是否为有机，也给部分不守信用的生产者和商家钻了空子，对消费者的市场信心造成了不良影响。在目前的市场环境中，存在有机产品鱼龙混杂，不良商贩以次充好欺骗消费者以赚取高额利润的情况。部分生产企业和商家有非法竞争、违规操作、缺乏诚信的行为，少数企业在有机农产品的生产中违规使用农药、抗生素等；也存在个别企业滥用有机农产品标识，不规范使用有机农产品标识的状况，造成有机农产品市场的混乱，引发消费者的信任危机。

有机产品的发展受到多种因素的制约。如社会经济发展水平、政策法规实施程度、有机技术发展水平、资源生态环境状况、社会诚信水平、舆论环境及消费者的认知度、政府和行业协会监管水平。

促进有机产品的健康快速发展，需要多措并举。如促进地区经济发展水平、制定适合我国国情的标准及合理的地方扶持政策、提高有机生产技术及服务水平、改善生态环境、加快推进诚信体系建设、创造良好的舆论环境、加强政府及行业协会的配合等。

0.4 加强有机产品检测的意义

有机产品是通过有机农业生产体系生产出来的产品，是一套主要针对初级农产品生产（包括作物种植和动物养殖等）的操作规范。它通过严格控制种植、养殖、采收、清洗、包装、贮藏和运输过程中有害物质和有害生物，鼓励禁用农用化学品和化学药品，保障初级农产品的安全，同时实现环境保护、可持续发展、员工健康安全福利以及动物福利等目标。

通过有机产品检测技术，确保有机产品能够严格按照有机产品认证标准进行生产。有机产品认证从生产过程控制着手，对农药、化肥、兽药、饲料添加剂等化学投入品在使用管理等方面进行严格的控制，能够从根本上有效地解决农产品源头污染问题，有力推动有机产品的健康可持续发展，提升我国有机产品的安全水平和国际竞争力。

有机农业符合我国倡导的“绿水青山就是金山银山”的绿色发展理念。有机产品在一定程度上更健康、安全、营养。我国有机产业起步虽晚，但发展前景广阔。做精做强有机产业，发展有机产品在推进“五位一体”总体布局、实施乡村振兴战略、提升农产品质量安全水平等多个方面具有积极的意义。

0.5 有机产品与环境检测的主要内容

有机产品生产包含产前、产中、产后 3 个阶段。对有机产品开展全方位、全过程追踪，产前主要对有机产品生产环境质量进行检测，检测对象为产地环境中的水、土、大气的质量，监测有机产品的产地中空气、生产用水、土壤是否受到污染及其污染程度。产中主要对农业投入品的质量安全进行检测，主要检测对象为肥料、兽药、各种生长素或生长调节剂、农膜、农作物种子、种畜种禽种鱼、饲料、农药及各种农业生产用设备和农产品加工机械等。产后以农产品市场准入认可性检测为主，检测对象为种植业产品及其制品、畜禽产品及其制品、水产品及其制品、转基因产品等。有机产品安全的检测涉及的指标有十几种，但总体可以归纳为重金属（汞、铅、镉、铬、砷）残留、农药残留、兽药残留、食品添加剂含量、微生物指标及一些营养、品质指标。检测的难点主要在重金属残留、农药残留和兽药残留的检测上。

0.6 如何学好有机产品与环境检测

有机产品与环境检测是为了满足有机农业专业方向生产与检验人才培养模式的需求，针对有机产品“从田间到餐桌”全程质量控制的要求，对有机产品产前的产地环境检测、产中的农业投入品的质量安全、产后的市场准入认可监测的需求而开设的一门课程。

有机产品与环境检测属于专业基础必修课程，在生产实践中没有绝对适应的岗位相对应。作为农业生产技术员、环境监测工和农业实验工等岗位，单一学习本课程的知识是远远不够的，还必须要具备许多相关的知识。

有机产品与环境检测是一门综合性强、实践性强的课程，在学习过程中要有一定的理论基础，需要头脑灵活，善于思考，还要掌握化学分析检验和仪器分析的技能，才能更好地完成本门课程的学习。

0.6.1 加强德育教育

课程涉及实验操作技能学习，必须严格遵守法律法规和操作规程，加强组织纪律性，必须有良好的职业道德和责任心，要担负起自己应该担负的责任。作为检测人员，都是为了人民群众能使用安全放心的有机产品、为人民群众的身体健康和生命安全而工作的，因此要以求真务实和严谨的科学态度，在检验操作过程中精益求精，确保实验数据的真实性。如果因为检测结果出错，造成经济损失，甚至对许多无辜人的性命造成伤害，后果很严重。很多检测项目的完成是很艰苦的，经常不能够按时吃饭与休息，检测人员需要有敬业精神和奉献精神。另外，一个检测项目有时候需要多人协助，团队合作精神也是必备的。

0.6.2 要有一定的理论基础

检测类的课程是以分析操作技能为主的技术性课程，以学习和掌握分析检验的操作技能为主要目的，但是基础理论知识却是不可缺少的。要想较好地学习和掌握检测技能，必须明白为什么要这样做，怎样做才能更好地减免误差，使分析检测结果更准确。

化学和分析化学的基础理论，是使学生明白为什么要这样做的基本保证，其中的误差理论，是使学生在分析检测操作过程中，有效地减免误差、保证分析检测结果准确的必要保障。只有把误差理论应用到分析检测实践操作中，才能保证分析结果的准确可靠，反之则不能保证检测结果的准确性。

0.6.3 注意知识的关联性

有机产品与环境检测是以化学、分析化学、仪器分析和概率与数理统计学科为基础的。你是否具备了这些基础？如果基础还没有打好，请在学习过程中不断复习这些基础知识与基本技能，以便应用到课程的学习中。

此外，有机产品与环境检测与《环境监测》《食品环境学》《土壤肥料学》《有机标准与认证》《土壤理化分析》《作物营养与施肥》《农业化学研究法》《无土栽培》《环境评价》都有一定联系，建议在学习过程中，阅读这些参考书籍，使我们更好地完成有机产品与环境检测的学习。

有机产品与环境检测中涉及许多相关的标准，建议在学习中，把涉及的标准收集起来，作为学习参考资料，会对学习本课程有较大的帮助。

0.6.4 要勤学善思

若想学好本门课程，需要多观察、多思考、勤动手。在实验操作中发现问题，把问题和学习的知识相关联，运用这些知识来解决问题。只学习但不善于动脑筋，在掌握操作技能上就比较慢，而那些踏实学习又善于思考的学生，在掌握操作技能上却快得多。

独立完成检测工作，必须多学习、多阅读操作指导，能按操作指导的要求来完成任务。在操作中如发现异常问题，多思考解决这些问题的方法，提高检测能力。

思考题

1. 什么是有机产品？
2. 有机产品检测的主要内容是什么？
3. 怎样学好有机产品与环境检测这门课程？

1

有机产品产地环境检测

学习目标

1. 了解有机产品生产环境的标准。
2. 掌握有机产品灌溉水水质、产地土壤、产地空气的检测方法。

1.1 环境标准

1.1.1 环境标准的产生

1.1.1.1 环境标准的概念

在一定时间和空间范围内，根据社会经济的发展需要，以保护生态环境和生活环境为目标而制定的统一规范，称为环境标准。

环境标准是为了防治环境污染，维护生态平衡，保护人体健康，对环境保护工作中需要统一的各项技术规范和技术要求所做的统一规定。具体一点说，环境标准是国家为了保护人民健康，促进生态良性循环，实现社会经济发展目标，根据国家的环境政策和法规，在综合考虑本国自然环境特征、社会经济条件和科学技术水平的基础上规定环境中污染物的允许含量和污染源排放污染物的数量、浓度、时间和速率以及其他有关的技术规范。

环境标准是国家环境政策与法律法规在技术方面的具体体现，是行使环境监督管理和进行环境规划的主要依据，是推动环境科技进步的动力。由此可见，环境标准是随环境问题的产生而出现的，是随科技进步和环境科学的发展而发展的，其表现是在标准种类（国家环境标准五类）和数量上的越来越多。环境标准为社会生产力的发展创造良好的条件，又受到社会生产力发展水平的制约。

1.1.1.2 环境标准的产生

环境标准是随着环境问题的产生而产生的。英国是工业化开始最早的国家，环境公害问题在世界各国中也发生最早，因此，英国是产生环境标准与法规最早的国家。早在1863年，英国《碱业法》中对工厂排放的H_2SO_4、SO_2、HCl等污染物的排放量就做了明确规定，这是世界上第一个附有污染物排放限制的法律。此后，美国、苏联、联邦德国等一些发达国家在19世纪末20世纪初为控制大气和河流污染也作了类似的规定。

20世纪30—60年代，现代化工业的发展，使各种污染物的排放量大大增加，由此导致了许多环境公害事件的发生，尤其是工业发达国家的环境质量状况日趋恶化。在这种情况下，人类为了保护自身的健康和赖以生存的环境，更加迫切希望政府或有关部门制定控制环境污染的法规和标准。于是，很多发达的国家相继制定和颁布了环境法律法规，来保护自己国家的环境。如苏联于1951年颁布了居住区大气中有害物质最高容许浓度标准，英国制定了《空气清洁法》和《河流防污法》，美国于1955年开始着手制订大气污染控制计划，德国于20世纪50年代后期也制定了各种推荐性的环境质量标准。20世纪60年代后，环境保护工作已越来越受到全世界各地的关注，在污染治理方面也由最初的治标变为治本，由消极的治理环境污染物转为预防为主、防治结合，从局部地区制定排放标准开始发展到全国性的环境标准，标准的形式也由单一的环境污染物浓度控制逐步发展到总量控制等多种形式。此后，先是英美等发达国家对已有的环境标准进行了进一步的补充和完善。随后，日本、法国、比利时、捷克斯洛伐克、意大利、波兰、西班牙、瑞典、南斯拉夫等许多国家或地区及世界卫生组织（WHO）也相继制定了各自的环境标准。这一时期，环境标准得到了迅猛发展，各国的环境污染状况也得到了一定的控制。

自1973年我国颁布第一个环境标准《工业“三废”排放试行标准》起至今，我国开展专门的环境标准化工作已有40多年。环境保护标准已从单一的污染物排放限量标准发展成为包括环境质量标准、污染物排放标准和环境监测方法标准、环境基础标准等的环境标准体系。

环境标准不是一成不变的，它与一定时期的技术经济水平以及环境污染与破坏的状况相适应，并随着技术经济的发展、环境保护要求的提高、环境监测技术的不断进步以及仪器普及程度的提高而进行及时调整或更新。

环境标准通常几年修订一次。修订时,每一标准的标准号是不变的,变化的只是标准的年号和内容。修订后的标准代替老标准。例如《地表水环境质量标准》(GB 3838—2002)就是《地表水环境质量标准》(GB 3838—1988)的替代版本。

1.1.1.3 环境标准的作用

环境标准是具有法规性质的技术规范,按照规定程序制定、发布与实施,依据环境保护法和相关法规,对环境中有害成分含量及其排放源污染物及其排放量做出明确的限量阈和技术规范。环境标准是政策、法规的具体体现,是强化环境管理的基本保证。其作用表现在以下方面。

1. 环境标准是执行环境保护法规的基本手段,也是制定环境保护法规的重要依据

在我国已经颁布的《环境保护法》《水污染防治法》《大气污染防治法》《海洋环境保护法》和《固体废物污染环境防治法》等法律中,都明确规定了有关实施环境标准的条款。所以说环境标准是环境保护法规的原则规定具体化,提高了执法过程的可操作性,为依法进行环境监督管理提供了科学的手段和依据。

2. 环境标准是强化环境管理的技术基础

环境标准本身作为直接手段,不仅仅是环境管理的基本形式,同时还是一系列环境管理制度措施建立和实施的配套基础。如我国现在实行的"三同时"制度、排污申报登记制度、环境影响评价制度等,都是以环境标准为基础建立并实施的。此外,在处理环境纠纷和污染事故中,环境标准则是重要依据之一。

3. 环境标准是环境规划的定量化依据

环境规划是环境保护工作的基本内容之一。在制定环境规划的过程中,环境标准则是重要的定量化依据,是制定环境综合整治目标和污染防治措施要求的具体体现。只有依据环境标准,才能定量分析评价环境质量的优劣;只有依据环境标准,才能明确排污单位进行污染控制的具体要求和力度。

4. 环境标准是推动社会科技进步的动力

环境标准反映了科学技术与生产实践的综合成果,是与社会、经济和技术不断发展相适应的产物。应用环境标准可进行环境保护技术的筛选评价,促进无污染或少污染的先进工艺的应用,推动资源和能源的综合利用等。此外,大量的环境标准的颁布与更新,对促进环保仪器设备的改进以及样品采集、分析、测试和数据处理等技术方法的发展也提供了强有力的推动力。

1.1.1.4 环境标准的分类

按标准的性质和内容可将环境标准分成5类，即环境质量标准、污染物排放标准（或控制标准）、环境监测方法标准、环境标准样品（物质）标准和环境基础标准。

按其所具有的法律性质，环境标准又可以分为强制性标准和推荐性标准两种。环境质量标准、污染物排放标准和法律、法规规定必须执行的其他环境标准均为强制性标准，必须强制执行。国家强制性标准编码为“GB XX—××××”，环保行业强制性标准编码为“HJ XX—××××”。强制性标准以外的环境标准均属推荐性标准，国家鼓励采用推荐性环境标准，但推荐性标准被强制性标准引用后则变为强制性标准，必须强制执行。国家推荐性标准编码为“GB/T XX—××××”，环保行业推荐性标准编码为“HJ/T XX—××××”。

1.1.2 环境标准体系

我国现行的环境标准体系是从国情出发，总结多年来环境标准工作经验并参考国际和国外的环境标准体系制定的。具体分为国家环境标准、地方环境标准和国家环境保护总局标准。国家环境标准包括国家环境质量标准、国家污染物排放标准、国家环境监测方法标准、国家环境标准样品（物质）标准和国家环境基础标准。地方环境标准包括地方环境质量标准和地方污染物排放标准。

1.1.2.1 国家环境标准

国家环境标准可以分成5类：国家环境质量标准、国家污染物排放标准（或控制标准）、国家环境监测方法标准、国家环境标准样品（物质）标准和国家环境基础标准。

1. 国家环境质量标准

国家环境质量标准是为了保护人类健康、维持生态平衡和保障社会物质财富，并考虑技术经济条件对环境中有害物质和因素所做的限制性规定。它是衡量环境质量的依据、环保政策的目标、环境管理的依据，也是制定污染物控制标准的基础。

2. 国家污染物排放标准（或控制标准）

国家污染物排放标准是为了实现环境质量要求而对污染源产生排入环境的污染物质或有害因素，结合技术经济条件和环境特点，做出的限制性规定，是根据国家环境标准以及适用的污染控制技术，并考虑经济承受能力，对排入环境的有害物质和产生污染的各种因素所做的限制性规定，是对污染源控制的标准。

3. 国家环境监测方法标准

国家环境监测方法标准是在环境保护领域内以采样、分析、测定、试验和统计等方法为对象所制定的统一技术规定，统一的方法标准，对于规范环境监测过程和统计等人员操作，提高环境监测、统计等数据的准确性，保证监测数据的可比性以及获得的信息质量具有重要的意义。

4. 国家环境标准样品（物质）标准

环境标准样品是指在环境保护工作中，用来标定仪器、验证测量方法、进行量值传递或质量控制的标准材料或物质。国家环境标准样品标准是为保证环境监测数据的准确、可靠，对环保标准样品必须达到的要求所做的统一技术规定，在保证标准样品用于环境管理中进行分析方法评价、分析仪器及其灵敏度的评价和鉴别以及分析人员的操作技术评价等方面具有重要作用。

5. 国家环境基础标准

国家环境基础标准是对环境标准工作中，需要统一的技术术语、符号、代号（代码）、图形、指南、导则、量纲单位及信息编码等所做的统一规定。

1.1.2.2 地方环境标准

地方环境标准是对国家环境标准的补充和完善。由省（自治区、直辖市）人民政府制定。由于我国幅员辽阔，各地情况差别较大，近年来为控制环境质量的恶化趋势，一些地方已将总量控制指标纳入地方环境标准。对于省（自治区、直辖市）人民政府制定机动车、船大气污染物地方排放标准严于国家排放标准的，须报经国务院批准。

地方性标准应具有国家标准中所没有规定的项目；地方标准应严于国家标准，以起到补充完善的作用；地方环境标准在执行上优先于国家环境标准的执行。

1.1.2.3 国家环境行业标准

国家环境行业标准是在国家标准和地方标准之外，在环境保护工作中对还需要统一的技术要求所制定的标准（包括：执行各项环境管理制度，监测技术，环境区划、规划的技术要求、规范、导则等）。

国家环境行业标准分为强制性环境标准和推荐性环境标准。环境质量标准、污染物排放标准和法律、法规规定必须执行的其他标准为强制性标准。强制性环境标准必须执行，超标即违法。强制性标准以外的环境标准属于推荐性标准。国家鼓励采用推荐性环境标准，推荐性环境标准被强制性标准引用，也必须强制执行。

1.1.3 农产品生产环境标准

农产品的生产环境是指农产品在生产过程中所处的空间及大气因素、土壤因素等环境因素的综合。在农产品生长过程中，经常会受到来自内部和外界因素的影响。比如，放射性物质、人类喷洒的农药、化肥施用和矿山开采等造成对环境的破坏，可能会影响到农产品的生长，进而威胁到人类的健康。因此安全的产地和生态环境是目前生产农产品所必需的，换句话讲，要生产安全农产品，其生产环境应符合相应的环境标准，这也是保证食品安全性最主要的措施之一。

1.1.3.1 无公害农产品环境标准

1. 无公害农产品产地生态环境要求

无公害蔬菜产地与生态环境应符合与其相应的规定要求，无公害水果产地与生态环境应符合与其相应的规定要求。①无公害蔬菜产地应选择不受污染源影响或污染物含量限制在允许范围之内，生态环境良好的农业生产区域。②土壤重金属背景值高的地区，与土壤、水源环境有关的地方病高发区不能作为无公害蔬菜产地。

（1）无公害农产品产地水环境要求

无公害农产品产地灌溉水质量标准应符合表 1-1 的要求。

表 1-1 农田灌溉水质量指标

项 目	指 标
氯化物 /（mg/L）	≤ 250
氰化物 /（mg/L）	≤ 0.5
氟化物 /（mg/L）	≤ 3.0
总汞 /（mg/L）	≤ 0.001
砷 /（mg/L）	≤ 0.05
铅 /（mg/L）	≤ 0.1
镉 /（mg/L）	≤ 0.005
六价铬 /（mg/L）	≤ 0.1
石油类 /（mg/L）	≤ 1.0
pH	5.5 ～ 8.5

（2）无公害农产品产地大气环境要求

无公害农产品产地大气环境质量指标应符合表 1-2、表 1-3 的要求。

表 1-2　无公害蔬菜产地与大气环境质量

项　目	指　标	
	日平均	1 h 平均
总悬浮颗粒物（标准状态）/（mg/m^3）	≤ 0.30	—
二氧化硫（标准状态）/（mg/m^3）	≤ 0.15	≤ 0.50
氮氧化物（标准状态）/（mg/m^3）	≤ 0.10	≤ 0.15
氟化物 /［μg/（dm^3 · d）］	≤ 5.0	—
铅（标准状态）/（$μg/m^3$）	≤ 1.5	—

表 1-3　无公害水果产地与大气环境质量

项　目	指　标	
	日平均	1 h 平均
总悬浮颗粒物（标准状态）/（mg/m^3）	≤ 0.30	—
二氧化硫（标准状态）/（mg/m^3）	≤ 0.15	≤ 0.50
氮氧化物（标准状态）/（mg/m^3）	≤ 0.12	≤ 0.24
氟化物 /［μg/（dm^3 · d）］	≤ 5.0	月平均≤ 10
铅（标准状态）/（$μg/m^3$）	≤ 1.5	季平均≤ 1.5

（3）无公害农产品产地土壤环境要求

无公害农产品产地土壤环境质量指标应符合表 1-4 和表 1-5 的要求。

表 1-4　无公害蔬菜产地土壤质量指标

项　目	指　标		
	pH < 6.5	pH 6.5 ～ 7.5	pH > 7.5
总汞 /（mg/kg）	≤ 0.3	≤ 0.5	≤ 1.0
总砷 /（mg/kg）	≤ 40	≤ 30	≤ 25
铅 /（mg/kg）	≤ 100	≤ 150	≤ 150
镉 /（mg/kg）	≤ 0.3	≤ 0.3	≤ 0.6
六价铬 /（mg/kg）	≤ 150	≤ 200	≤ 250
六六六 /（mg/kg）	≤ 0.5	≤ 0.5	≤ 0.5
滴滴涕 /（mg/kg）	≤ 0.5	≤ 0.5	≤ 0.5

表 1-5　无公害水果产地土壤质量标准

项　目	指　标		
	pH < 6.5	pH 6.5 ~ 7.5	pH > 7.5
总汞 /（mg/kg）	≤ 0.30	≤ 0.50	≤ 1.0
总砷 /（mg/kg）	≤ 40	≤ 30	≤ 25
铅 /（mg/kg）	≤ 250	≤ 300	≤ 350
镉 /（mg/kg）	≤ 0.30	≤ 0.30	≤ 0.60
六价铬 /（mg/kg）	≤ 150	≤ 200	≤ 250
六六六 /（mg/kg）	≤ 0.5	≤ 0.5	≤ 0.5
滴滴涕 /（mg/kg）	≤ 0.5	≤ 0.5	≤ 0.5

2. 无公害畜禽肉产地生态环境要求

（1）选址及设施

①畜禽养殖地、屠宰和畜禽类产品加工必须选择生态环境良好、无或不直接受工业“三废”及农业、城镇生活、医疗废弃物污染的生产区域。选地应参照国家相关标准的规定，避开水源防护区、风景名胜区、人口密集区等环境敏感地区，符合环境保护、兽医防疫要求，场区布局合理，生产区和生活区严格分开。

②养殖区周围 500 m 范围内、水源上游没有对产地环境构成威胁的污染源，包括工业“三废”、农业废弃物、医院污水及废弃物、城市垃圾和生活污水等污物。

③与水源有关的地方病高发区，不能作为无公害畜禽肉类产品生产、加工地。

④养殖地应设置防止渗漏、径流、飞扬且具一定容量的专用储存设施和场所，设有粪尿污水处理设施，畜禽粪便处理后应符合 GB 7959—2012 和 GB 14554—1993 的规定，畜禽病害肉尸及其产品无害化处理应符合有关标准的规定，排放出的生产和加工废水应符合 GB 8978—2017 的有关规定。

⑤ 饲养和加工场地应设有与生产相适应的消毒设施、更衣室、兽医室等，并配备工作所需的仪器设备，肉类加工厂卫生应符合 GB 12694—2016 的有关规定。

（2）防疫要求

①按照《中华人民共和国动物防疫法》的要求进行。

②采用“全进全出”养殖管理模式，生产地应建有隔离区。

③实施灭鼠、灭蚊、灭蝇，禁止其他家畜禽进入养殖场内。

④发现疫情应立即向当地动物防疫监督机构报告，接受防疫机构的指导，尽快控制、扑灭疫情，病死畜禽按有关标准的规定进行无害化处理。

（3）消毒要求

①养殖场应建立消毒制度，定期开展场内外环境消毒、畜禽体表消毒、饮用水消毒等不同消毒方式。

②使用的消毒药应安全、高效、低毒、无残留。

③进出车辆和人员应严格消毒。

（4）畜禽肉产地水环境要求

无公害畜禽饮用水质量指标应符合表1-6的要求。

表1-6 畜禽饮用水质量指标

项目	指标
砷/（mg/L）	≤ 0.05
汞/（mg/L）	≤ 0.001
铅/（mg/L）	≤ 0.05
铜/（mg/L）	≤ 1.0
六价铬/（mg/L）	≤ 0.05
镉/（mg/L）	≤ 0.01
氰化物/（mg/L）	≤ 0.05
氟化物（以F计）/（mg/L）	≤ 1.0
氯化物（以Cl计）/（mg/L）	≤ 250
六六六/（mg/L）	≤ 0.001
滴滴涕/（mg/L）	≤ 0.005
总大肠菌群/（MPN/L）	≤ 3
pH	6.5～8.5

无公害畜禽肉产地大气环境质量指标应符合表1-7的要求。

表1-7 无公害畜禽肉产地大气环境质量指标

项目	产地				
	场区	雏禽舍	成禽舍	猪舍	牛舍
氨气/（mg/m^3）	5	10	15	25	20
硫化氢/（mg/m^3）	2	2	10	10	8
二氧化碳/（mg/m^3）	750	1 500	1 500	1 500	1 500
可吸入颗粒（标准状态）/（mg/m^3）	1	4	4	1	2
总悬浮颗粒物（标准状态）/（mg/m^3）	2	8	8	3	4
恶臭（稀释倍数）	50	70	70	70	70

3. 无公害水产品产地生态环境要求

无公害水产品产地与生态环境应符合有关标准的规定要求。

（1）产地要求

①养殖地应是生态环境良好，无或不直接受工业“三废”及农业、城镇生活、医疗废弃物污染的水（地）域。

②养殖地区域内及上风向、灌溉水源上游，没有对产地环境构成威胁的（包括工业“三废”、农业废弃物、医院污水及废弃物、城市垃圾和生活污水等）污染源。

（2）渔业水质要求

渔业水质质量应符合 GB 11607—1989 的规定，见表 1-8。

表 1-8　渔业水质标准

项　目	标准值
色、臭、味	不得使鱼、虾、贝、藻类带有异色、异臭、异味
漂浮物质	水面不得出现明显油膜或浮沫
悬浮物质	人为增加的量不得超过 10，而且悬浮物质沉积于底部后，不得对鱼、虾、贝类产生有害的影响
pH	淡水 6.5～8.5，海水 7.0～8.5
溶解氧	连续 24 h 中，16 h 以上必须大于 5，其余任何时候不得低于 3，对于鱼类栖息水域冰封期其余任何时候不得低于 4
生化需氧量（5 d、20℃）	不超过 5，冰封期不超过 3
总大肠菌群 /（MPN/L）	5 000（贝类养殖水质 500）
汞 /（mg/L）	≤ 0.000 5
镉 /（mg/L）	≤ 0.005
铅 /（mg/L）	≤ 0.05
铬 /（mg/L）	≤ 0.1
铜 /（mg/L）	≤ 0.01
锌 /（mg/L）	≤ 0.1
镍 /（mg/L）	≤ 0.05
砷 /（mg/L）	≤ 0.05
氰化物 /（mg/L）	≤ 0.005
硫化物 /（mg/L）	≤ 0.2
氟化物（以 F 计）/（mg/L）	≤ 1
非离子氨 /（mg/L）	≤ 0.02
凯氏氮 /（mg/L）	≤ 0.05
挥发性酚 /（mg/L）	≤ 0.005
黄磷 /（mg/L）	≤ 0.001
石油类 /（mg/L）	≤ 0.05

续表 1-8

项　目	标准值
丙烯腈 /（mg/L）	≤ 0.5
丙烯醛 /（mg/L）	≤ 0.02
六六六（丙体）/（mg/L）	≤ 0.002
滴滴涕 /（mg/L）	≤ 0.001
马拉硫磷 /（mg/L）	≤ 0.005
五氯酚钠 /（mg/L）	≤ 0.01
乐果 /（mg/L）	≤ 0.1
甲胺磷 /（mg/L）	≤ 1
甲基对硫磷 /（mg/L）	≤ 0.000 5
呋喃丹 /（mg/L）	≤ 0.01

（3）无公害水产品产地底质要求

①底质无工业废弃物和生活垃圾，无大型植物碎屑和动物尸体。

②底质无异色、异臭，自然结构。

③底质有害有毒物质最高限量应符合规定。

无公害水产品产地底质有害有毒物质最高限量应符合表 1-9 的规定。

表 1-9　底质有害有毒物质最高限量　　mg/kg 湿重

项　目	指　标
总汞	≤ 0.2
镉	≤ 0.5
铜	≤ 30
锌	≤ 150
铅	≤ 50
铬	≤ 50
砷	≤ 20
滴滴涕	≤ 0.02
六六六	≤ 0.5

4. 无公害生产加工环境质量标准

无公害生产加工用水质量标准应符合生活饮用水卫生标准（GB 5749—2006）中规定的生活饮用水水质常规指标及限值。

无公害生产加工环境空气质量标准应符合现行空气质量标准中三级标准规定的污染物限量标准。

1.1.3.2 绿色食品环境标准

1. 绿色农产品产地环境标准

绿色食品是指产自优良环境，按照规定的技术规范生产，实行全程质量控制，无污染、安全、优质并使用专用标志的食用农产品及加工品。绿色食品标准要高于无公害食品标准。

农业部（现农业农村部）行业标准（NY/T 391—2000）《绿色食品产地环境质量标准》规定了绿色食品产地的环境空气质量、农田灌溉水质、渔业水质、畜禽养殖水质和土壤环境质量的各项指标及浓度限值、监测和评价方法。提出了绿色食品产地土壤肥力分级和土壤质量综合评价方法。该标准适用于绿色食品（AA 级和 A 级）生产的农田、蔬菜地、果园、茶园、饲养场、放牧场和水产养殖场。

绿色食品生产基地应选择在无污染和生态条件良好的地区。基地选点应远离工矿区和公路、铁路干线，避开工业和城市污染源的影响，同时绿色食品生产基地应具有可持续的生产能力。

（1）绿色农产品产地水环境标准

农田灌溉水中各项污染物含量应符合表 1-10 的要求。

（2）绿色农产品产地大气环境质量标准

绿色农产品产地大气环境质量标准应符合表 1-11 的要求。

（3）绿色农产品产地土壤环境质量标准

绿色农产品产地土壤环境质量标准应符合表 1-12、表 1-13 的要求。

表 1-10　绿色农产品农田灌溉水中各项污染物的指标要求

项　目	指　标
pH	5.5～8.5
总汞 /（mg/L）	≤ 0.001
总镉 /（mg/L）	≤ 0.005
总砷 /（mg/L）	≤ 0.05
总铅 /（mg/L）	≤ 0.1
六价铬 /（mg/L）	≤ 0.1
氟化物 /（mg/L）	≤ 2.0
粪大肠杆菌① /（个 /L）	≤ 10 000

注：①灌溉菜园用的地表水需测粪大肠杆菌群，其他情况不测粪大肠杆菌群。

表 1-11 绿色农产品产地环境质量标准（NY/T 391—2000）

项 目	指标	
	日平均	1 h 平均
总悬浮颗粒物 /（mg/m^3）	≤ 0.30	—
二氧化硫 /（mg/m^3）	≤ 0.15	≤ 0.50
氮氧化物 /（mg/m^3）	≤ 0.10	≤ 0.15
氟化物	≤ 7 g/L	≤ 20 g/L
	≤ 1.8 g/（L · d）（挂片法）	

注：①日平均是指任何一日的平均指标。② 1 h 平均是指任何一小时的平均指标。③连续采样 3 d，一日三次，晨、午和夕各一次。④氟化物采样可用动力采样滤膜法或用石灰滤纸挂片法，分别按各自规定的指标执行，石灰滤纸挂片法置 7 d。

表 1-12 土壤中各项污染物的指标限值 mg/kg

项 目	旱田 pH			水田 pH		
	< 6.5	6.5 ～ 7.5	> 7.5	< 6.5	6.5 ～ 7.5	> 7.5
镉 ≤	0.30	0.30	0.40	0.30	0.30	0.40
汞 ≤	0.25	0.30	0.35	0.30	0.40	0.40
砷 ≤	25	20	20	20	20	15
铅 ≤	50	50	50	50	50	50
铬 ≤	120	120	120	120	120	120
铜 ≤	50	60	60	50	60	60

注：①果园土壤中的铜限量为旱田中铜限量的一倍。②水旱轮作用的标准值取严不取宽。

表 1-13 绿色食品土壤肥力分级参考指标

项 目	级别	旱地	水地	菜地	园地	牧地
有机质 /（mg/kg）	Ⅰ	> 15	> 25	> 30	> 20	> 20
	Ⅱ	10 ～ 15	20 ～ 25	20 ～ 30	15 ～ 20	15 ～ 20
	Ⅲ	< 10	< 20	< 20	< 15	< 15
全氮 /（g/kg）	Ⅰ	> 1.0	> 1.2	> 1.2	> 1.0	—
	Ⅱ	0.8 ～ 1.0	1.0 ～ 1.2	1.0 ～ 1.2	0.8 ～ 1.0	—
	Ⅲ	< 0.8	< 1.0	< 1.0	< 0.8	—
有效磷 /（mg/kg）	Ⅰ	> 10	> 15	> 40	> 10	> 10
	Ⅱ	5 ～ 10	10 ～ 15	20 ～ 40	5 ～ 10	5 ～ 10
	Ⅲ	< 5	< 10	< 20	< 5	< 5
有效钾 /（mg/kg）	Ⅰ	> 120	> 100	> 150	> 100	—
	Ⅱ	80 ～ 120	50 ～ 100	100 ～ 150	50 ～ 100	—
	Ⅲ	< 80	< 50	< 100	< 50	—
阳离子交换量 /（cmol/kg）	Ⅰ	> 20	> 20	> 20	> 15	—
	Ⅱ	15 ～ 20	15 ～ 20	15 ～ 20	15 ～ 20	—
	Ⅲ	< 15	< 15	< 15	< 15	—
质地	Ⅰ	轻壤、中壤	中壤、重壤	轻壤	轻壤	沙壤
	Ⅱ	中壤				
	Ⅲ	沙壤、重壤	沙壤、轻黏土	沙壤、中壤	沙壤、中壤	重壤

注：土壤肥力级别 Ⅰ 为优良，Ⅱ 为尚可，Ⅲ 为较差。

2. 绿色食品生产渔业水质要求

绿色食品产地渔业用水中各项污染物含量应符合表 1–14 所列的指标要求。

表 1–14 渔业用水中各项污染物的指标要求

项 目	指 标
色、臭、味	不得使水产品带异色、异臭和异味
漂浮物质	水面不得出现油膜或浮沫
悬浮物 /（mg/L）	人为增加的量不得超过 10
pH	淡水 6.5～8.5，海水 7.0～8.5
溶解氧 /（mg/L）	＞ 5
生化需氧量 /（mg/L）	≤ 5
总大肠菌群 /（MPN/L）	≤ 5 000（贝类 500）
总汞 /（mg/L）	≤ 0.000 5
总镉 /（mg/L）	≤ 0.005
总铅 /（mg/L）	≤ 0.05
总铜 /（mg/L）	≤ 0.01
总砷 /（mg/L）	≤ 0.05
六价铬 /（mg/L）	≤ 0.1
挥发酚 /（mg/L）	≤ 0.005
石油类 /（mg/L）	≤ 0.05

3. 绿色食品生产畜禽养殖用水要求

绿色食品产地畜禽养殖用水中各项污染物应符合表 1–15 中的指标规定。

表 1–15 畜禽养殖用水中各项污染物指标要求

项 目	指 标
色度	15 度，并不得呈现其他异色
浊度	3 度
臭、味	不得有异臭、异味
肉眼可见物	不得含有
pH	6.5～8.5
氟化物 /（mg/L）	≤ 1.0
氰化物 /（mg/L）	≤ 0.05
总砷 /（mg/L）	≤ 0.05
总汞 /（mg/L）	≤ 0.001
总镉 /（mg/L）	≤ 0.01
六价铬 /（mg/L）	≤ 0.05
总铅 /（mg/L）	≤ 0.05
细菌总数 /（CFU/mL）	≤ 100
总大肠菌群 /（MPN/L）	≤ 3

1.1.3.3 有机产品生产环境标准

基地是有机农业生产的基础,产地环境的质量对于有机农业的生产非常重要,选择并建立一个良好的生产基地是保证有机产品质量的关键。因此,开发有机产品必须合理选择有机生产基地。产地的环境条件要符合有机产品标准的要求。土壤要未受到污染,符合土壤环境质量标准的要求;空气清新,空气质量要符合空气质量标准的要求;水质纯净,农田灌溉水要符合灌溉水的水质标准要求。生产基地要避开繁华的都市、工业区和交通主干线,周围不得有污染源。

1. 有机产品标准对产地环境的要求

有机产品的生产环境是指有机产品在生产过程中所处的空间及大气因素、土壤因素等环境因素的综合。在有机产品生长过程中,经常会受到来自内部和外界因素的影响。比如,放射性物质、人类喷洒的农药、化肥施用和矿山开采等造成对环境的破坏,可能会影响到有机产品的生长,进而威胁到人类的健康。因此安全产地和生态环境是目前生产有机产品所必需的,换句话讲,要生产安全的有机产品,其生产环境应符合相应的环境标准,这也是保证食品安全性的最主要的措施之一。

为了统一规范有机产品包括有机食品的认证管理,2004 年 11 月国家质检总局发布了《有机产品认证管理办法》(以下简称《办法》),并于 2005 年 4 月 1 日开始施行。《办法》共七章四十六条,并规定由国家认证认可监督管理委员会负责有机产品的统一管理,综合协调和监督工作。为了保证统一管理的有效实施,2005 年 1 月国家标准化管理委员会发布了《有机产品》系列标准,并于 2005 年 4 月 1 日实施。GB/T 19630.1—2011《有机产品 第 1 部分:生产》中关于产地环境的相关规定包括如下几个方面。

(1)产地环境要求(GB/T 19630.1—2011《有机产品 第 1 部分:生产》中第 5.3 款)

有机产品的产地环境需满足以下要求:有机生产需要在适宜的环境条件下进行。有机生产基地应远离城区、工矿区、交通主干线、工业污染源、生活垃圾场等。

产地的环境质量应符合以下要求:①土壤环境质量符合 GB 15618《土壤环境质量标准》中的二级标准;②农田灌溉用水水质符合 GB 5084《农田灌溉水质标准》的规定;③环境空气质量符合 GB 3095《环境空气质量标准》中二级标准和 GB 9137《保护农作物的大气污染物最高允许浓度》的规定。

(2)缓冲带(GB/T 19630.1—2011《有机产品 第1部分:生产》中第5.4款)

应对有机生产区域受到邻近常规生产区域污染的风险进行分析。在存在风险的情况下，则应在有机和常规生产区域之间设置有效的缓冲带或物理屏障，以防止有机生产地块受到污染。缓冲带上种植的植物不能认证为有机产品。此外，有机食品生产用地还应符合以下要求：

①有机食品生产应避免在废水污染源的固体废弃物周围进行，这些固体废弃物包括废水排放口、污水处理池、排污渠、重金属含量高的污灌区和被污染的河流、湖泊、水库，以及冶炼废渣、化工废渣、废化学药品、废溶剂、尾矿粉、煤矸石、炉渣、粉煤渣、污泥、废油及其他工业废料、生活垃圾等。

②严禁未经处理的工业废水、废渣、城市生活垃圾和污水等废弃物进入有机食品生产用地，采取严格措施防止可能来自系统外的污染。

有机食品生产用水包括农田灌溉用水、渔业用水、畜禽饮用水及食品加工用水等。

依据有机产品国家标准中的要求，在环境这一部分影响最终产品有机完整性的因素可以归纳为以下几个方面：土壤环境质量，灌溉用水质量，空气环境质量，污染源控制与缓冲带的设置。

2. 有机产品生产环境标准

（1）有机农产品产地水环境标准

①有机农产品农田灌溉用水标准　有机农产品生产农田灌溉用水质量指标应符合表 1-16 的要求。

表 1-16　农田灌溉水中各项污染物的指标要求

项　目	标　准
pH	5.5 ～ 8.5
汞（mg/L）	≤ 0.001
砷 /（mg/L）	≤ 0.05（水田、蔬菜），0.1（旱田）
铅 /（mg/L）	≤ 0.1
镉 /（mg/L）	≤ 0.005
六价铬 /（mg/L）	≤ 0.1
氯化物 /（mg/L）	≤ 250
硫酸盐 /（mg/L）	≤ 250
硫化物 /（mg/L）	≤ 1.0
氟化物 /（mg/L）	≤ 2.0
氰化物 /（mg/L）	≤ 0.5
石油类 /（mg/L）	≤ 5.0
有机硫农残	不得检出
六六六	不得检出

续表 1–16

项　目	标　准
滴滴涕	不得检出
总大肠菌群 /（MPN/L）	≤ 10 000（生吃瓜果收获前一周）

②有机产品渔业用水质量标准　有机产品渔业用水质量指标应符合表 1–17 的要求。

表 1–17　渔业用水中各项污染物的指标要求

项　目	标　准
色、臭、味	不得使鱼、虾、贝、藻类有异色、异味、异臭
漂浮物质	水面不得出现明显油膜或浮沫
pH	淡水 6.5 ～ 8.5，海水 7.0 ～ 8.5
溶解氧	连续 24 h、16 h 以上必须大于 5，其余任何时候不得低于 3
BOD（5 d、20℃）	≤ 5
总大肠菌群 /（MPN/L）	≤ 50 000（贝类养殖≤ 500）
汞 /（mg/L）	≤ 0.000 5
砷 /（mg/L）	≤ 0.05
铅 /（mg/L）	≤ 0.05
镉 /（mg/L）	≤ 0.005
六价铬 /（mg/L）	≤ 0.1
氰化物 /（mg/L）	≤ 0.005
氟化物 /（mg/L）	≤ 1.0
有机硫农残 /（mg/L）	不得检出
六六六 /（mg/L）	不得检出
滴滴涕 /（mg/L）	不得检出

③有机产品畜禽饮用水质量标准　有机产品畜禽饮用水质量指标应符合表 1–18 的要求。

表 1–18　畜禽饮用水中各项污染物指标要求

项　目	指　标
色度	色度不超过 15 度，并不得呈现其他异色
臭、味	不得有异色、异味
pH	6.5 ～ 8.5
总硬度（以碳酸钙计）	≤ 450
氰化物 /（mg/L）	≤ 0.005
氟化物 /（mg/L）	≤ 1.0
汞 /（mg/L）	≤ 0.000 1

续表 1-18

项　目	指　标
砷 /（mg/L）	≤ 0.05
铅 /（mg/L）	≤ 0.05
镉 /（mg/L）	≤ 0.005
六价铬 /（mg/L）	≤ 0.05
有机硫农残 /（mg/L）	不得检出
六六六 /（mg/L）	不得检出
滴滴涕 /（mg/L）	不得检出
硝酸盐（以氮计）/（mg/L）	≤ 10
细菌总数 /（CFU/mL）	≤ 100
总大肠菌群 /（MPN/L）	≤ 3

④有机食品加工用水质量标准　有机食品加工用水质量指标应符合表 1-19 的要求。

表 1-19　有机食品加工用水中各项污染物指标要求

项　目	指　标
色度	色度不超过 15 度，并不得呈现其他异色
臭、味	不得有异色、异味
肉眼可见物	不得含有
pH	6.5 ～ 8.5
总硬度（以碳酸钙计）/（mg/L）	≤ 450
挥发酚类（以苯酚计）/（mg/L）	≤ 0.002
氰化物 /（mg/L）	≤ 0.005
氟化物 /（mg/L）	≤ 1.0
汞 /（mg/L）	≤ 0.000 1
砷 /（mg/L）	≤ 0.05
铅 /（mg/L）	≤ 0.05
镉 /（mg/L）	≤ 0.005
硝酸盐（以氮计）/（mg/L）	≤ 10
有机硫农残 /（mg/L）	不得检出
六六六 /（mg/L）	不得检出
滴滴涕 /（mg/L）	不得检出
细菌总数（CFU/mL）	≤ 100
总大肠菌群 /（MPN/L）	≤ 3

（2）有机食品生产空气质量标准

有机食品是纯天然、无污染、安全营养的食品，也可称为“生态食品”。有机农产品生产全部过程都利用农业资源，而不是利用农业以外的能源（化肥、农药、生产调节剂和添加剂等）影响和改变农业的能量循环。有机食品产地空气按《环境空气质量标准》GB 3095—2012 中规定的一级标准要求，见表 1-20。

表 1-20 环境空气污染物基本项目浓度限值

项目	平均时间	浓度限值		单位
		一级	二级	
二氧化硫（SO_2）	年平均 20		60	$\mu m/m^3$
	24 小时平均 50		150	
	1 小时平均 150	500		
二氧化氮（NO_2）	年平均 40		40	
	24 小时平均 80		80	
	1 小时平均 200	200		
一氧化碳（CO）	24 小时平均 4	4	4	mg/m^3
	1 小时平均 10	10	10	
臭氧（O_3）	日最大 8 小时平均 100	100	160	$\mu m/m^3$
	1 小时平均 160	200		
颗粒物（粒径小于等于 10μm）	年平均 40		70	
	24 小时平均 50		150	
颗粒物（粒径小于等于 2.5μm）	年平均 15		35	
	24 小时平均 35		75	

（3）有机农产品生产土壤环境质量标准

有机农产品生产土壤环境质量应符合表 1-21 的要求。

表 1-21 有机农产品生产土壤标准 mg/kg

土壤类型	铜	铅	镉	砷	汞	铬
褐土≤	4.3	21.3	0.100	11.6	0.040	64.8
潮土≤	24.1	21.9	0.103	9.7	0.047	66.6
水稻土≤	5.3	34.4	0.142	10.0	0.183	65.8
棕壤≤	22.4	25.1	0.092	10.8	0.053	64.5
草甸土≤	9.8	22.4	0.080	8.8	0.039	51.1
沼泽土≤	20.8	22.1	0.092	9.6	0.041	58.3
盐土≤	23.3	23.0	0.100	10.6	0.041	62.7
碱土≤	18.7	17.5	0.088	10.7	0.025	53.3
风沙土≤	8.8	13.8	0.044	4.3	0.016	24.8

注：有机磷农药残留、六六六、滴滴涕均不得检出。

1.2 有机产品灌溉水水质检测

农田灌溉是保证农业生产的重要措施，而灌溉水的质量是保证农产品质量的基本，因此，控制灌溉水的质量在有机生产中非常重要。农业用水一般来源于雨水、地下水和地表水。相对于雨水和地下水而言，地表水由于受到很多环境因素的影响，水质一般较差。

依据我国的有机标准，产地的灌溉水质量应符合 GB 5084—2005《农田灌溉水质标准》，如表 1-22 和表 1-23 所示。我国的农田灌溉水标准中规定了 16 项基本控制项目和 11 项选择控制项目，16 个基本控制项目中包括了 5 个重金属元素指标和 2 个微生物指标。灌溉水项目没有区分级别，但是由于不同的作物，例如，水作、旱作、蔬菜，其灌溉用水量差异很大，因此，不同的作物执行不同的标准值。

表 1-22　农田灌溉用水水质基本控制项目标准值（GB 5084—2005）　mg/L

序号	项目＼标准	水作	旱作	蔬菜
1	生化需氧量（BOD_5）≤	60	100	40[a]，15[b]
2	化学需氧量（COD_{Cr}）≤	150	200	100[a]，60[b]
3	悬浮物≤	80	100	60[a]，15[b]
4	阴离子表面活性剂≤	5.0	8.0	5.0
5	水温，℃≤	35		
6	pH ≤	5.5～8.5		
7	全盐量≤	1 000[c]（非盐碱土地区），2 000[c]（盐碱土地区）		
8	氯化物≤	350		
9	硫化物≤	1.0		
10	总汞≤	0.001		
11	总镉≤	0.01		
12	总砷≤	0.05	0.1	0.05
13	铬（六价）≤	0.1		
14	总铅≤	0.2		

续表 1-22

序号	项目 \ 标准	水作	旱作	蔬菜
15	粪大肠菌群数，个 /L ≤	4 000	4 000	2 000[a]，1 000[b]
16	蛔虫卵数，个 /L ≤	2		2[a]，1[b]

a. 加工、烹调及去皮蔬菜。

b. 生食类蔬菜、瓜类和草本水果。

c. 具有一定的水利灌排设施，能保证一定的排水和地下水径流条件的地区，或有一定淡水资源能满足冲洗土体中盐分的地区，农田灌溉水质全盐量指标可以适当放宽。

表 1-23　农田灌溉用水水质选择性控制项目标准值（GB 5084—2005）　mg/L

序号	项目 \ 标准	水作	旱作	蔬菜
1	铜≤	0.5	1.0	
2	锌≤	2.0		
3	硒≤	0.02		
4	氟化物≤	2.0（高氟区），3.0（一般地区）		
5	氰化物≤	0.5		
6	石油类≤	5.0	10	1.0
7	挥发酚≤	1.0		
8	苯≤	2.5		
9	三氯乙醛≤	1.0	0.5	0.5
10	丙烯醛≤	0.5		
11	硼≤	1.0[a]，2.0[b]，3.0[c]		

a. 对硼敏感作物，如马铃薯、笋瓜、韭菜、洋葱、柑橘等。

b. 对硼耐受性较强的作物，如小麦、玉米、青椒、小白菜、葱等。

c. 对硼耐受性强的作物，如水稻、萝卜、油菜、甘蓝等。

1.2.1　水质监测方案和水样采集方案

分析所用的水样必须具有代表性，要获得代表性的水样，必须正确布设采样点、选择合理的采样方法、采样频率和采样时间。

1.2.1.1 地表水水质监测方案的制定规范

地表水水质监测依据以下规范制定方案：

地表水和污水监测技术规范（HJ/T 91—2002）；

农田水源环境质量监测技术规范（NY/T 396—2000）；

绿色食品 产地环境调查、监测与评价导则（NY/T 1054—2006）。

1.2.1.2 水污染调查

1. 基础资料的收集

①收集相关的环境保护方面的法律、法规、标准和规范。

②目标水体的水文、气候、地质和地貌等自然背景资料，如水位、水量、流速及其流向的变化、支流污染情况等；全年的平均降雨量、水蒸发量及其历史上的水情；河流的宽度、深度、河床结构及其地质状况；湖泊沉积物的特性、间温层分布、等深线等。

③水体沿岸城市分布、人口分布、工业分布、污染源及其排污情况等。

④水体沿岸的资源情况和水资源的用途，饮用水源分布和重点水源保护区，水体流域土地功能及近期使用计划等。

⑤历史水资源资料等，如目标水体的丰水期，枯水期、平水期的时间范围情况变化等。

⑥地面径流污水、雨污水分流情况，以及农田灌溉排水、农药和化肥等使用情况等。

2. 现场调查

布设采样点，首先要调查研究，包括取水口位置、取水量、排污口位置、排放量及河流的水文、地质、河床、支流及沿岸工农业、城镇情况、历年水质资料等。然后才根据水域的分布、污染源的特性以及检测的目的等确定。

1.2.1.3 监测断面的布设原则

1. 监测断面

采样断面（监测断面）的布设要具有代表性，要能真实全面反映流域的水质情况及空间分布规律。在流经大、中城市或工业区集中地区等严重污染的河段应设置以下三个断面：

（1）对照断面

为了解河流入境前水体水质情况而设置的采样断面。一般设在进入城市工业废水排放口的上游,基本不受本地区的污染源影响。大多只设一个。

（2）控制断面

用以反映本地区污染源对河段水质影响大的断面。通常设在排放源的下游污染物与河水充分混合处,一般在距排污口的 500～1 000 m 处。根据污染情况,可设一个或多个。

（3）消减断面

反映河流对污染物的稀释净化情况。污水汇入河流后,经一段距离与河水充分混合后,水中污染物因稀释和自净作用而逐渐降低,整个断面上浓度差异较小。通常设在最后一个排污口下游 1 500 m 处。另外,在被检测的河流的较大支流汇入前的河口处及湖泊、水库的出入河口及重要河流的入海口均应设采样断面。

在考察一个水系或一条较长的河流时,还应布设一个背景断面。所谓背景断面是指少受或未受人类活动影响的区域环境天然水体内的物质组成与基本含量,多在源头。设置监测断面后,应根据水面的宽度确定断面上的采样垂线,再根据采样垂线的深度确定采样点位置和数目。

2．河流监测断面的布设原则

监测断面和采样点的位置确定后,其所在位置应该有固定而明显的岸边天然标志物。如果没有天然标志物,则应设置人工标志物,如竖石柱、打木桩等。每次采样要严格以标志物为准,使采集的样品取自同一位置上,以保证样品的代表性和可比性。监测断面布设见图 1-1。

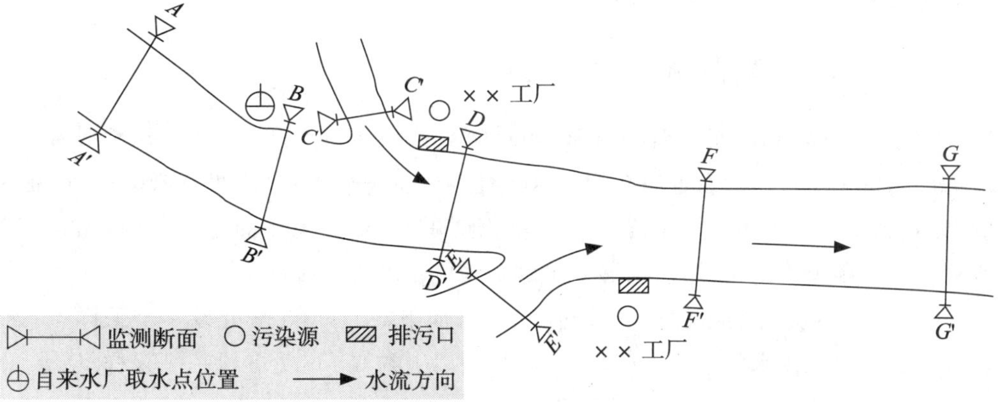

图 1-1　河段监测断面布设

（何增耀．环境监测．1994．5）

AA' 为对照断面　GG' 为消减断面　其余为一般监测断面

①对流域或水系应布设背景断面、控制断面（若干）和入海口断面。对行政区域可设背景断面（对水系源头）或入境断面（对国境河流）或对照断面、控制断面（若干）和入海口断面或出境断面。在各控制断面下游,如果河流有足够长度,还应设消减断面。

②根据水域功能区布设控制监测断面,同一水体功能区至少要设一个监测断面。断面位置应选择顺直河段、河床稳定、水流平稳,水面宽阔及无浅滩处,尽量避开死水区、回水区或排污口处。

③饮用水源区、水资源集中的区域、主要风景游览区及重大水利设施所在地等功能区要布设监测断面。

④较大支流汇合口上游和汇合后与干流充分混合处,受潮汐影响的河段和严重水土流失区要布设监测断面。

⑤监测断面力求与水文测流断面一致,以便利用其水文参数,实现水质监测与水量监测的结合。

⑥流域同步监测中,根据流域规划和污染源限期达标目标确定监测断面。

⑦监测断面的设置数量,应根据掌握水环境质量状况的实际需要,考虑对污染物时空分布和变化规律的了解、优化的基础上,以最少的断面获取有代表性的监测数据。

⑧进行应急监测时,对江河污染的跟踪监测要根据污染物质的性质、数量及河流的水文要素等,沿河段布设数个采样断面,并在采样点设立明显标志。采样频次根据事故程度确定。

1.2.1.4 河流监测断面的布设

对于江、河水系的每个监测断面：当水面宽＜ 50 m 时,只设一条中泓垂线；水面宽 50 ～ 100 m 时,在左右近岸有明显水流处各设一条垂线；水面宽为 101 ～ 1 000 m 时,设左、中、右 3 条垂线（中泓、左、右近岸有明显水流处）；水面宽＞ 1 500 m 时,至少要设置 5 条等距离采样垂线；较宽的河口应酌情增加垂线数。

在一条垂线上：当水深＜ 5 m 时,只在水面下 0.3 ～ 0.5 m 处设一个采样点；水深 5 ～ 10 m 时,在水面下 0.3 ～ 0.5 m 和河底以上约 0.5 m 处各设一个采样点；水深 11～50 m时,设三个采样点,即水面下 0.3～0.5 m处一点,河底以上约 0.5 m处一点,1/2 水深处一点；水深超过 50 m 时,应酌情增加采样点数。采样垂直线和采样点布设见图 1-2。

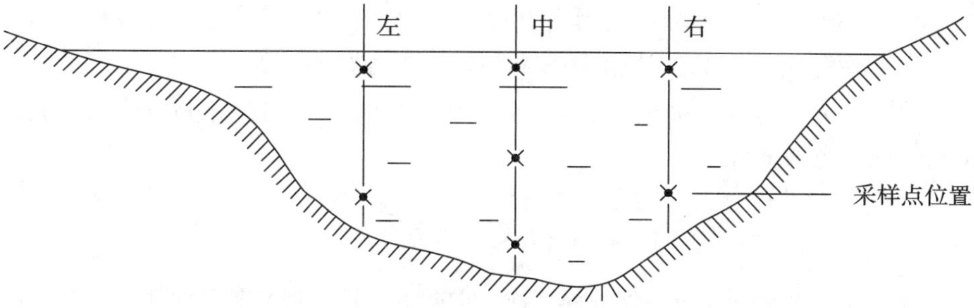

图 1-2 采样垂直线和采样点布设

（崔树军. 环境监测. 2008. 2）

1.2.1.5 湖泊、水库监测断面的布设

对不同类型的湖泊、水库应区别对待。为此，首先判断湖泊、水库是单一水体还是复杂水体，考虑汇入湖、库的河流数量，水体的径流量、季节变化及动态变化，沿岸污染源分布及污染物扩散与自净规律、生态环境特点等。然后按照前面讲的设置原则确定监测断面的位置：在进出湖泊、水库的河流汇合处分别设置监测断面；以各功能区（如城市和工厂的排污口、饮用水源、风景游览区、排灌站等）为中心，在其辐射线上设置弧形监测断面；在湖库中心，深、浅水区，滞流区，不同鱼类的回游产卵区，水生生物经济区等设置监测断面。监测断面布设见图 1-3。

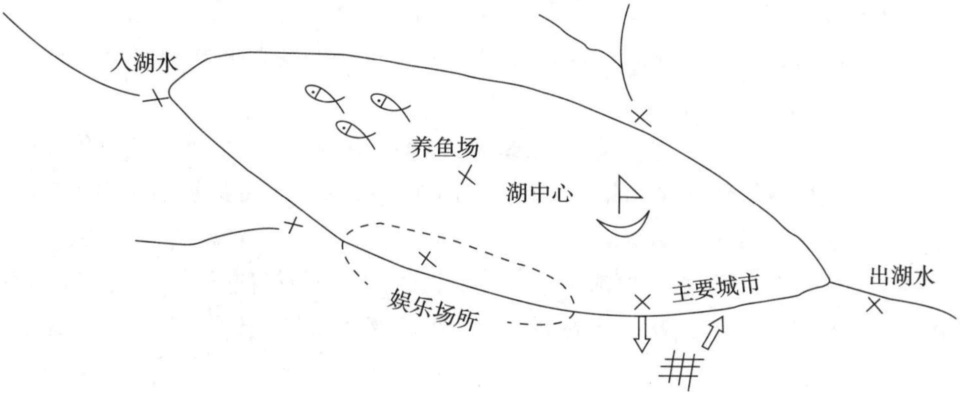

图 1-3 湖泊、水库监测断面的布设

（何增耀. 环境监测. 1994. 5）

①湖（库）区的不同水域，如进水区、出水区、深水区、浅水区、湖心区、岸边区，按水体类别设置监测断面。

②受污染影响较大的重要湖泊、水库,应在污染物扩散途径上设置监测断面。

③渔业作业区、水生生物经济区等布设监测断面。

④以湖(库)的各功能区为中心,如饮用水源、排污口、风景游览区等,在其辐射线上布设弧形监测断面。

1.2.1.6　采样时间和采样频次的确定

地面水常规监测:最好每月采样1次,在丰、枯、平水期每期采样两次(背景断面每年采样一次)。工业废水监测:根据生产周期的变化相应采样。车间排污口采样频率:对连续稳定的生产车间的排污口,应该在一个生产周期采集平均水样,每月监测2次;对于不稳定的生产车间的排污口,可以采集比例组合水样,也可以定时采集水样,但是每周不得少于2次;对于间断排污车间的排污口,应该在生产时采样,每周不得少于5次,每月监测2次。

工厂排污口采样频率:首先安排一个周期的连续定时采样,对水样做单独分析,以便找出污染物浓度高峰。以后每季度测一次废水排放,每月测1～2次水质情况,需要了解废水每天的变化情况,则每隔1～2 h或更短时采样。

城市排污口采样频率:结合地面水的例行监测,按丰、枯、平水期每年监测3次,每次进行一昼夜连续定时采样或用连续自动采水器采样分析平均浓度。

底质:底质比较稳定,采样频率较低,一般在枯水期采样1次/年,必要时在丰水期增加1次。

①饮用水源地、各行政区交接断面中需要重点控制的监测断面每月至少采样1次,全年不少于12次。

②较大河流、湖泊、水库上的监测断面,逢单月采样1次,全年6次。采样时间可设在丰水期、枯水期和平水期,每期采样两次。底泥每年在枯水期采集1次。

③背景断面每年采样1次。

④受潮汐影响的监测断面的采样,分别在大潮期、小潮期进行。每次采集涨潮、退潮水样分别测定。涨潮水样应在断面处水面涨平时采样,退潮水样应在水面退平时采样。

⑤如某必测项目连续3年均未检出,且在断面附近确定无新增排放源,而现有污染源排污量未增的情况下,每年可采样一次进行测定。一旦检出,或在断面附近有新的排放源或现有污染源有新增排污量时,即恢复正常采样。

⑥有废水排入、污染比较严重的湖泊、水库,应根据实际情况酌情增加采样次数。

⑦属于国家监控的监测断面（或垂线）每月采样一次，一般在规定时间内进行采样。

⑧遇有特殊自然情况，或发生污染事故时，要及时实施“应急监测”方案，随时增加采样频次。

1.2.2 灌溉用水水质常规监测项目的检测方法

1.2.2.1 水中 pH 检测

pH 表示水酸碱性的强弱，是最常用和最重要的水质指标之一。一般饮用水的 pH 在 6.5～8.5；地表水 pH 也需在 6.5～8.5 的范围内才适合各种生物的生长；水处理过程中，pH 是重要的控制参数；另外，pH 对水中有毒物质的毒性有很大影响，必须加以控制。

水 pH 的测定主要有两种方法：比色法和玻璃电极法（GB/T 6920—1986）。

1. 比色法

比色法是基于各种酸碱指示剂在不同 pH 的水溶液中显示不同的颜色，而每种指示剂都有一定的变色范围。将系列已知 pH 的缓冲溶液加入适当的指示剂制成标准色液并封装在小安瓿内，测定时取与缓冲溶液同量的水样，加入与标准系列相同的指示剂，然后进行比较，以确定水样的 pH。该方法不适用于有色、浑浊或含较高游离氯、氧化剂、还原剂的水样。

2. 玻璃电极法（酸度计法）

玻璃电极法测定 pH 是以 pH 玻璃电极为指示电极，饱和甘汞电极为参比电极，并将二者与被测溶液组成原电池，pH 玻璃电极电位，随被测溶液中氢离子活度的变化而变化。目前市场上有多种类型的 pH 计。pH 计设计简单和方便操作，适于现场使用。广泛使用复合 pH 电极，可制成多种袖珍和笔式 pH 计。玻璃电极测定法准确、快速，受水色度、浊度、胶体物质、氧化剂、还原剂及盐度等因素的干扰程度小。

1.2.2.2 水中含硫化合物检测

硫酸根是天然水体中的主要离子之一。地表水和地下水中的硫酸根主要来源于岩石、土壤中矿物组分的风化。火山爆发、化石燃料的燃烧排放出 SO_2，在空气中被催化氧化形成硫酸或硫酸盐，随着降水而进入水体。化工、制药、造纸、农药、化肥等行业废水中也含有较多的硫酸根。水中硫化物包括溶解性的硫化氢（H_2S）、硫氢根离子（HS^-）和硫离子（S^{2-}），酸溶性的金属硫化物以及不溶性的硫化物。通常所测定的硫化物是指溶解性的及酸溶性的硫化物。硫化氢毒性很大，可危害细胞色素、氧化酶，造成细胞组织缺氧甚至危及生命。硫化氢还腐蚀管道和设备，并可被微生物氧化成硫酸加剧腐蚀性，因此是水体污染的主要指标。

硫酸根的测试方法有硫酸钡重量法（GB 11899—89）、铬酸钡光度法、铬酸钡间接原子吸收法（GB 13196—91）、EDTA 容量法和离子色谱法等。

水中硫化物的测定方法有亚甲基蓝分光光度法（GB/T 16489—1996）、碘量滴定法、直接显色分光光度法（GB/T 17133—1997）和硫离子选择电极法等。

1. 铬酸钡光度法（硫酸根测定）

在酸性溶液中，铬酸钡与硫酸根离子生成硫酸钡沉淀和铬酸根离子。对溶液中和后，多余的铬酸钡及生成的硫酸钡仍是沉淀状态，过滤除去。将溶液用氨水调至碱性，此时铬酸根离子呈黄色。可在 420 nm 波长处比色定量。

2. 碘量滴定法（硫化物测定）

水样中的硫化物可与乙酸锌反应生成硫化锌白色沉淀，将其用酸溶解后，加入过量的碘溶液，使碘与硫化锌反应析出硫，然后用硫代硫酸钠标准溶液滴定剩余的碘，根据硫代硫酸钠标准溶液消耗的体积，可间接计算硫化物的含量。

1.2.2.3 水中氰化物检测

氰化物包括简单氰化物、络合氰化物和有机氰化物。简单氰化物易溶于水、毒性大；络合氰化物在水体中受 pH、水温和光照影响离解为毒性强的简单氰化物。氰化物进入人体后，主要与高铁细胞色素氧化酶结合，生成氰化高铁细胞色素氧化酶而失去传递氧的作用，引起组织缺氧窒息。天然水中一般不含氰化物，水中氰化物的主要来源为电镀、焦化、选矿、造气、洗印、石油化工、有机玻璃制造、农药等工业废水的排放。此外，当碱性废水中同时存在铵离子、甲醛类、次氯酸盐时，亦可生成氰离子。

测定水体中氰化物的方法有容量滴定法、分光光度法和离子选择电极法。

测定之前，通常先将水样在酸性介质中进行蒸馏，把能形成氰化氢的氰化物（全部简单氰化物和部分络合氰化物）蒸出，使之与干扰组分分离。常用的蒸馏方法有以下两种。①酒石酸－硝酸锌预蒸馏法：pH=4，蒸出的 HCN 用氢氧化钠溶液吸收。取此蒸馏液测得的氰化物为易释放的氰化物。②磷酸－EDTA 预蒸馏法：$pH < 2$，可将全部简单氰化物和除钴氰络合物外的绝大部分络合氰化物以氰化氢的形式蒸馏出来，用氢氧化钠溶液吸收。取该蒸馏液测得的结果为总氰化物。

氰化物的测定水样经预蒸馏后，若氰化物含量（以 CN^- 计）在 1 mg/L 及以上，可采用硝酸银滴定法（GB 7484—87）测定；若含量在 1 mg/L 及以下，可采用异烟酸－吡唑啉酮光度法或吡啶－巴比妥酸光度法（GB 7484—87）进行测定。

1. 样品预处理

在水样中加入酒石酸和硝酸锌，在 pH 为 4 的条件下加热蒸馏，将所有简单氰化物和部分络合氰化物（如锌氰络合物）转变为HCN蒸出，用NaOH溶液吸收待测。

向水样中加入磷酸和 EDTA，在 pH 小于 2 的条件下加热蒸馏。利用 EDTA 与金属离子络合能力比 CN^- 与金属离子络合能力强的特点，使络合物中的 CN^- 解离出来，并在磷酸酸化的情况下以 HCN 形式蒸馏出来，用 NaOH 溶液吸收待测。

2. 异烟酸－吡唑啉酮光度法

取一定量预蒸馏溶液，调节 pH 至中性，加入氯胺 T 溶液，则氰离子被氯胺 T 氧化生成氯化氰（CNCl），再加入异烟酸－吡唑啉酮溶液，氯化氰与异烟酸作用，经水解生成戊烯二醛，与吡唑啉酮进行缩合反应，生成蓝色染料，其色度与氰化物的含量成正比。在波长 638 nm 处进行吸光度测定，用标准曲线法定量。

此法适用于饮用水、地面水、生活污水和工业废水的检测，其最低检测浓度为 0.004 mg/L，测定上限为 0.25 mg/L。

3. 吡啶－巴比妥酸光度法

在中性条件下，预蒸馏收集液中的氰离子与氯胺 T 反应生成氯化氰，氯化氰与吡啶反应生成戊烯二醛，戊烯二醛再与两个巴比妥酸分子缩合生成红紫色染料，在波长 580 nm 处进行吸光度测定。

本方法最低检测浓度为 0.002 mg/L，检测上限为 0.45 mg/L。

1.2.2.4 水中氟化物检测

氟是人体必需的微量元素之一，氟化物广泛存在于天然水体中。人体缺氟易患龋齿病，饮用水中含氟的适宜浓度为 0.5~1.0 mg/L。当长期饮用含氟量高于 1.5 mg/L 的水时，则易患斑齿病；如果水中含氟量高于 4 mg/L 时，则可导致氟骨病。有色冶金、钢铁和铝加工、焦炭、陶瓷、电子、化肥、农药厂的废水及含氟矿物的废水中常常存在氟化物。对于污染严重的生活污水和工业废水，以及含氟硼酸盐的水均要进行水样预蒸馏处理。清洁的地面水、地下水可直接取样测定。

水中氟化物的测定方法主要有氟试剂分光光度法（GB 7483—1987）、氟离子选择电极法（GB 7484—1987）、茜素磺酸锆目视比色法（HJ 487—2009）和离子色谱法等。

1. 水样预处理

测定水中氟化物时,无论用哪种方法都会受到共存离子如 Al^{3+}、Fe^{3+}、Pb^{2+}、Zn^{2+}、Ca^{2+}、Mg^{2+}、Ni^{2+}、Co^{2+} 等以及草酸盐、酒石酸盐、柠檬酸盐和大量氯化物、硫酸盐、过氯酸盐等的干扰。因此在测定之前,尤其是工业废水,要先进行预处理以排除上述干扰。方法是在水样中加入适量高氯酸或硫酸,使氟化物与硅酸钠反应生成易挥发的氟硅酸或氟化硅,在 120 ~ 180℃溶液中直接蒸出或通入水蒸气于 135 ~ 140℃蒸馏蒸出。蒸出的氟硅酸再用水吸收时,又水解成氟化氢。

2. 氟试剂分光光度法

氟试剂即茜素络合剂(ALC)在 pH 4.1 的醋酸缓冲介质中,与氟离子(3- 甲基胺 - 茜素 - 二乙酸)和硝酸镧反应生成蓝色络合物,颜色的深度与氟离子浓度成正比,在波长 620 nm 处比色测定吸光度,此法适用于地面水、地下水和工业废水中氟化物的测定。最低检测浓度为 0.05 mg/L,检测上限为 1.80 mg/L。

3. 氟离子选择电极法

配制一系列不同浓度的标准溶液,插入电极,测其电位值,绘制电位值与氟离子浓度对数标准曲线。测得未知水样的电位值后,由标准曲线方程即可求得水样中氟离子的浓度。通常加入总离子强度调节剂(TISAB)以保持溶液的总离子强度,并络合干扰离子。本法测定简便、快速、灵敏度好,可测定浑浊、有色水样。测定范围是 0.05 ~ 11 900 mg/L,不受水样颜色、浑浊程度的干扰,适合于各种水样的测定。

1.2.2.5 汞的测定

汞及其化合物属于剧毒物质,可在体内蓄积,水体中的无机汞可转变为有机汞,有机汞的毒性更大。有机汞通过食物链进入人体,引起全身中毒。天然水中含汞极少,一般不超过 0.1 μg/L,我国饮用水标准限值为 0.001 mg/L。仪表厂、食盐电解、贵金属冶炼、军工等工业废水中的汞是水体中汞污染的主要来源。

国家标准规定,总汞的测定采用冷原子吸收分光光度法和双硫腙分光光度法,水样用高锰酸钾 - 过硫酸钾消解。总汞,是指未过滤的水样,经剧烈消解后测得的汞浓度,它包括无机的和有机结合的,可溶的和悬浮的全部汞。

1. 冷原子吸收分光光度法

本方法适用于各种水体,最低检测浓度为 0.1 ~ 0.5 μg/L。

(1)方法原理

汞原子蒸气对波长为 253.7 nm 的紫外光有选择性吸收,在一定浓度范围内,吸光度与汞浓度成正比。水样经消解后，将各种形态的汞转变成二价汞，再用氯化亚锡将二价汞还原为元素汞，用载气（N_2 或干燥清洁的空气）将产生的汞蒸气带入测汞仪的吸收池测定吸光度，与汞标准溶液吸光度进行比较定量。

（2）测定过程

水样预处理：在硫酸－硝酸介质中，加入高锰酸钾和过硫酸钾消解水样，使水中汞全部转化为二价汞，过剩氧化剂用盐酸羟胺溶液还原。

绘制标准曲线：配制系列汞标准溶液，吸取适量汞标准液于还原瓶内，加入氯化亚锡溶液，迅速通入载气，测定吸光度，绘制标准曲线。

水样的测定：取适量处理好的水样于还原瓶内，按照标准溶液测定方法测其吸光度，经空白校正后，从标准曲线上查得汞浓度，再乘以样品的稀释倍数，即得水样中汞浓度。

2. 双硫腙分光光度法

本方法适用于工业废水和受汞污染的地表水，最低检测浓度为 0.001 mg/L，测定上限为 0.004 mg/L。

（1）方法原理

水样于 95 度酸性介质中用高锰酸钾和过硫酸钾消解，使水中汞转变为二价汞。用盐酸羟胺还原过剩的氧化剂，加入双硫腙与汞离子生成橙色螯合物，用三氯甲烷或四氯化碳萃取，再用碱液洗去过量的双硫腙，于波长 485 nm 处测定吸光度。

（2）测定条件控制及消除干扰

该方法对测定条件控制要求较严格，例如，要求加盐酸羟胺不能过量，有色络合物对光敏感，要求避光操作等。对干扰物铜离子，可在双硫腙洗脱液中加 1% EDTA 二钠盐进行掩蔽。对双硫腙的三氯甲烷萃取液，应采取相应措施进行回收处理。

1.2.2.6 镉的测定

镉的毒性很强，可在人体的肝、肾、骨骼等组织中蓄积，造成各内脏器官组织的损害，尤以对肾脏的损害最大，还可以导致骨质疏松和软化。如日本富山事件（骨痛病事件）。绝大多数淡水的含镉量低于 1 μg/L，海水中镉的平均浓度为 0.15 μg/L。镉的主要污染源是电镀、采矿、染料、电池和化学工业等排放的废水。

测定镉的方法主要用原子吸收分光光度法（GB/T 7475—1987），此方法可测定 Cu、Pb、Zn、Cd 等元素，测定快速，干扰少，应用范围广，可在同一试样中分别测定多种元素。测定受污染的天然水和废水中的镉可以用双硫腙分光光度法（GB/T 7471—87），测定范围为 0.001～0.06 mg/L。

原子吸收分光光度法测定时可采用直接吸入、萃取或离子交换富集后再吸入或石墨炉原子化等方法。

1. 测定原理

将含待测元素的溶液通过原子化系统喷成细雾，随载气进入火焰，并在火焰中解离成基态原子，当空心阴极灯辐射出待测元素特征波长光通过火焰时，被其吸收，在一定条件下，特征波长光强的变化与火焰中待测元素基态原子的浓度有定量关系，从而与试样中待测元素的浓度 c 有定量关系。即：$A = K \times c$。式中：A 为吸光度；K 为系数；c 为待测元素浓度。

2. 方法应用

（1）标准曲线法

配制相同基体的含有不同浓度待测元素的系列标准溶液，分别测其吸光度，绘制标准曲线，在同样操作条件下，测定试样溶液的吸光度，从标准曲线上查得浓度。

（2）标准加入法

取若干（不少于 4 份）体积相同的试样溶液，从第二份开始依次加入不同等分量的待测元素的标准溶液（如 10、20、40 μg），然后用蒸馏水稀释至相同体积后摇匀。在相同的实验条件下依次测得各溶液的吸光度。以吸光度 A 为纵坐标，以加入标准溶液的量（浓度、体积、绝对含量）为横坐标，做出 $A-C$ 曲线（不过原点），外延曲线与横坐标相交于一点 C_x，此点与原点的距离，即为所测试样溶液中待测元素的含量。

具体方式的选择：①清洁的水样及废水样中含量较高时，可用直接吸入火焰原子吸收法测定；②微量 Cd（Cu、Pb），可经萃取或离子交换处理后用火焰原子吸收法测定；③痕量 Cd（Cu、Pb），可用石墨炉原子吸收法测定。

1.2.2.7 铅的测定

铅是可在人体和动植物组织中蓄积的有毒金属，其主要毒性效应是导致贫血、神经机能失调和肾损伤等。铅对水生生物的安全浓度为 0.16 mg/L。水体中铅的浓度大于 0.1 mg/L 时，即可抑制水体的自净作用。铅的主要污染源是蓄电池、冶炼、五金、机械、涂料和电镀工业部门的排放废水。

铅的测定方法有双硫腙分光光度法（GB 7470—87）（测定范围为 0.01～0.3 mg/L，适用于地表水和废水中铅的测定）和原子吸收分光光度法（GB 7475—87）（该法又分为直接法和萃取法两种），也可以用阳极溶出伏安法和示波极谱法。

双硫腙分光光度法：基于在 pH 8.5～9.5 的氨性柠檬酸盐－氰化物的还原介质中，铅与双硫腙反应生成红色螯合物，用三氯甲烷（或四氯化碳）萃取后于波长 510 nm 处比色测定。

测时要特别注意器皿、试剂及去离子水是否含痕量铅，对某些金属离子如 Bi^{3+}、Sn^{2+}、Fe^{3+} 的干扰，应事先予以处理。

该法适用于地面水和废水中痕量铅的测定，检测限为 0.01～0.3 mg/L。

1.2.2.8 砷的测定

砷不是生物所必需的元素。元素砷毒性极低，而砷的化合物均有剧毒，三价砷化合物比其他砷化物毒性更强，如 As_2O_3（砒霜）毒性最大。工业生产中大部分是三价砷的化合物。砷化物容易在人体内积累，造成急性或慢性中毒。砷污染主要来源于采矿、冶金、化工、化学制药、农药生产、玻璃生产、制革等工业废水。砷化物能随粉尘、烟尘和污水等形式进入水体中。

砷的测定方法主要有硼氰化钾－硝酸银盐分光光度法（GB 1900—89）、二乙氨基二硫代甲酸银分光光度法（GB 7485—87）、氢化物发生原子吸收法和原子荧光法等。

1. 新银盐分光光度法（硼氰化钾－硝酸银盐分光光度法）

（1）原理

硼氰化钾在酸性溶液中产生新生态氢，将水样中无机砷还原为砷化氢气体，以 HNO_3-$AgNO_3$-聚乙烯醇－乙醇溶液吸收，则砷化氢将吸收液中的银离子还原为单质胶态银，使溶液显黄色，其颜色强度与生成氢化物的量成正比，于波长 400 nm 处测其吸光度。

（2）特点

灵敏度高，操作严格，应用范围广，适用于地面水和地下水中痕量砷的测定，最低检测浓度可达 0.16 μg/L，并可进行不同形态砷分析。检测限为 0.4～12 μg/L。

2. 总砷的测定（二乙氨基二硫代甲酸银分光光度法）

在碘化钾、酸性氯化亚锡作用下，五价砷被还原为三价砷，并与新生态氢（由锌与酸作用产生）反应，生成气态砷化氢（胂），被吸收于二乙氨基二硫代甲酸银（AgDDC）－三乙醇胺的三氯甲烷溶液中，生成红色的胶体银，在波长 510 nm 处，以三氯甲烷为参比测其经空白校正后的吸光度，用标准曲线法定量。

该法最低检测浓度为 0.007 mg/L，测定上限为 0.50 mg/L。

1.2.2.9 铬的测定

铬常见价态有三价和六价。在水体中,六价铬一般以 CrO_4^{2-}、$HCr_2O_7^-$、$Cr_2O_7^{2-}$ 三种阴离子形式存在,受水体 pH、温度、氧化还原物质、有机物等因素影响,三价铬和六价铬化合物可以互相转化。

铬是生物体所必需的微量元素之一。铬的毒性与其存在价态有关,三价铬能参与正常的糖代谢过程,六价铬则具有强毒性,为致癌物质,并易被人体吸收而在体内蓄积。通常认为六价铬的毒性比三价铬大 100 倍。但是,对鱼类来说,三价铬化合物的毒性比六价铬大。水中不同价态的铬的在一定条件下可以互相转换,所以在排放标准中,既要求测定六价铬,也要求测定总铬。铬的工业污染源主要来自铬矿石的加工、金属表面处理、印染、照相材料、皮革鞣制等行业。铬是水质污染控制的一项重要指标。饮用水标准限值为≤ 0.05 mg/L。当水中六价铬浓度达 1 mg/L 时,水呈黄色并有涩味;三价铬浓度达 1 mg/L 时,水呈黄色变化明显。陆地天然水中一般不含铬,海水中铬的平均浓度为 0.05 μg/L,饮用水中更低。

六价铬可以用二苯碳酰二肼分光光度法(GB 7467—87)测定,该法的测定范围为 0.004 ~ 1 mg/L,适用于地面水和工业废水六价铬的测定。总铬测定可以用高锰酸钾氧化 - 二苯碳酰二肼分光光度法(GB 7466—87)、硫酸亚铁铵滴定法。

1. 二苯碳酰二肼分光光度法(适用于铬含量较少时)测定六价铬

在酸性介质中,六价铬与二苯碳酰二肼(DPC)反应,生成紫红色络合物,于波长 540 nm 处进行比色测定。本方法最低检出浓度为 0.004 mg/L,使用 10 mm 比色皿,测定上限为 1 mg/L。

对于清洁水样可直接测定;对于色度不大的水样,可用以丙酮代替显色剂的空白水样做参比测定;对浑浊、色度较深的水样,以氢氧化锌作共沉淀剂,调节溶液 pH 为 8~9,此时 Cr^{3+}、Fe^{3+}、Cu^{2+} 均形成氢氧化物沉淀,可被过滤除去,与水样中 Cr^{6+} 分离;存在亚硫酸盐、二价铁等还原性物质和次氯酸盐等氧化物质时,也应采取相应消除干扰措施。

配制系列铬标准溶液,按照水样测定步骤操作。将测得的吸光度经空白校正后,绘制吸光度对六价铬含量的标准曲线。

取适量清洁水样或经过预处理的水样,加酸、显色、定容,以水作参比,测其吸光度并做空白校正,从标准曲线上查得并计算水样中六价铬含量。

（1）试剂

丙酮，（1+1）硫酸，（1+1）磷酸，0.2%（*m/V*）氢氧化钠溶液。

氢氧化锌共沉淀剂：称取硫酸锌（$ZnSO_4 \cdot 7H_2O$）8 g，溶于 100 mL 水中；称取氢氧化钠 2.4 g，溶于 120 mL 水中。将以上两溶液混合。

铬标准贮备液：称取于 120℃干燥 2 h 的重铬酸钾（优级纯）0.282 9 g，用水溶解，移入 1 000 mL 容量瓶中，用水稀释至标线，摇匀。每毫升贮备液含 0.100 μg 六价铬。

铬标准使用液：吸取 5.00 mL 铬标准贮备液于 500 mL 容量瓶中，用水稀释至标线，摇匀。每毫升标准使用液含 1.00 μg 六价铬。使用当天配制。

20%（*m/V*）尿素溶液。

2%（*m/V*）亚硝酸钠溶液。

二苯碳酰二肼溶液：称取二苯碳酰二肼（$C_{13}H_{14}N_4O$）0.2 g，溶于 50 mL 丙酮中，加水稀释至 100 mL，摇匀，贮于棕色瓶内，置于冰箱中保存。颜色变深后不能再用。

（2）测定步骤

A. 水样预处理：

• 对不含悬浮物、低色度的清洁地面水，可直接进行测定。

• 如果水样有色但不深，可进行色度校正。即另取一份试样，加入除显色剂以外的各种试剂，以 2 mL 丙酮代替显色剂，用此溶液作测定试样溶液吸光度的参比溶液。

• 对浑浊、色度较深的水样，应加入氢氧化锌共沉淀剂并进行过滤处理。

• 水样中存在次氯酸盐等氧化性物质时，干扰测定，可加入尿素和亚硝酸钠消除。

• 水样中存在低价铁、亚硫酸盐、硫化物等还原性物质时，可将 Cr^{6+} 还原为 Cr^{3+}，此时，调节水样 pH 至 8，加入显色剂溶液，放置 5 min 后再酸化显色，并以同法做标准曲线。

B. 标准曲线的绘制：取 9 支 50 mL 比色管，依次加入 0 mL、0.20 mL、0.50 mL、1.00 mL、2.00 mL、4.00 mL、6.00 mL、8.00 mL 和 10.00 mL 铬标准使用液，用水稀释至标线，加入（1+1）硫酸 0.5 mL 和（1+1）磷酸 0.5 mL，摇匀。加入 2 mL 显色剂溶液，摇匀。5～10 min 后，于波长 540 nm 处，用 1 cm 或 3 cm 比色皿，以水为参比，测定吸光度并做空白校正。以吸光度为纵坐标，相应六价铬含量为横坐标绘出标准曲线。

C. 水样的测定：取适量（含 Cr^{6+} 少于 50 μg）无色透明或经预处理的水样于 50 mL 比色管中，用水稀释至标线，测定方法同标准溶液。进行空白校正后根据所测吸光度从标准曲线上查得 Cr^{6+} 含量。

（3）计算

$$cCr^{6+}\ (mg/L) = \frac{m}{V}$$

式中：m——从标准曲线上查得的 cCr^{6+} 量（μg）；

V——水样的体积（mL）。

2. 高锰酸钾氧化—二苯碳酰二肼分光光度法测定总铬

在酸性溶液中，首先，将水样中的三价铬用高锰酸钾氧化成六价铬，过量的高锰酸钾用亚硝酸钠分解，过量的亚硝酸钠用尿素分解；然后，加入二苯碳酰二肼显色，于波长 540 nm 处进行分光光度测定。其最低检出浓度同六价铬。

清洁地面水可直接用高锰酸钾氧化后测定；水样中含大量有机物时，用硝酸－硫酸消解。此外还可以用火焰原子吸收法测总铬。

3. 硫酸亚铁铵滴定法

本法适用于总铬浓度大于 1 mg/L 的废水。其原理为在酸性介质中，以银盐作催化剂，用过硫酸铵将三价铬氧化成六价铬。加少量氯化钠并煮沸，除去过量的过硫酸铵和反应中产生的氯气。以苯基代邻氨基苯甲酸作指示剂，用硫酸亚铁铵标准溶液滴定，至溶液呈亮绿色。根据硫酸亚铁铵溶液的浓度和进行试剂空白校正后的用量，可以计算出水样中总铬的含量。其滴定反应式如下：

$$6Fe(NH_4)_2(SO_4)_2+K_2Cr_2O_7+7H_2SO_4=3Fe_2(SO_4)_3+Cr_2(SO_4)_3+K_2SO_4+6(NH_4)_2SO_4+7H_2O$$

1.3 有机产品产地土壤环境检测

1.3.1 产地土壤环境质量标准

土壤是人类赖以生存和发展的物质基础，也是人类环境的重要组成部分。土壤质量的优劣直接影响人类的生活、健康和社会发展。而土壤也是生产有机产品的基础，一个结构完整、功能良好、没有受到污染的土壤生态系统，是生产出有机产品的关键。

根据《土壤环境质量 农用地土壤污染风险管控标准（试行）》GB 15618—2018 标准，农用地土壤中镉、汞、砷、铅、铬、铜、镍、锌等基本项目要符合该标准要求，六六六、滴滴涕、苯并芘等其他项目的要符合该标准的风险筛选值；农用地土壤中镉、汞、砷、铅、铬要符合该标准的风险管制值。其中六六六和滴滴涕两个农药已经在

1983年禁止使用，因此，随着时间的增长，土壤中的六六六和滴滴涕不会累积。而土壤中的重金属会随着大气沉降和化肥、有机肥、农田灌溉等农业生产在土壤中造成累积。因此，需要对土壤中的重金属元素进行风险分析，以评价土壤中重金属超过土壤标准中规定限制的风险。

根据《土壤环境质量　农用地土壤污染风险管控标准(试行)》GB 15618—2018标准规定。当土壤中污染物含量等于或者低于表1-24a和表2-24b规定的风险筛选值时，农用地土壤污染风险低，一般情况下可以忽略；高于表1-24a和表2-24b规定的风险筛选值时，可能存在农用地土壤污染风险，应加强土壤环境监测和农产品协同监测。当土壤中镉、汞、砷、铅、铬的含量高于表1-24a规定的风险筛选值、等于或者低于表1-24c规定的风险管制值时，可能存在食用农产品不符合质量安全标准等土壤污染风险，原则上应当采取农艺调控、替代种植等安全利用措施。

当土壤中镉、汞、砷、铅、铬的含量高于表1-24c规定的风险管制值时，食用农产品不符合质量安全标准等农用地土壤污染风险高，且难以通过安全利用措施降低食用农产品不符合质量安全标准等农用地土壤污染风险，原则上应当采取禁止种植食用农产品、退耕还林等严格管控措施。

土壤环境质量类别划分应以本标准为基础，结合食用农产品协同监测结果，依据相关技术规定进行划定。

表1-24a　农用地土壤污染风险筛选值(基本项目)(GB 15618—2018)　mg/kg

序号	污染物项目		风险筛选值			
			pH ≤ 5.5	5.5<pH ≤ 6.5	6.5<pH ≤ 7.5	pH>7.5
1	镉	水田	0.3	0.4	0.6	0.8
		其他[②]	0.3	0.3	0.3	0.6
2	汞	水田	0.5	0.5	0.5	1.0
		其他	1.3	1.8	2.4	3.4
3	砷[①]	水田	30	30	25	20
		其他	40	40	30	25
4	铅	水田	80	100	140	240
		其他	70	90	120	170
5	铬	水田	200	200	250	300
		其他	150	150	200	250
6	铜	水田	150	150	200	200
		其他	50	50	100	100

续表 1-24a

序号	污染物项目	风险筛选值			
		pH ≤ 5.5	5.5<pH ≤ 6.5	6.5<pH ≤ 7.5	pH>7.5
7	镍	60	70	100	190
8	锌	200	200	250	300

注：①重金属和类金属 As 均按元素总量计。

②对于水旱轮作地，采用其中较严格的风险筛选值。

表 1-24b 农用地土壤污染风险筛选值（其他项目）（GB 15618 — 2018） mg/kg

序号	污染物项目	风险筛选值
1	六六六总量①	0.10
2	滴滴涕总量②	0.10
3	苯并芘	0.55

注：① a- 六六六 、β－六六六、γ－六六六、δ－六六六含量总和。

② pp-' 滴滴伊、pp-' 滴滴滴、op-' 滴滴涕、pp-' 滴滴涕四种衍生物的含量总和。

表 1-24c 农用地土壤污染风险管制值（基本项目）（GB 15618 — 2018） mg/kg

序号	污染物项目	风险管制值			
		pH ≤ 5.5	5.5<pH ≤ 6.5	6.5<pH ≤ 7.5	pH >7.5
1	镉	1.5	2.0	3.0	4.0
2	汞	2.0	2.5	4.0	6.0
3	砷	200	150	120	100
4	铅	400	500	7000	1000
5	铬	800	850	1000	1300

1.3.2 土壤样品采集、制备与样品预处理

1.3.2.1 土壤监测方案的制定

防止土壤污染，首先要对土壤进行监测，即查明是否有污染，污染程度如何，污染是怎样引起的，今后有什么发展趋势，只有这样才能采取有效的防治措施。环境是一个整体，污染物进入哪一部分介质都会影响整个环境，因此，土壤监测必须与大气、水

体和生物的监测紧密联系起来,调查和分析方法应该有相对统一的规定:

- 土壤环境监测技术规范(HJ/T 166—2004)
- 农田土壤环境监测技术规范(NY/T 395—2000)
- 绿色食品 产地环境调查、监测与评价导则(NY/T 1054—2006)

1. 土壤污染调查

在采集污染土壤样品之前,首先必须对监测地区进行调查研究。土壤污染调查主要是对引起土壤环境污染因素的综合调查,调查范围包括各种污染源及其各类污染因子,同时也要调查与土壤污染密切相关的地下水水质、土壤中微生物群落和土壤酶的变化情况。通常,污染调查分为基础资料的收集和现场勘察两部分。

(1)基础资料调查

对以下资料进行收集与分析。

①监测区域的交通图、土壤分布图、地质图、水文地质图、大比例地形图、监测区域土类、成土母质、土壤性状、层次特征、农业生产特征、植被等信息资料。

②工程建设或生产过程对土壤造成影响的环境资料。

③造成土壤污染事故的主要污染物的毒性、稳定性以及如何消除等资料。

④土壤历史资料和相应的法规。

⑤监测区域工农业生产及排污、污灌、化肥农药施用情况。

⑥气象水文资料。

⑦监测区域遥感与土壤利用及其演变过程资料等。

(2)现场勘查

资料收集到一定数量后,要进行现场调查和踏勘。

2. 土壤污染监测项目

国际学术联合会环境问题科学委员会(SCOPE)提出的“世界环境监测系统”草案中规定,空气、水源、土壤以及生物界中的物质应与人类健康联系起来。土壤中优先监测物有以下两类:

第一类:汞、铅、镉、DDT及其代谢产物与分解产物,PCBs(多氯联苯)。

第二类:石油产品,DDT以外的长效性有机氯、四氯化碳乙酸衍生物,氯化脂肪酸族,自然环境系统中的碳、氮、磷、硫化物中与人体健康有关的物质,砷、锌、硒、铬、钒、锰、镍,有机磷化合物以及其他生物活性物质(抗生素、激素、致畸性物质、催畸性物质和诱变物质)。

《土壤环境质量 农用地土壤污染风险管控标准(试行)》GB 15618—2018 规定

了农用地土壤中镉、汞、砷、铅、铬、铜、镍、锌等基本项目，以及六六六、滴滴涕、苯并芘等其他项目的风险筛选值；规定了农用地土壤中镉、汞、砷、铅、铬的风险管制值；农用地土壤调查监测点位布设和样品采集执行 HJ/T 166 等相关技术规定要求。

1.3.2.2　土壤样品的采集

1. 采样点的选择

土壤环境监测属痕量分析范畴，加上污染物在土壤介质中的不均一性，土壤分析工作者要特别注意采样的代表性和分析结果的准确性。因为土壤与大气和水体不同，是由固、液、气三相组成的分散体系，呈不均一状态，污染物进入土壤环境后流动、迁移、混合都较困难，故土壤布点采样比较复杂，样品有很大局限性。如在污水灌溉区，污水流进田中，在灌溉过程中，污水中成分不断发生变化，污染物在各点的分布差异很大，即使是多点采样，所收集的样品也往往代表性不够。因此，采集土壤样品时必须要注意能够反映其实际情况，使采样误差降低到最小。

在调查研究的基础上，根据需要和可能，选择能代表被调查区域的地块作为采样单元，并且选择一定面积的区域作为对照，布置一定数量的采样点。通过调查反映出土壤的真实情况，作为土壤环境质量评价的依据。

由于土壤本身在空间分布上具有一定的不均匀性，所以在同一个采样分析单元内，应当在不同方位上选择多点，当面积不大时［2～3 亩（1 333～2 000 m^2）以内］，一般选择 5～10 个有代表性的采样点，并且均匀混合作为具有代表性的土壤样品。对于企业区域内的土壤污染调查，采样点的分布应尽量照顾到土壤的全面情况，采样点或网格不应该布设得太疏。对于大气污染物引起的土壤污染，采样点就应以污染源为中心，并根据当地的风向、风速及污染强度系数等选择在某一方向或某几个方向上进行。采样点的数量和间距大小可依调查的目的和条件而定，一般是靠近污染源的采样点间距小些，远离污染源的采样点间距可稍大些。对照点应设在远离污染源，不受其影响的地方。

对于由城市污水或被污染的河水灌溉农田而引起的土壤污染，采样点应根据水流的路径和距离来考虑。总之，采样点的布设既应尽可能考虑土壤的全面情况，又要视污染情况和监测目的而定。

2. 采样点布设方法

样品由总体中随机采集的一些个体组成，个体之间存在变异，因此样品与总体之间差异愈小，样品的代表性愈好，反之亦然。布点方法可分为简单随机、分块随机和系统随机布点。

（1）简单随机布点

简单随机是将监测单元分成网格，每个网格编上号码，决定采样点样品数后，随机抽取规定的样品数的样品，其样本号码对应的网格号即为采样点。这种简单随机布点是一种完全不带主观限制条件的布点方法（图 1–4a）。

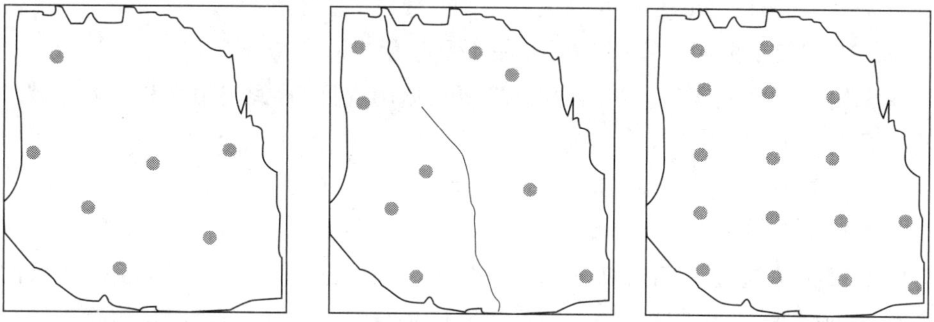

a. 简单随机布点　　b. 分块随机布点　　c. 系统随机布点

图 1–4　土壤样品采集布点方式示意图

（2）分块随机布点

分块随机是根据如上所收集的资料，按监测区域内土壤的明显的几种类型，将区域分成几块，每块内污染物较均匀，块间的差异明显。将每块作为一个监测单元，在每一个小的监测单元内再随机布点。本方法在正确分块的前提下，比上种方法更具代表性（图 1–4b）。

（3）系统随机布点

系统随机方法是将监测区域分成面积相等的几部分（网格划分），每网格内布设一采样点。如区域内土壤污染物含量变化较大，系统随机布点比简单随机布点所采样品更具代表性（图 1–4c）。

3. 采样点布设数量

土壤监测的布点数量要求满足样本容量的基本要求，即由均方差和绝对偏差、变异系数和相对偏差计算出的样品数的下限值。

（1）由均方差和绝对偏差计算样品数

$$N = t^2 \cdot s^2 / D^2$$

（2）由变异系数和相对偏差计算样品数

$$N = t^2 \cdot Cv^2 / m^2$$

式中: N——样品数;

t——选定置信水平（一般为 95%）为一定自由度的 t 值;

s^2——均方差，可从先前的其他研究或从极差 R 估计，$s^2=(R/4)^2$;

D——绝对偏差;

Cv——变异系数（%），可从先前的研究资料中估计;

m——可接受的相对偏差（%），一般限定为 20%～30%。

在实际工作中,土壤监测布点数量还要根据调查目的,调查精度和调查区域环境状况等因素确定。

一般要求每一个监测单元最少布设 3 个点。

（3）布点方法

区域调查按精度不同可从 2.5 km、5 km、10 km、20 km、40 km 中选择网距网格布点,节点数即为土壤采样点数量。农田采集混合样的样点数量,每个土壤单元设 3～7 个采样区,单个采样区可以是自然分割的一个田块,也可以由多个田块所构成,其范围以 200 m×200 m 左右为宜。每个采样区的样品为农田土壤混合样,采样方法有四种:对角线布点法、梅花形布点法、棋盘式布点法和蛇形布点法（图 1-5）。

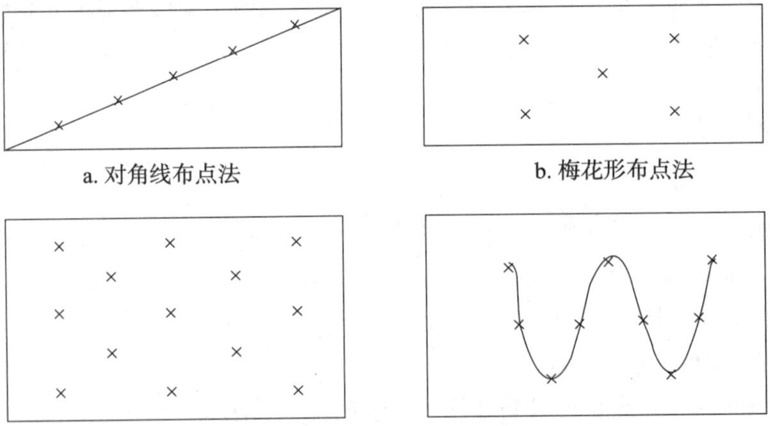

a. 对角线布点法　b. 梅花形布点法　c. 棋盘式布点法　d. 蛇形布点法

图 1-5　农田土壤样品采集布点方法

①对角线布点法:本方法一般用于污水灌溉或受污染的水体灌溉的田地,由田地进水口向对角线引一斜线,将此对角线 5 等分,以等分点作为采样分点。

②梅花形布点法:适用于面积较小、地形平坦、土壤比较均匀的田地,一般设采样点 5 个左右。

③棋盘式布点法：适用于中等面积、地势平坦、土壤不够均匀的地块，设 10 个分点左右，受污染的土壤设 20 个以上分点。这一方法也适用于固体废弃物污染的土壤，因为固体废弃物分布不均匀，采样点应在 20 个以上。

④蛇形布点法：适用于大面积田地，地形不太平坦，土壤也不很均匀，采样点布设较多，一般设 15 个左右。土壤肥力（养分测定）调查宜采用此法。

另外，在布点时注意研究作物生长情况，因为有些有害物质含量高，可使作物生长发育受到影响。按其形态状况，并结合土壤类型、灌溉、施肥和施用农药等情况划分不同田块进行采样，可达到更为合理的目的，样品也更具代表性。

建设项目土壤环境评价监测采样，每 100 hm^2 用地不少于 5 个，且总数目不少于 5 个采样点。柱状样，大、中、小型建设项目分别不少于 5、3、1 个柱状采样点。城市土壤采样点数量以网距 2 000 m 的网格布设为主，功能区布点为辅，每个网格设一采样点，对专项研究可适当增密。土壤污染事故采样点要考虑污染物类型、地形、风向，以及固体、液体、爆炸污染等因素，确定采用不同的布点形式，一般布设采样点 3～5 个，并设 2～3 个背景对照采样点。

4. 采样深度

采样深度视监测目的而定。如果只是一般了解土壤污染情况，采样深度只需取 20 cm 左右耕层土壤和耕层以下的 20～40 cm 土样。如要了解土壤污染的垂直分布情况，则应按土壤剖面层次分层取样。

典型的自然土壤剖面分为 A 层（表层、腐殖质淋溶层）、B 层（亚层、淀积层）、C 层（风化母岩层、母质层）和底岩层。

对于要掌握污染物的垂直分布或了解污染物对土层及地下潜水的影响情况时，应按土壤剖面层次采样。具体做法是，选择好位置，先挖 1 m×1.5 m 长方形土坑，以长方形较窄的向阳面做观察面，深度达潜水位或视具体情况而定，一般可达 2 m。

采样方法是根据土壤剖面的土壤发生层由下层向上逐层采集，样品 1 kg 左右，凡接触金属采样用具的外部土壤应弃去，以免污染土样，每个点上取厚约 1 cm 的土层，土片厚薄、宽度要在整个层内大体相同，各点上所取土片也应大小接近，然后把各点土样混合均匀。

5. 采样时间

采样时间随测定目的而定。为了解土壤污染状况，可随时采集土样测定。若需要同时了解土壤生长作物的污染状况，则可在植物生长或收获季节同时采集土壤和植物样品。对于环境影响跟踪监测项目，可根据生产周期或根据年度计划实施土壤质量监测；对于地下水位不很稳定的区域，土壤污染监测还要考虑地下水位的变化情况，安排合理的采样时间和采样频次。但每次采样必须尽量保持采样点位置的固定，以确保测试数据的有效性和可比性。一般在大雨之后或久旱不雨时采集的样品也可能没有代表性。

对于了解土壤肥力状况，一般在春耕前或秋收后采样，也可在倒茬间期进行采样，应避开雨后、灌溉后和施肥期采集样品。

6. 采样量

由于测定所需的土样是多点均量混合而成的，取样量往往较大，而实际供分析的土样不需要太多，具体需要量视分析项目而定，一般要求 1 kg 即可。因此，对多点采集的混合土壤样品，可在现场或在实验室内反复按四分法弃取（图 1–6），最后留下所需的土样量，装入布袋或塑料袋中，贴上标签，做好记录。标签一般需两张，一张放入袋内（如用双袋，标签放在两塑料袋间），一张扎在袋口上。标签上写明土壤剖面情况，标明采样地点、深度、日期、采样人、野外土壤定名等，一般用铅笔填写。

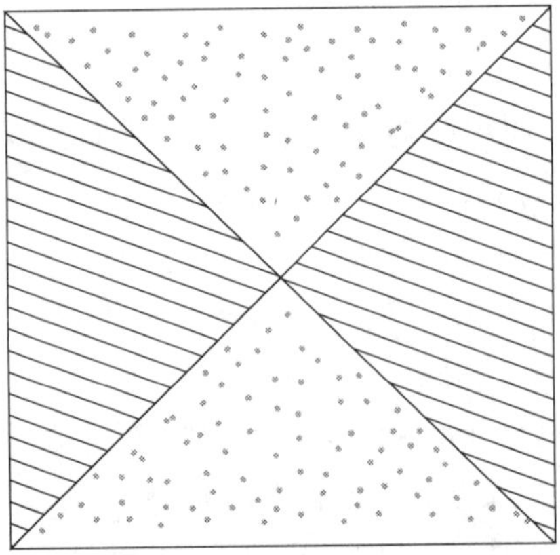

图 1–6　土壤样品四分法取舍示意图

7. 土壤背景值样品采集

土壤中有害物质背景值是环境保护和环境科学的基本资料，是环境质量评价的重要依据。对这类样品采集时，首先要摸清当地的土壤类型和分布规律。采样点选择应包括主要类型土壤，并远离污染源，同一类型土壤应有 3～5 个及以上的采样点。其次要注意，与污染土壤采样不同之处是：同一样点并不强调采集多点混合样，而是选取植物发育完好、具代表性的土壤样品。采样深度为 1 m 以内的表土和心土，对土壤发育完好的典型部分，应按层分别取样，以研究各种元素在土壤中的分布。

8. 采样工具

一般土壤样品采集用土钻与竹刀、花铲等采样工具；原状土样品采集用环刀（容重取土器）。呈放样品用布袋或塑料袋等。对于土壤剖面样品采集，除备齐采样工具外，还需要准备十字镐、铁锹、直尺等工具。

1.3.2.3 土壤样品的制备与保存

1. 土样的风干

风干的方法是将采得的土样全部倒在塑料薄膜或瓷盘内在阴凉、通风处慢慢晾干，在至半干状态时压碎土块，除去植物根、茎、叶，石块等杂物，铺成薄层，在室温下经常翻动，充分风干，要防止阳光直射和尘埃落入，并防止酸、碱等气体的污染。需要测定土壤样品中的游离挥发酚、铵态氮、硝态氮、低价铁、挥发性有机物等不稳定项目时，应在采样现场采集新鲜土样并对采样瓶进行严格的密封。除此之外，多数项目（包括土壤养分测定）需用风干土样，风干后的样品容易混合均匀，分析结果的重复性、准确性都较好。

风干后的土壤含水率一般小于 5%。

2. 磨碎和过筛

风干后的土样，放在塑料板或胶皮垫上，用有机玻璃棒或木棒碾碎后，全部过孔径 2 mm 尼龙筛，去除 2 mm 以上的砂砾和植物残体。1927 年国际土壤学会规定通过孔径 2 mm 的土壤样品用作物理分析，通过 1 mm 或 0.5 mm 孔径的土壤样品用作化学分析。若砾石（粒径 $\geqslant$ 1 mm）含量较多，应计算它占整个土壤的百分数。将过筛后的风干土样反复按四分法弃取，最后留下足够分析用的数量（重金属测定可留约 100 g）。用四分法弃去的样品，另装瓶备用。留下的样品，再进一步用有机玻璃棒或玛瑙研钵予以磨细，全部通过 100 目（0.15 mm）尼龙筛。过筛后的样品，充分摇匀，装瓶备分析用。在制备样品时，必须注意样品不要被所分析的化合物或元素污染。另外，研磨过细会破坏土壤矿物的结晶，使 pH 等测定结果增大，这一点应当注意。

筛网规格有两种表达方法：一种是以筛网孔径尺寸表示，如孔径为 2 mm、1 mm 的筛网；另一种是以每英寸长度上的孔数来表示，如每英寸长度上有 80 个孔即称为 80 目，100 目的筛网则说明在每英寸长度上有 100 个孔（1 英寸≈2.54 cm）。

3. 土样保存

一般土样，通常要保存半年至一年，以备必要时查核。标样或对照样品，则需长期妥善保存，建议采用蜡封瓶口。在保存土样时，除了贴上标签，写上编码等以外，应注意避免日光、高温、潮湿和酸、碱气体等的影响。

玻璃材质容器是常用的优质储器，聚乙烯塑料容器也属美国环保局推荐的容器之一，该类储器性能良好、价格便宜且不易破损。将风干土样、沉积物或标准土样等储存于洁净的玻璃或聚乙烯容器之内，在常温、阴凉、干燥、避阳光、密封（石蜡涂封）条件下可保存30个月以上，对不易发生变化的成分测定用土样，可常年保存。

1.3.2.4 土壤样品预处理方法

土壤与土壤污染物种类繁多，不同的污染物在不同土壤中的样品处理方法及测定方法各异。所以要根据不同的监测要求和监测目的，选定样品的预处理方法。预处理方法包括：普通酸分解法、高压密闭消解法、微波炉消解法、碳酸钠熔融法、碳酸锂－硼酸溶样法、石墨粉坩埚熔样法、$HCl-HNO_3$消解法、$HNO_3-H_2SO_4-HClO_4$消解法、HNO_3消解法等（一般适用于元素分析）；另外还有形态分析样品的各种处理方法，有机污染物的提取方法等（包括溶剂浸泡法、萃取法、色层分离法等）。经过预处理的样品，根据HJ/T 166—2004要求，选择不同的分析方法。

1. 样品预处理的目的

由于样品的成分复杂，组分之间常会相互结合，以复杂形式存在，会对分析带来干扰。因此，在样品分析测定之前，需要将样品进行适当的处理——样品的预处理。

样品预处理的目的是：将待测成分转化成便于测定的形式；排除样品中对测定产生干扰的成分；将浓度较低的待测成分进行浓缩富集或将含量较高的待测成分进行稀释，以便进行测定；将待测成分进行提纯。

2. 样品预处理的方法

（1）有机质破坏法

在测定样品中的矿质元素含量时，需要将样品中的有机物在高温或强氧化剂作用下破坏，使待测元素以简单的无机化合物形式释放出来，便于分析测定。

①干灰化法。样品在500～600℃条件下，于高温灰化炉（马弗炉）中进行灰化，将有机物质氧化。为了使样品中的有机物质更好地氧化，或避免某些成分损失，有时可加入少量浓硝酸等；为避免某些成分损失，还可以加入少量$NaOH$、Na_2CO_3、MgO、$Mg(NO_3)_2$等碱或盐（助灰化剂）一起灰化。

②湿灰化法。也称消化或消煮，以浓硫酸或浓硝酸在加热条件下处理样品，将样品中的有机物质氧化。为了提高氧化效率和消化速度，常添加$HClO_4$、HNO_3、H_2O_2、$K_2Cr_2O_7$等氧化剂，或添加特殊混合加速剂等。

③紫外光解法。在由高压汞灯提供的紫外光照射下，在（85±5）℃温度下进行光解。为了加速光解，在光解过程中通常加入 H_2O_2。

④微波消解法。以微波为热源进行样品湿灰化和样品水解。

（2）蒸馏法

常用于易挥发成分分离。有普通蒸馏法、水蒸气蒸馏法、减压蒸馏法。

（3）溶剂提取法

①溶剂浸泡法。以适当的溶剂（提取剂）浸泡样品，将样品中待测成分溶解在提取剂中。

②萃取法。利用待测成分在两种不相溶的溶剂中溶解性不同，将待测成分分离提取出来。

（4）化学分离法

①磺化法。利用浓硫酸处理含脂肪的样品，将脂肪中耐酸的待测成分分离出来。如农药残留检测时有机氯农药六六六和 DDT 的提取。

②皂化法。利用 NaOH 处理含脂肪的样品，将脂肪中耐碱的待测成分分离出来。如维生素 A 和维生素 D 的提取。

③沉淀分离法。利用沉淀反应将待测成分分离。

④盐析法。利用电解质或其他试剂将高分子化合物或溶胶凝聚沉淀达到分离的目的。

⑤掩蔽法。加入适当的物质，将干扰待测成分测定的物质利用化学反应屏蔽，或破坏干扰反应的发生条件，达到排除干扰的目的。如在用双硫腙比色法测定铅时，在 pH=9 的测定条件下，加入氰化钾和柠檬酸铵掩蔽剂，可消除 Cu^{2+}、Cd^{2+} 等对测定的干扰。

（5）色层分离法

也称色谱分离法。利用待测成分和其他成分在两种物质中的溶解度或吸附力、分配系数等的不同，达到将待测成分分离的目的。根据固定相不同可分为：纸层析法、薄层层析法和柱层析法；根据流动相不同可分为：气相色谱法和液相色谱法；根据分离原理不同可分为：吸附色谱法、分配色谱法、离子交换色谱法和空间排斥色谱法（凝胶色谱法）。

（6）浓缩法

常用于液体样品，将溶剂挥发，使待测成分浓度提高。有普通浓缩法、冷冻浓缩法和减压浓缩法。

1.3.3 产地土壤中主要污染物检测

1.3.3.1 产地土壤环境监测项目及方法

土壤常规监测项目及其分析方法见表 1-25。

1. 物理指标

土壤质地、土壤水分、土壤孔隙度、土粒密度、土壤容重、田间持水量、土壤温度、土壤渗透率、毛细作用等。

2. 化学指标

酸碱性，缓冲性，氧化还原电位，阳离子交换量，氮、磷、钾等含量和速效养分含量，有机质含量，有效态微量营养元素含量，各种污染物包括重金属、有毒非金属（汞、镉、铬、镍、铅、砷和硒等）含量，氟化物、农药（有机氯、有机磷等）残留量，石油及其产品含量等。

3. 生物指标

土壤动物如蚯蚓数量、微生物种群、土壤酶含量等。

表 1-25 土壤常规监测项目及其分析方法

监测项目	检测仪器	监测方法	方法来源
镉	原子吸收分光光度计	石墨炉原子吸收分光光度法	GB/T 17141—1997
	原子吸收分光光度计	火焰原子吸收分光光度法	GB/T 17140—1997
汞	测汞仪	冷原子吸收分光光度法	GB/T 17136—1997
砷	分光光度计	Ag-DDTC 分光光度法	GB/T 17134—1997
	分光光度计	硼氢化钾－硝酸银分光光度法	GB/T 17135—1997
铜	原子吸收分光光度计	火焰原子吸收分光光度法	GB/T 17138—1997
铅	原子吸收分光光度计	石墨炉原子吸收分光光度法	GB/T 17141—1997
	原子吸收分光光度计	火焰原子吸收分光光度法	GB/T 17140—1997
铬	原子吸收分光光度计	火焰原子吸收分光光度法	GB/T 17137—1997
锌	原子吸收分光光度计	火焰原子吸收分光光度法	GB/T 17138—1997
镍	原子吸收分光光度计	火焰原子吸收分光光度法	GB/T 17139—1997
六六六和滴滴涕	气相色谱仪	GC-ECD	GB/T 14550—1997
六种多环芳烃	高效液相色谱仪	HPLC	GB 113198—91

续表 1-25

监测项目	检测仪器	监测方法	方法来源
稀土总量	分光光度计	对马尿酸偶氮氯膦光度法	GB 6262
pH	酸度计	酸度计法	GB 7859—87
阳离子交换量	滴定仪	乙酸铵法	*

注：* 中国科学院南京土壤研究所,《土壤理化分析》,上海科技出版社，1978 年。

1.3.3.2 产地土壤中金属污染物的检测

1. 重金属元素测定概述

测定根据《土壤环境质量　农用地土壤污染风险管控标准（试行）》（GB 15618—2018）。该标准规定了农用地土壤中镉、汞、砷、铅、铬、铜、镍、锌等基本项目，以及六六六、滴滴涕、苯并芘等其他项目的风险筛选值；规定了农用地土壤中镉、汞、砷、铅、铬的风险管制值。

（1）铅和镉的测定

采用 KI-MIBK 萃取火焰原子吸收分光光度法（GB/T 17140—1997）和石墨炉原子吸收分光光度法（GB/T 17141—1997）。

采用 $HCl-HNO_3-HF-HClO_4$ 消解，在酸性介质中 Pb^{2+}、Cd^{2+} 与 I^- 形成稳定的配位化合物，在 MIBK（4- 甲基 -2- 戊酮）中萃取富集，火焰原子化测定（Pb—217.0 nm、Cd—228.8 nm）或消解液直接石墨炉原子化测定吸收值，与标准溶液比较计算出铅和镉含量。

（2）总汞的测定

采用冷原子吸收分光光度法（GB/T 17136—1997）。

采用 $H_2SO_4-HNO_3-KMnO_4$ 消解或 $HNO_3-H_2SO_4-V_2O_5$ 消解，在汞还原器中经 $SnCl_2$ 还原，将汞蒸气吹入测汞仪，在波长 253.7 nm 处测定吸收值，与标准溶液比较计算出汞含量。

（3）总铬的测定

采用火焰原子吸收分光光度法（GB/T 17137—1997）。

采用 $HCl-HNO_3-HF-HClO_4$ 消解，火焰原子化，在波长 357.9 nm 处测定吸收值，与标准溶液比较计算出铬含量。

（4）铜和锌的测定

采用火焰原子吸收分光光度法（GB/T 17138—1997）。

采用 $HCl-HNO_3-HF-HClO_4$ 消解，火焰原子化测定（Cu—324.8 nm、Zn—213.8 nm）吸收值，与标准溶液比较计算出铜和锌含量。

（5）镍的测定

采用火焰原子吸收分光光度法（GB/T 17139—1997）。

采用 $HCl-HNO_3-HF-HClO_4$ 消解，火焰原子化，在波长 232.0 nm 处测定吸收值，与标准溶液比较计算出镍含量。

2. 铅、镉的测定

（1）原理

我国土壤中铅含量为 0.5～1 200 mg/kg，镉含量为 0.000 1～15.0 mg/kg，所以根据实际情况可以分别选择原子吸收分光光度法和双硫腙比色分光光度法。本实验是以火焰原子吸收分光光度法定量测定土壤中的铅和镉。

土壤中铅、镉存在于矿物质中，也有的以有机化合物形式存在于土壤有机质中，通常以 $HCl-HNO_3$(3+1)、$HNO_3-H_2SO_4$、$HCl-HNO_3-HClO_4$ 等混合酸进行湿法消化。

在使用锐线光源和测定低浓度待测物的情况下，基态原子蒸气对共振线的吸收符合朗伯 - 比耳定律

$$A = \lg \frac{I_0}{I} = KLN$$

式中：A——吸光度；

I_0——入射光强度；

I——经原子蒸气吸收后的透射光强度；

K——吸光系数；

L——光穿过原子蒸气的光程长度；

N——基态原子密度。

试样进入火焰原子化，当火焰的绝对温度低于 30 000 K 时，则可以认为原子蒸气中基态原子的数目实际上接近于原子总数，在固定的实验条件下，原子总数 A 与试样浓度 c 的比例是恒定的，则

$$A = K' c$$

式中：K'——常数。

上式是原子吸收分光光度法的定量基础。本法采用标准曲线法进行定量分析。

（2）仪器

①原子吸收分光光度计（附铅空心阴极灯和镉空心阴极灯）。

②无油气体压缩机。

③乙炔钢瓶。

④锥形瓶、移液管、容量瓶等玻璃器皿。

（3）试剂

①硝酸（优级纯）。

②盐酸（优级纯）。

③高氯酸（优级纯）。

④铅和镉标准储备液：称取 0.500 0 g 高纯铅粉（99.999%）和 0.500 0 g 高纯镉粉（99.999%），溶于（1+1）的盐酸中，移入 500 mL 容量瓶中，用水稀释至标线，此溶液含铅 1.00 mg/mL，含镉 1.00 mg/mL。

⑤铅标准使用液：吸取 10.00 mL 铅标准储备液于 100 mL 容量瓶中，用 1% 的稀硝酸稀释至标线。再吸取上述稀释液 25 mL 于另一 100 mL 容量瓶中，用 1% 的稀硝酸稀释至标线，即得含 25.0 μg/mL 的铅标准使用液。

⑥镉标准使用液：吸取 10.00 mL 镉标准储备液于 100 mL 容量瓶中，用 1% 的稀硝酸稀释至标线。再吸取上述稀释液 5.0 mL 于另一 100 mL 容量瓶中，用 1% 的稀硝酸稀释至标线，即得 5.0 μg/mL 的镉标准使用液。

（4）操作步骤

①样品预处理。称取土壤样品 1.00 g 于 100 mL 高型硬质玻璃烧杯中，加少许水润湿，加 HCl-HNO_3（3+1）15 mL，同时做空白样。于电热板上加热保持微沸（140～160℃），至有机物剧烈反应后，加高氯酸 5 mL，继续加热直至冒白烟，强火加热至土样呈灰白色，小心赶去高氯酸［若出现棕色烧结干块，则再加少许 HCl-HNO_3（3+1），加热至呈灰白色］。取下样品，用 15 mL 1% 的硝酸加热溶解，以中速定量滤纸过滤于 25 mL 容量瓶中，用少量水或 1% 的稀硝酸洗涤残渣，将溶液定容至刻度，摇匀待用。

② 仪器调整和使用。

- 安装铅或镉空心阴极灯。
- 测定条件见表 1-26。

表 1-26　Pb、Cd 的测定条件

条件	Pb	Cd	条件	Pb	Cd
灯电流 /mA	8	8	乙炔流量 /（L/min）	1.0	1.0
测定波长 /nm	283.3	228.8	进样量 /（mL/min）	2～3	2～3
空气流量 /（L/min）	5.0	5.0	标准曲线浓度范围 /（μg/mL）	0.10～1.00	0.01～0.10

③ 标准曲线的绘制。取 6 个洁净的 25 mL 容量瓶，向各瓶中分别加入 0.00 mL、1.00 mL、2.00 mL、3.00 mL、4.00 mL、5.00 mL 铅或镉的标准使用液，用 1% 的稀硝酸稀释至标线，摇匀。此系列分别含铅 0.00 μg/mL、1.00 μg/mL、2.00 μg/mL、3.00 μg/mL、4.00 μg/mL、5.00 μg/mL，含镉 0.00 μg/mL、0.20 μg/mL、0.40 μg/mL、0.60 μg/mL、0.80 μg/mL、1.00 μg/mL。测量此系列标准液相应的吸光度。以吸光度为纵坐标，浓度为横坐标，绘制标准曲线。

④ 测定。按标准曲线绘制的操作方法测定样液的吸光度，并在标准曲线上查得样液中铅或镉的浓度，最后计算土壤中铅或镉的含量（mg/kg）。

（5）结果计算

$$\text{Pb 含量（Cd 含量）} = cV/W$$

式中：c——从标准曲线上查得的浓度，μg/mL；

V——样液体积，mL；

W——样品质量，g。

（6）注意事项

①在消解含有机物过多的污泥、底泥或土壤时，应先反复加 HCl-HNO_3（3+1）多次，使大部分有机物消解完毕，再加高氯酸，以免有机物过多引起剧烈反应，致使样液飞溅甚至爆炸。消解过程必须在通风良好的通风橱中进行。

②土壤用高氯酸消解近干时，残渣若为深灰色，说明有机物还未消解完全，应再加少量（1～3 mL）高氯酸或数滴双氧水，重新消解至白色或灰白色，呈糊状为止。

③用高氯酸消解有机物，应尽可能将过量高氯酸白烟驱尽。

④若样液中铅或镉的浓度超出标准曲线中的浓度范围，则可适当稀释样液（仍定容至 25 mL）。计算时乘以适当的系数。

⑤若样液中铅或镉的浓度太低，则以甲基异丁酮萃取后重新绘制标准曲线和测定样液，或将标准系列稀释后以石墨炉原子吸收分光光度法测定，或二者并用之。

3. 铬的测定

（1）原理

以二苯碳酚二肼比色法测定铬含量，需将低价态铬氧化至高价态铬，目前使用的有高锰酸钾氧化法和过硫酸盐氧化法。本实验采用后一种氧化法，并将氧化过程纳入消化过程。

常用的消化方法有 H_2SO_4-H_3PO_4 法、HNO_3-H_2SO_4-H_3PO_4 法以及 HNO_3-H_2SO_4 等湿法消化。实验时，土壤样品经 HNO_3-H_2SO_4 混合酸消化，然后在Mn（Ⅱ）存在的条件下，以 Ag^{2+} 为催化剂，用 20% 的过硫酸铵氧化低价态铬至高价态，再以叠氮化钠或尿素 - 亚硝酸钠分解剩余的过硫酸铵。

消化、氧化之后，以浓氨水调节酸度，使铁、铅、铜、锌等多种干扰离子形成沉淀，而铬在溶液中与二苯碳酚二肼反应生成红色络合物，最后在波长 540 nm 处测定吸光度。

（2）仪器

① 721 型分光光度计。

② 0～4 000 r/min 离心机。

③ 25 mL 比色管。

④高型烧杯、容量瓶等其他玻璃器皿。

（3）试剂

①浓硝酸（优级纯）。

②（1+1）硫酸。

③硫酸溶液，c（1/2 H_2SO_4）= 5 mol/L。

④ 20%的过硫酸铵［$(NH_4)_2S_2O_8$］。

⑤ 0.5%硝酸银。

⑥ 0.5%硫酸铝。

⑦ 0.5%叠氮化钠或 10%尿素 -2%亚硝酸钠。

⑧ 0.25%二苯碳酚二肼丙酮溶液［$CO(NH_2 \cdot NH \cdot C_6H_5)_2$］。称取 0.25 g 二苯碳酚二肼，溶于丙酮中，并用丙酮稀释至 100 mL。临用时配制。

⑨浓氨水（优级纯）。

⑩铬标准储备液。准确称取 0.282 9 g 重铬酸钾（优级纯，110～120 ℃烘 2 h），溶于蒸馏水，转移至 1 000 mL 容量瓶中并稀释至标线。即得含铬 100 μg/mL 的标准储备液。

⑪铬标准使用液。准确吸取铬标准储备液 10.0 mL，于另一 1 000 mL 容量瓶中稀释至标线，即得含铬 10 μg/mL 的铬标准使用液。

（4）分析步骤

①样品预处理。

消化：准确称取 0.500 g 风干土样于 100 mL 高型烧杯中，加少许水润湿，再加（1+1）硫酸 4 mL，浓硝酸 1 mL，盖上表面皿，放在电炉或电热板上加热至冒白烟，如果消化液呈灰色，可取下烧杯稍冷后，滴加硝酸，再加热至冒大量白烟，土样变白为止。

氧化还原：用水冲洗表面皿和烧杯壁至溶液为 40 mL 左右，加 1 mL 0.5% 硝酸银和 5 mL 20% 过硫酸铵，加数粒玻璃珠，置电热板上加热煮沸 5 min，如果溶液不呈紫红色，可再加过硫酸铵，继续煮沸 5 min，并保持溶液呈紫红色。向烧杯中滴加 0.5% 叠氮化钠至紫红色退去，取下烧杯在冷水浴中冷却。

沉淀分离：向冷却后的溶液中滴加浓氨水至黄棕色出现，再过量 0.5 mL，然后将溶液转移至 200 mL 容量瓶中，充分洗涤烧杯，洗液并入容量瓶，用蒸馏水稀释至标线，充分摇匀，取出 50 mL 溶液于离心管中，离心 5 min（也可静置至上清液清亮）。

②标准曲线绘制。分别准确吸取铬标准使用液 0.00 mL、1.00 mL、2.00 mL、4.00 mL、8.00 mL、10.0 mL 于 25 mL 比色管中，加 1 mL 5 mol/L 硫酸，加水至标线，摇匀。分别加 1 mL 二苯碳酚二肼溶液立即摇匀。10 ～ 15 min 后用 3 cm 比色皿于波长 540 nm 处测定吸光度，绘制标准曲线。

③样品测定。准确吸取 20.00 mL 试样清液于 25 mL 比色管中，加 1 mL 5 mol/L 硫酸，加水至标线，摇匀，以下操作同标准溶液测定。

（5）结果计算

$$\text{Cr 含量} = \frac{M \times V_{总}}{V \times W}$$

式中：M——从标准曲线上查得铬的质量，μg；

$V_{总}$——试样定容体积，mL；

V——测定时取样体积，mL；

W——试样质量，g。

4. 汞的测定

（1）原理

溶液中元素汞极易被氮气或空气吹出形成汞蒸气，由于不必使用高温原子化操作，所以汞蒸气中基态原子数等于原子总数，在固定的实验条件下，原子总数 N 与试

样浓度 c 的比例是恒定的。

汞蒸气对波长 253.7 nm 的紫外光有强烈的吸收作用。当试样经适当的前处理后，将样品中各种形态的汞变为可测态的汞离子后，用氯化亚锡将汞离子还原成元素汞，再用干燥清洁的空气或氮气将汞吹出，并送入吸收池。在吸收池中，汞蒸气吸收汞空心阴极灯发出的特征谱线（波长 253.7 nm 共振线），而使谱线强度减弱，减弱程度（吸光度 A）与基态原子数即原子总数的关系符合朗伯－比耳定律。

$$A = \lg I_0/I = KLN = K'c$$

式中：I_0——入射特征谱线强度；

I——透射强度；

K——吸光系数；

K'——常数；

L——吸收池长度；

N——汞原子总数；

c——溶液中汞的浓度。

由此定量测定汞。

我国土壤中含汞量为 0.001～270 mg/kg，多以有机汞化合态形式存在。由于汞的特殊性质，所以在测汞时，对土样的预处理技术也较特别。目前常用的预处理方法有四种：H_2SO_4-$KMnO_4$ 消化法、HNO_3-H_2SO_4-V_2O_5 消化法、HNO_3-H_2SO_4-$NaNO_2$ 消化法、热分解法。前三种均是利用高温氧化使样品中的汞转换成汞离子的湿式消化，第四种则是利用汞的沸点低、易挥发的特性直接加热富集样品中的汞。

（2）仪器

① F782 型测汞仪（附低压汞灯）。

②硫酸－高锰酸钾消化法专用仪器。

③硝酸－硫酸－五氧化二钒消化法专用仪器。

④硝酸－硫酸－亚硝酸钠消化法专用仪器。

⑤热解法专用仪器。

（3）试剂

①硫酸溶液：c（1/2 H_2SO_4）= 1 mol/L。

② 5％硝酸－0.50％重铬酸钾溶液：称取 0.25 g 重铬酸钾，用蒸馏水溶解，加入 25 mL 硝酸，用蒸馏水稀释至 500 mL。

③ 30％氯化亚锡溶液：称取 30 g 氯化亚锡（$SnCl_2 \cdot 2H_2O$）溶于 100 mL 1 mol/L

硫酸溶液中。

④汞标准储备液：准确称取0.135 4 g氯化汞（$HgCl_2$）盛于烧杯中，用5% HNO_3-0.05% $K_2Cr_2O_7$溶液溶解，移入1 000 mL容量瓶中用5% HNO_3-0.05% $K_2Cr_2O_7$溶液稀释至标线，摇匀。此溶液含汞100 μg/mL。

⑤汞标准使用液：准确吸取汞标准储备液1.00 mL置于100 mL容量瓶中，用5% HNO_3-0.05% $K_2Cr_2O_7$溶液稀释至标线，摇匀（此溶液含汞1.0 μg/mL）。

⑥无水氯化钙。

⑦硫酸–高锰酸钾法专用试剂：（1+1）硫酸、20%盐酸羟胺溶液、5%高锰酸钾溶液（优级纯）。

⑧硝酸–硫酸–五氧化二钒法专用试剂：五氧化二钒、浓硝酸、浓硫酸。

⑨硝酸–硫酸–亚硝酸钠法专用试剂：亚硝酸钠（优级纯）、硝酸–硫酸（1+2）混合酸。

⑩热解法专用试剂：硫酸–高锰酸钾（优级纯）吸收液，100 mL溶液中含有10 mL（1+1）硫酸和10 mL高锰酸钾饱和溶液，用时配制。

（4）分析步骤

①样品预处理。土壤样品的预处理可采用下列方法中的一种。

• 硫酸–高锰酸钾消化法

准确称取土壤1.00～5.00 g置于150 mL锥形瓶中，同时做试剂空白。分别加入蒸馏水40 mL、（1+1）硫酸10 mL、5%高锰酸钾20 mL，充分摇匀，瓶口插一小漏斗，置沸水浴上加热消化1 h（消化温度为75～80℃）。消化过程中，每隔5 min左右充分摇动锥形瓶一次，使消化液和土壤充分作用，如高锰酸钾紫色退去，可补加高锰酸钾5～10 mL，在呈明显紫色情况下消化1 h。取下冷却，滴加20%盐酸羟胺溶液，边滴边摇，至紫红色和棕色退尽，再定容至100 mL（取上层清液测定）。

• 硝酸–硫酸–五氧化二钒消化法

准确称取风干试样0.500 0～2.000 0 g于100 mL锥形瓶中，加入50 mg五氧化二钒，瓶口插入一小漏斗，同时做试剂空白。加入浓硝酸10 mL，摇匀，置沙浴（约140℃）上加热保持微沸约5 min，冷却，加入浓硫酸10 mL，继续在沙浴上加热煮沸15 min，此时试样颜色转为浅灰白色（试液为黄色），如试样颜色仍较深，可加入适量硝酸，再加热，但消化时间不宜过长。冷却后，用10 mL 1 mol/L硫酸冲洗小漏斗和锥形瓶四壁。摇匀，放置使残渣沉降，将上层溶液转入100 mL（或250 mL）容量瓶中。用水洗涤残渣三次，每次洗涤液并入容量瓶中，用水稀释至标线，摇匀，以备测定。

• 硝酸－硫酸－亚硝酸钠法

准确称取 1.00 g 试样于 100 mL 锥形瓶中，加入约 100 mL 亚硝酸钠，再加 15 mL 硝酸－硫酸（1+2）混合酸，同时做一试剂空白。置表面温度为 140℃的电热板上，加热 0.5 h，取下稍冷却后，小心加入 10 mL 水，再置电热板上加热除二氧化氮 0.5 h。取下，冷却后，再加 10 mL 水，滴加高锰酸钾至数分钟时颜色不退。然后加入 1 滴 10%盐酸羟胺溶液，用水稀释至标线，摇匀，以备测定。

• 热解法

准确称取 0.100 0～1.000 0 g 土壤样品于石英舟（或瓷舟）中，将石英舟放置于管式电炉中的石英管中，将石英管的一端与氮气（也可为空气或氧气）瓶连接，另一端与盛有 10 mL 吸收液的吸收管连接，将炉温控制在 850～900℃，以流速为 0.8 L/min 的氮气流吹气 20 min，样品中的汞即富集于吸收液中。吸收液定容到一定体积，备做测定。

②标准曲线的绘制。分别准确吸取 0.1 μg/mL 的汞标准使用液 0.00 mL、0.50 mL、1.00 mL、2.00 mL、3.00 mL、4.00 mL、5.00 mL 于 20 mL 翻泡瓶中，以 1 mol/L 硫酸稀释至刻度，加入 2 mL 30%氯化亚锡溶液，立即盖上瓶盖进行测定。扣除空白后即可绘制标准曲线。

③样品测定。准确吸取处理好的试样液、空白液 20.00 mL（可视汞含量而定）于 20 mL 翻泡瓶中，加入 2 mL 30%氯化亚锡溶液，同标准溶液操作进行测定，并在标准曲线上求出汞含量。

（5）结果计算

汞的含量（mg/kg）计算：

$$汞含量 = \frac{M \times V_{总}}{V \times W}$$

式中：M——从标准曲线上查得汞的质量，μg；

$V_{总}$——试样定容体积，mL；

V——测定取试样溶液体积，mL；

W——试样质量，g。

（6）注意事项

①玻璃对汞有吸附作用，因此反应瓶、容量瓶等玻璃器皿每次使用后都需要以（1+1）硝酸溶液浸泡，随后用去离子水洗净备用。

②玻璃对汞吸附较强，因此，在配制稀汞标准溶液时，最好先在容量瓶中加部分

5％硝酸 -0.05％重铬酸钾溶液，再加入汞储备液。

③硫酸－高锰酸钾消化土壤应注意如下几点。

• 硫酸－高锰酸钾法较适用于烷基汞含量较低（特别是甲基汞含量低）的土壤样品。如有机物含量高，可先加 5 mL 浓硝酸，于水浴上预消化 1 h，然后再按上述步骤消化。

• 高锰酸钾的空白值如较高，需重结晶提纯。

• 盐酸羟胺还原高锰酸钾时，要逐滴加入，并注意充分摇动，避免试剂过量太多。

④硝酸－硫酸－五氧化二钒法消化土壤应注意如下几点。

• 该方法适用于有机质含量较高的土壤。

• 如样品中有机质含量较高，可在加入五氧化二钒和硝酸后，放置过夜再行消化；并可在消化过程中适当添加硝酸 3 ～ 5 mL（分次加入）。

• 开始加热时，温度不宜高（可低于 140℃）以避免硝酸过快分解而影响消化效果。加入硫酸后，消化温度在 140 ～ 160℃为宜。整个消化时间不宜过长。

• 根据不同类型的土壤，掌握样品消化时的外观变化，以判断消化的完全程度。一般消化后样品颜色变浅，但有些土壤颜色变化不很明显。

⑤硝酸－硫酸－亚硝酸钠法消化时应注意如下几点。

• 该方法适用于土壤中有机质含量低（有机汞含量较高）的样品。

• 消化时，应先加入亚硝酸钠，然后加入硝酸－硫酸混合酸，反之则消化不易完全。

• 在消化中，必须用水稀释冷却溶液，否则二氧化氮不易赶出。

⑥热解法分解试样时应注意如下几点。

• 石英器皿在使用前或测定高含量样品之后，必须洗净，并在加热过程中用载气流冲洗。

• 不用管式炉采用煤气灯加热亦可，但加热时应不时挥动煤气灯，使石英管各部分充分受热。在加热结束前，将煤气灯由石英管进气端向出气端缓慢移动，以赶尽可能凝结在管壁上的汞。

• 有机质含量较高的样品，可采用氧气做载气，有利于样品分解。

• 注意清洗石英管的出口及连接部分，避免因吸附而影响测定结果。

1.3.3.3 产地土壤中有机物污染物的检测

土壤中有机物包括苯并芘、三氧乙醛、矿物油、挥发酚、六六六及滴滴涕（DDT）等。

1. 样品预处理方法

土壤样品中有机物的萃取方法有：溶剂萃取法、水浸提－蒸馏萃取法、顶空法和吹扫捕集法等。

（1）溶剂萃取法

土壤中有机物的溶剂萃取又分为直接萃取法、索氏（Soxhlet）萃取法、超声萃取法等。

①直接萃取法。直接萃取法是基于目标物在固相与溶剂相中分配系数不同而进行组分的富集与分离的，是用合适的溶剂浸泡土壤样品，使其中的目标物从固相土壤中脱附进入溶剂相的过程。

②索氏萃取法。将样品置于索氏提取器的玻璃纤维套筒中，在提取器的圆底烧瓶中加入适当的提取剂，对提取器加热。通过提取器本身的虹吸过程和提取器上部的冷凝回流实现连续提取，此法为经典提取法，也叫完全提取法。

③超声萃取法。超声提取技术的基本原理主要是利用超声波的空化作用加速土壤中的目标有机物的浸提过程。

（2）水浸提－蒸馏萃取法

该方法适用于土壤中含有的水溶性好、挥发性比较强的有机物，如挥发性有机酸、挥发酚等。一般情况下，按照土壤与纯水 1∶1（质量比）的比例，控制振幅，在摇床振荡 8～24 h，进行充分浸提。随后，将浸提液作为水样，进行相关指标的蒸馏、收集和分析测定。

（3）顶空法

顶空法是指在一密闭容器内，同体样品中的挥发性或半挥发性有机物从固相中释放进入上层气相中，并达到平衡，而后取顶室气体进行色谱分析的方法。

（4）吹扫捕集法

从理论上讲，吹扫捕集法是动态顶空技术。与静态顶空技术不同，动态顶空不是分析处于平衡状态的顶空气体样品，而是用流动气体将样品中的挥发性成分“吹扫”出来，再用一个捕集器将吹扫出来的有机物吸附，随后经热解吸附样品用 GC（气相色谱法）进行分析。通常，称动态顶控技术为吹扫捕集进样技术。待吹扫的样品可以是固体，也可以是液体。吹扫气多采用高纯氦气。捕集器内装有吸附剂，可根据待分析组分的性质选择合适的吸附剂。

2. 土壤中六六六和滴滴涕的测定

土壤中六六六和滴滴涕的测定用气相色谱法（GB/T 14450—2003）。

采用石油醚－丙酮（1+1）浸泡土壤样品 12 h，75～95℃水浴索氏萃取 4 h，分离石油醚和丙酮层，保留石油醚层，用浓硫酸净化法或柱层析净化法净化，GC-ECD 测定。

• 色谱条件 A

色谱柱：玻璃柱 2.0 m×2 mm（i.d），填装涂有 1.5% OV-17+1.95% QF-1 的 Chromosorb WAW-DMCS，80～100 目担体。玻璃柱 2.0 m×2 mm（i.d），填装涂有 1.5% OV-17+1.95% OV-210 的 Chromosorb WAW-DMCS-HP，80～100 目担体。

检测器：ECD。

温度：柱箱 195～200℃，气化室 220℃，检测器 280～300℃。

载气：高纯 N_2，流速 50～70 mL/min。

• 色谱条件 B

色谱柱：石英弹性毛细管柱 DB-17，30 m×0.25 mm（i.d）。

柱温程序：150℃ $\xrightarrow{\text{恒温 1 min，8℃/min}}$ 280℃ $\xrightarrow{\text{恒温 280 min}}$ 280℃，进样口 220℃。

检测器温度：320℃。

载气：高纯 N_2，流速 1.0 mL/min，尾吹 37.25 mL/min。

3. 土壤中有机磷农药残留的测定

水、土中有机磷农药测定用气相色谱法（GB/T 14452—2003）。

采用丙酮（1+5）浸泡提取，二氯甲烷萃取，柱层析净化，GC-NPD（或 FPD）测定。

• 色谱条件 A

色谱柱：玻璃柱 1.0 m×2 mm（i.d），填装涂有 5 % OV-17 的 Chrom Q，80～100 目担体。玻璃柱 1.0 m×2 mm（i.d），填装涂有 5% OV-101 的 Chromosorb W-HP，100～120 目担体。

检测器：NPD。

温度：柱箱 200℃，气化室 230℃，检测器 250℃。

载气：N_2 流速 36～40 mL/min，H_2 流速 4.5～6 mL/min，空气流速 60～80 mL/min。

• 色谱条件 B

色谱柱：石英弹性毛细管柱 HP-5，30 m×0.32 mm（i.d）。

柱温程序：130℃ $\xrightarrow{\text{恒温 3 min，5℃/min}}$ 140℃ $\xrightarrow{\text{恒温 65 min}}$ 140℃，进样口 220℃。

检测器（NPD）温度：300℃。

载气：N_2 流速 3.5 mL/min，H_2 流速 3 mL/min，空气流速 60 mL/min，尾吹

（N_2）10 mL/min。

• 色谱条件 C

色谱柱：石英弹性毛细管柱 DB-17，30 m×0.53 mm（i.d）。

柱温程序：150℃ $\xrightarrow{\text{恒温 3 min，8℃/min}}$ 250℃ $\xrightarrow{\text{恒温 280 min}}$ 250℃，进样口 220℃。

检测器（FPD）温度：300℃。

载气：N_2 流速 9.8 mL/min，H_2 流速 75 mL/min，空气流速 100 mL/min，尾吹（N_2）10 mL/min。

1.4 有机产品产地空气环境检测

1982 年我国颁布了《大气环境质量标准》（GB 3095—82）。1996 年国家环保局对此标准进行了修改，并颁布了《环境空气质量标准》（GB 3095—1996），2012 年国家环保部和国家质量监督检验检疫总局联合颁布了《环境空气质量标准》（GB 3095—2012），它适用于环境空气质量评价与管理。规定了环境空气质量功能区划分、标准分级，监测项目、取值时间及浓度限值等内容。

1.4.1 环境空气质量功能区划分和标准分级

1. 环境空气质量功能区分类

一类区为自然保护区、风景名胜区和其他需要特殊保护的地区；二类区为城镇规划中确定的居住区、商业交通居民混合区、文化区、一般工业区和农村地区；三类区为特定工业区。

2. 环境空气质量标准分级

环境空气质量标准分为三级。一类区执行一级标准，二类区执行二级标准，三类区执行三级标准。

1.4.2 监测项目、取值时间及浓度限值

监测项目的取值时间及浓度限值见表 1-27。

表 1-27　监测项目的取值时间及浓度限值

监测项目	取值时间	浓度限值			
		一级标准	二级标准	三级标准	浓度单位
二氧化硫（SO_2）	年平均 日平均 1 h 平均	0.02 0.05 0.15	0.06 0.15 0.50	0.10 0.25 0.70	mg/m^3（标准状态）
总悬浮颗粒物（TSP）	年平均 日平均	0.08 0.12	0.20 0.30	0.30 0.50	mg/m^3（标准状态）
可吸入颗粒物（PM10）	年平均 日平均	0.04 0.05	0.10 0.15	0.15 0.25	mg/m^3（标准状态）
氮氧化物（NO_x）	年平均 日平均 1 h 平均	0.05 0.10 0.15	0.05 0.10 0.15	0.10 0.15 0.30	mg/m^3（标准状态）
二氧化氮（NO_2）	年平均 日平均 1 h 平均	0.04 0.08 0.12	0.04 0.08 0.12	0.08 0.12 0.24	mg/m^3（标准状态）
一氧化碳（CO）	日平均 1 h 平均	4.00 10.00	4.00 10.00	6.00 20.00	mg/m^3（标准状态）
臭氧（O_3）	1 h 平均	0.12	0.16	0.20	mg/m^3（标准状态）
铅（Pb）	季平均 年平均	1.50 1.00			mg/m^3（标准状态）
苯并[α]芘（B[α]P）	日平均	0.01			$\mu g/m^3$（标准状态）
氟化物	日平均 1 h 平均	7★ 20★			$\mu g/(dm^2 \cdot d)$
F	月平均 植物生长季平均	1.8★★ 1.2★★		3.0★★★ 2.0★★★	$\mu g/(dm^2 \cdot d)$

注：★ 适用于城市地区。

★★ 适用于牧业区和以牧业为主的半农半牧区，蚕桑区。

★★★ 适用于农业和林业区。

1.4.3　大气样品的采集、制备和检测

1.4.3.1　大气污染监测和监测项目

我国制定的《环境监测技术规范》（大气和废气部分）中，规定了大气环境污染监测与污染源监测的目的、布点原则、监测项目、采样方法和检测技术等。

1. 大气污染监测工作分类

大气污染监测工作一般可分为三类：

（1）污染源的监测

对污染源进行监测，目的是了解这些污染源所排出的有害物质是否达到现行排放标准的规定；对现有的净化装置的性能进行评价；通过对长期监测数据的分析，可为进一步修订和充实排放标准及制定环境保护法规提供科学依据。例如对烟囱、汽车排气口的检测。

（2）环境污染监测

监测对象是整个大气。目的是了解和掌握环境污染的情况，进行大气污染质量评价，并提出警戒限度；研究有害物质在大气中的变化规律，二次污染物的形成条件；通过长期监测，为修订或制定国家卫生标准及其他环境保护法规积累资料，为预测预报创造条件。

（3）特定目的的监测

选定一种或多种污染物进行特定目的的监测。例如，研究燃煤火力发电厂排出的污染物对周围居民呼吸道的危害，首先应选定对上呼吸道有刺激作用的污染物SO_2、H_2SO_4、雾、飘尘等作监测指标，再选定一定数量的人群进行监测。由于目的是监测污染物对人体健康的影响，所以测定每人每日对污染物接受量，以及污染物在一天或一段时间内的浓度变化，就是这种监测的特点。

2. 监测方案的制定

对某一区域实施大气污染监测之前，应该先制定大气污染的监测方案。制定大气污染监测方案应按照如下的程序进行。首先要根据监测目的进行调查研究，收集必要的基础资料，然后经过综合分析，确定监测项目，设计布点网络，选定采样频率、采样方法和检测技术，建立质量保证程序和措施，提出监测结果报告要求及进度计划等。基础资料的收集包括以下六个方面：

（1）污染源分布及污染物排放情况

通过调查，将监测区域内的污染源类型、数量、排放的主要污染物及排放量一一弄清楚，同时还应了解所用原料、燃料及消耗量。

（2）气象资料

收集监测区域的风向、风速、气温、气压、降水量、日照时间、相对湿度、温度的垂直梯度和逆温层底部高度等资料。

（3）地形资料

收集监测区域的海拔高度等地形资料。

（4）土地利用和功能分区情况

收集土地利用和功能分区的具体数据资料。

（5）人口分布及人群健康状况

环境保护的目的是维护自然环境的生态平衡，保护人群的健康。因此，掌握监测区域的人口分布、居民和动植物受大气污染危害情况及流行性疾病等资料，对制定监测方案、分析判断监测结果是有益的。

（6）监测区域以往的大气监测数据

收集以往数据，提供对比资料。

3. 大气污染监测项目

存在于大气中的污染物质是多种多样的，我们应根据优先监测原则，选择那些危害性大，涉及范围广，已建立成熟的测定方法，并有标准可比的项目进行监测。我国在《居住区大气中有害物质最高容许浓度》中规定了34种有害物质的限值。《环境监测技术规范》中规定的例行监测项目如下。

（1）连续采样实验室分析项目

①必测项目：SO_2、NO_x、总悬浮颗粒物（TSP）、飘尘、硫酸盐化速率、灰尘自然沉降量；

②选测项目：CO、光化学氧化剂、氟化物、Pb、Hg、苯并[α]芘、总烃及非甲烷烃。

（2）大气环境自动监测系统监测项目

①必测项目：SO_2、NO_x、总悬浮颗粒物或飘尘（PM10）、CO。

②选测项目：臭氧、总碳氢化合物。

表1-28是我国目前要求的空气污染常规监测项目。

表1-29是我国无公害食品产地大气环境、绿色食品产地大气环境、有机食品产地大气环境主要监测项目。

表1-28　我国目前要求的空气污染常规监测项目

类别	必测项目	按地方情况增加的必测项目	选测项目
空气污染物监测	TSP、SO_2、NO_2（或NO_x）、硫酸盐化速率、灰尘自然沉降量	CO、总氧化剂、总烃、PM10、F_2、HF、B[α]P、Pb、H_2S、光化学氧化剂	Cl_2、氯化氢、硫酸雾、HCN、NH_3、Hg、Be、铬酸雾、非甲烷烃、芳香烃、苯乙烯、酚、甲醛、甲基对硫磷、异氰酸甲酯等

表 1-29 我国无公害食品产地、绿色食品产地、有机食品产地大气环境主要监测项目

类别	主要监测项目
无公害食品产地大气环境	二氧化硫（SO_2）、总悬浮颗粒物、氮氧化物（NO_x）、氟化物、铅
绿色食品产地大气环境	总悬浮颗粒物、二氧化硫（SO_2）、氮氧化物、氟化物
有机食品产地大气环境	总悬浮颗粒物、飘尘、二氧化硫、氮氧化物、一氧化碳、光化学氧化剂

4. 大气采样点的布设和采样频率

大气监测是为了调查一个区域或一个城市的大气污染现状，是观察分析大气中有害物质的来源、分布、数量、迁移转化及消长规律的重要手段。如何获得有代表性，能符合实际状况的大气样品，是保证监测数据准确可靠的重要环节。根据大气污染物的时空分布规律，通过正确地确定采样点数目，正确地选择采样点的位置，正确地确定采样时间和频率等手段，保证获取具有代表性的大气样品。

（1）大气监测采样点的布设

在确定采样点布设之前，应进行详细的调查研究。调查研究的内容包括：

①对本地区大气污染源进行调查，初步分析出各块地域的污染源概况。

②了解本地区常年主导风向，大致估计出污染物的可能扩散概况。

③利用群众来信来访或人群调查，初步判断污染物的影响程度。

④利用已有的监测资料推断分析应设点的数量和方位。

布设采样点应遵循下列原则和要求：

①采样点应设在整个监测区域的高、中、低三种不同污染物浓度的地方。

②在污染源比较集中，主导风向比较明显的情况下，应将污染源的下风向作为主要监测范围，布设较多的采样点，上风向布设少量采样点作为对照。

③工业较密集的城区和工矿区，人口密度及污染物超标地区，要适当增设采样点。城市郊区和农村，人口密度小及污染物浓度低的地区，可酌情少设采样点。

④采样点的周围应开阔，采样口水平线与周围建筑物高度的夹角应不大于 30°。测点周围无局部污染源，并应避开树木及吸附能力较强的建筑物。交通密集区的采样点应设在距人行道边缘至少 1.5 m 远处。

⑤各采样点的设置条件要尽可能一致或标准化，使获得的监测数据具有可比性。

⑥采样高度根据监测目的而定。研究大气污染对人体的危害，应将采样器或测定仪器设置于常人呼吸带高度，即采样口应在离地面 1.5 ～ 2 m 处；研究大气污染对植物或器物的影响；采样口高度应与植物或器物高度相近；连续采样例行监测采样

口高度应距地面 3 ～ 15 m；若置于屋顶采样，采样口应与基础面有 1.5 m 以上的相对高度，以减小扬尘的影响；特殊地形地区可视实际情况选择采样高度。

无公害食品产地大气环境监测采样点布设要求：地势平坦区域，空气监测点设置在沿主导风走向 45° ～ 90° 夹角内，各测点间距一般不超过 5 km。山沟地貌区域，空气监测点设置在沿山沟走向 45° ～ 90° 夹角内。种植业产地周围 5 km，主导风向 20 km 以内没有工矿企业污染源的区域可免测空气。畜禽、水产养殖区，可不测空气。

（2）采样点的数目

采样点的数目设置是一个精度要求和经济投资相关的效益函数，应根据监测范围大小，污染物的空间分布特征，人口分布密度，气象，地形，经济条件等因素综合考虑确定。国家生态环境部（原环境保护总局）规定，按城市人口数确定大气环境污染例行监测采样点的设置数目如表 1-30 所示。

表 1-30　我国空气环境污染例行监测采样点设置数目　　个

市区人口 / 万人	SO_2、NO_2 或 NO_x、TSP	灰尘自然沉降量	硫酸盐化速率
＜ 50	3	≥ 3	≥ 6
50 ～ 100	4	4 ～ 8	8 ～ 12
101 ～ 200	5	8 ～ 11	12 ～ 18
201 ～ 400	6	12 ～ 20	18 ～ 30
＞ 400	7	20 ～ 30	30 ～ 40

无公害食品产地大气环境监测采样点布点数量要求：产地布局相对集中，面积较小，无工矿污染源的区域，布设 1 ～ 3 个采样点。产地布局较为分散，面积较大，无工矿污染源的区域，布设 3 ～ 4 个采样点；对有工矿污染源的区域，应适当增加采样点数。样点的设置数量可根据空气质量稳定性以及污染物的影响程度适当增减。

（3）采样点布点方法

①功能区布点法：一个城市或一个区域可以按其功能分为工业区、居民区、交通稠密区、商业繁华区、文化区、清洁区、对照区等。各功能区的采样点数目的设置不要求平均，通常在污染集中的工业区，人口密集的居民区，交通稠密区应多设采样点。同时应在对照区或清洁区设置 1 ～ 2 个对照点。

②几何图形布点：目前常用以下几种布设方法。

• 网格布点法：这种布点法是将监测区域地面划分成若干均匀网状方格，采样点设在两条直线的交点处或方格中心。每个方格为正方形，可从地图上均匀描绘，方格实地面积视所测区域大小，污染源强度，人口分布，监测目的和监测能力而定，一般是 1～9 km^2 布一个点。若主导风向明确，下风向设点应多一些，一般约占采样点总数的 60%。这种布点方法适用于有多个污染源，且污染源分布比较均匀的情况。如图 1-7 所示。

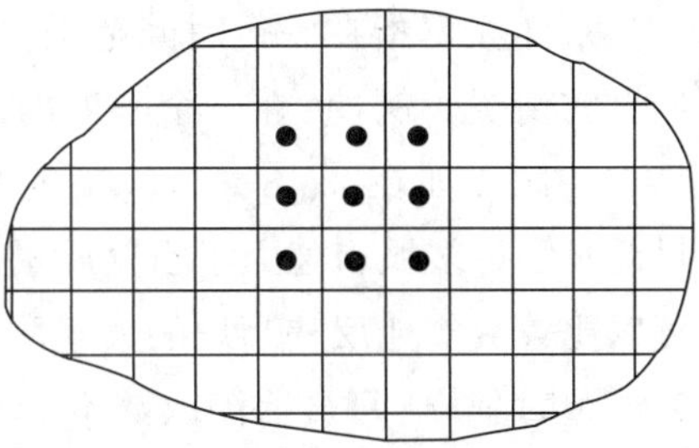

图 1-7　网格布点法

（崔树军．环境监测．2008.2）

• 同心圆布点法：此种布点方法主要用于多个污染源构成的污染群，或污染集中的地区。布点时以污染源为中心画出同心圆，半径视具体情况而定，再从同心圆画射线若干，放射线与同心圆圆周的交点即是采样点。如图 1-8 所示。

• 扇形布点法：此种方法适用于主导风向明显的地区，或孤立的高架点源。以点源为顶点，主导风向为轴线，在下风向地面上画出一个扇形区域作为布点范围。扇形角度一般为 45°～90°，采样点设在距点源不同距离的若干弧线上，相邻两点与顶点连线的夹角一般取 10°～20°。如图 1-9 所示。

以上几种采样布点方法，可以单独使用，也可以综合使用，目的就是要求有代表性地反映污染物浓度，为大气监测提供可靠的样品。

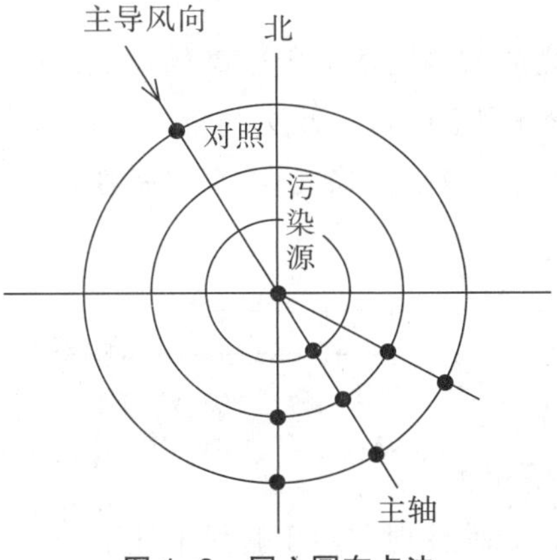

图 1-8　同心圆布点法

（崔树军．环境监测．2008.2）

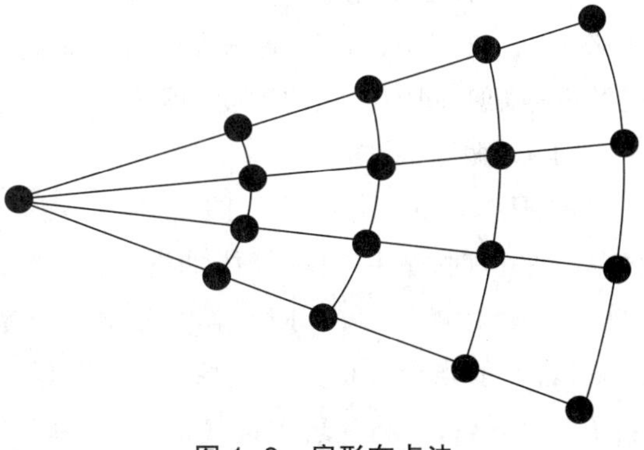

图 1-9　扇形布点法

（崔树军．环境监测．2008. 2）

（4）采样时间和采样频率

采样时间指每次采样从开始到结束所经历的时间，也称采样时段。不同污染物的采样时间要求不同，我国大气质量分析方法对每一种污染物的采样时间都有明确规定。

采样频率指在一定时间范围内的采样次数。显然采样频率越高，监测数据越接近真实情况。例如：在一个季度内，每 6 天采样一天，而一天内又间隔相等时间采样测定一次（如在 2、8、14、20 时采样），求出日平均，月平均，季度平均监测结果。目前我国许多城市建立了空气质量自动监测系统，自动监测仪器 24 h 自动在线工作，可以比较真实地反映当地的大气质量。对于人工采样监测，应做到：在采样点受污染最严重时采样；每日监测次数不少于 3 次；最高日平均浓度全年至少监测 20 d，最大一次浓度样品不得少于 25 个。

无公害食品产地大气环境监测采样时间安排的要求：应选择在空气污染对产品质量影响较大时期进行，一般安排在作物生长期进行。在正常天气条件下采样，每天 4 次，上下午各 2 次，连采 2 d。上午时间为：8:00—9:00，11:00—12:00；下午时间为：14:00—15:00，17:00—18:00。遇异常天气（如雨、雪、风雹等）应当顺延，待天气转好后重新安排采样。

1.4.3.2 大气样品的采集（环境及室内空气）

大气样品的采集方法有两大类：直接采样法和富集（浓缩）采样法。

1. 直接采样法

直接采样法适用于大气中被测组分浓度较高或监测方法灵敏度高的情况，这时不必浓缩，只需用仪器直接采集少量样品进行分析测定即可。此法测得的结果为瞬时浓度或短时间内的平均浓度。常用容器有注射器、塑料袋、采气管、真空瓶等。

（1）注射器采样

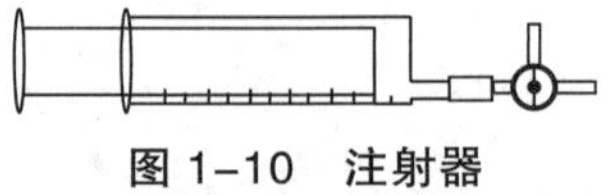

图 1-10 注射器

（崔树军．环境监测．2008．2）

常用 100 mL 注射器（图 1-10）采集有机蒸气样品。采样时，先用现场气体抽洗 2～3 次，然后抽取 100 mL，密封进气口，带回实验室分析。样品存放时间不宜长，一般当天分析完。气相色谱分析法常采用此法取样。取样后，应将注射器进气口朝下，垂直放置，以使注射器内压略大于外压。

（2）塑料袋采样

应选不吸附、不渗漏，也不与样气中污染组分发生化学反应的塑料袋，如聚四氟乙烯袋、聚乙烯袋、聚氯乙烯袋和聚酯袋等，还有用金属薄膜作衬里（如衬银、衬铝）的塑料袋。采样时，先用二联球打进现场气体冲洗 2～3 次，再充满样气，夹封进气口，带回实验室尽快分析（图 1-11）。

（3）采气管采样

采气管容积一般为 100～1 000 mL（图 1-12）。采样时，打开两端旋塞，用二联球或抽气泵接在管的一端，迅速抽进比采气管容积大 6～10 倍的欲采气体，使采气管中原有气体被完全置换出，关上旋塞，采气管体积即为采气体积。

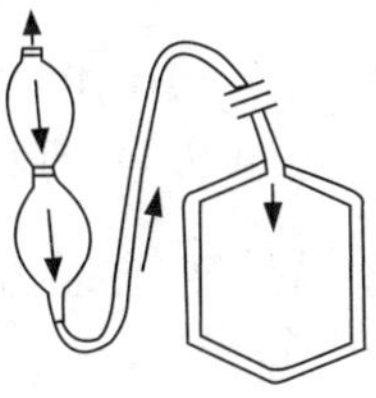

图 1-11　塑料袋采样装置

（崔树军．环境监测．2008．2）

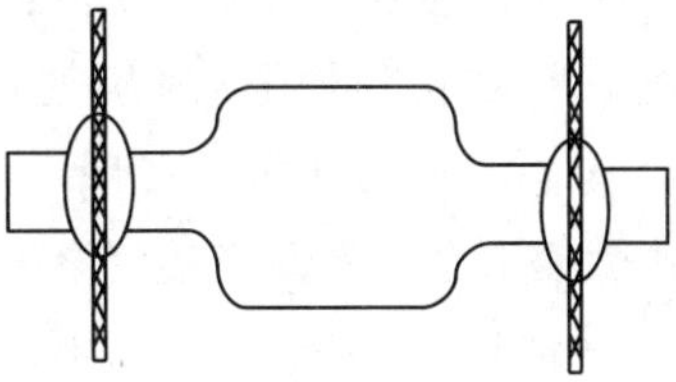

图 1-12　采气管

（崔树军．环境监测．2008.2）

（4）真空瓶采样

真空瓶是一种具有活塞的耐压玻璃瓶，容积一般为 500～1 000 mL。采样前，先用抽真空装置把采气瓶内气体抽走，使瓶内真空度达到 1.33 kPa，之后，便可打开旋塞采样，采完即关闭旋塞，则采样体积即为真空瓶（图 1-13）体积。

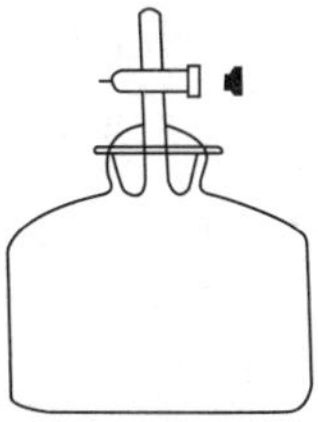

图 1-13　真空瓶

（崔树军．环境监测．2008．2）

2．富集（浓缩）采样法

富集（浓缩）采样法是使大量的样气通过吸收液或固体吸收剂得到吸收或阻留，使原来浓度较小的污染物质得到浓缩，以利于分析测定。适用于大气中污染物质浓度较低的情况。采样时间一般较长，测得结果可代表采样时段的平均浓度，更能反映大气污染的真实情况。这类采样方法具体包括溶液吸收法、固体阻留法、低温冷凝法、扩散法、自然积集法等。其中溶液吸收法、固体阻留法、低温冷凝法属于动力采样。扩散法、自然积集法属于无动力采样。

（1）溶液吸收法

溶液吸收法是采集大气中气态、蒸气态及某些气溶胶态污染物质的常用方法。采样时，用抽气装置将欲测空气以一定流量抽入装有吸收液的吸收管（瓶），使被测物质的分子阻留在吸收液中，以达到浓缩的目的。采样结束后，倒出吸收液进行测定，根据测得的结果及采样体积计算大气中污染物的浓度。吸收效率主要决定于吸收速度和样气与吸收液的接触面积。吸收液的选择原则：①与被采集的物质发生不可逆化学反应快或对其溶解度大；②污染物质被吸收液吸收后，要有足够的稳定时

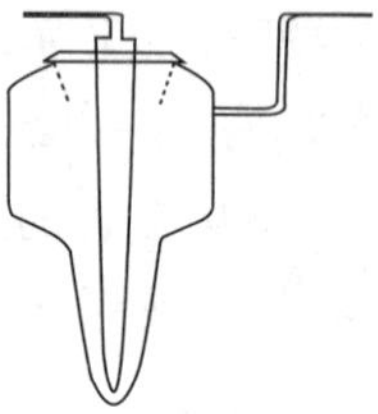

图 1-14 气泡式吸收管

（崔树军. 环境监测. 2008. 2）

间，以满足分析测定所需时间的要求；③污染物质被吸收后，应有利于下一步分析测定，最好能直接用于测定；④吸收液毒性小，价格低，易于购买，并尽可能回收利用。

下面介绍几种常用吸收管（瓶）：

①气泡式吸收管：适用于采集气态和蒸气态物质，不宜采气溶胶态物质。见图 1-14。

②冲击式吸收管：适宜采集气溶胶态物质和易溶解的气体样品，而不适用于气态和蒸气态物质的采集。管内有一尖嘴玻璃管作冲击器。见图 1-15。

③多孔筛板吸收管（瓶）：是在内管出气口熔接一块多孔性的砂芯玻板，当气体通过多孔玻板时，一方面被分散成很小的气泡，增大了与吸收液的接触面积；另一方面被弯曲的孔道所阻留，然后被吸收液吸收。所以多孔筛板吸收管既适用于采集气态和蒸气态物质，也适于气溶胶态物质。见图 1-16。

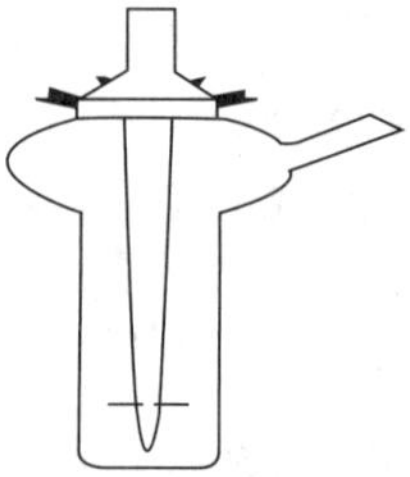

图 1-15 冲击式吸收管

（崔树军. 环境监测. 2008. 2）

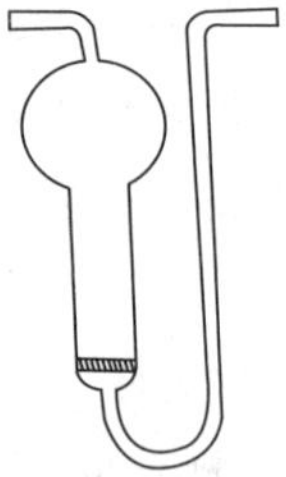

图 1-16 多孔筛板吸收管

（崔树军. 环境监测. 2008. 2）

（2）填充柱阻留法（固体阻留法）

填充柱是用一根 6～10 cm 长，内径 3～5 mm 的玻璃管或塑料管，内装颗粒状填充剂制成。采样时，让气样以一定流速通过填充柱，则欲测组分因吸附、溶解或化学反应而被阻留在填充剂上，达到浓缩采样的目的。采样后，通过加热解吸，吹气或溶剂洗脱，使被测组分从填充剂上释放出来测定。

根据填充柱内填充剂阻留作用的原理不同，可分为吸附型、分配型和反应型三种类型。

①吸附型填充柱：所用填充剂为颗粒状固体吸附剂，如活性炭、硅胶、分子筛、氧化铝、素烧陶瓷、高分子多孔微球等多孔性物质，对气体和蒸气吸附力强。

②分配型填充剂：所用填充剂为表面涂有高沸点有机溶剂（如甘油异十三烷）

的惰性多孔颗粒物（如硅藻土、耐火砖），适于对蒸气和气溶胶态物质（如六六六、DDT、多氯联苯）的采集。气样通过采样管时，分配系数大的或溶解度大的组分阻留在填充柱表面的固定液上。

③反应型填充柱：其填充柱是由惰性多孔颗粒物（如石英砂、玻璃微球等）或纤维状物（如滤纸、玻璃棉等）表面涂渍能与被测组分发生化学反应的试剂制成。也可用能与被测组分发生化学反应的纯金属（如金、银、铜等）丝毛或细粒作填充剂。

固体阻留法优点：①用固体采样管可以长时间采样，测得大气中日平均或一段时间内的平均浓度值；溶液吸收法则由于液体在采样过程中会蒸发，采样时间不宜过长。②只要选择合适的固体填充剂，对气态、蒸气态和气溶胶态物质都有较高的富集效率，而溶液吸收法一般对气溶胶吸收效率要差些。③浓缩在固体填充柱上的待测物质比在吸收液中稳定时间要长，有时可放置几天或几周也不发生变化。

所以，固体阻留法是大气污染监测中具有广阔发展前景的富集方法。

（3）滤料阻留法

滤料阻留法是将过滤材料（滤纸、滤膜等）放在采样夹上，如图 1-17 所示颗粒物采样夹。用抽气装置抽气，则空气中的颗粒物被阻留在过滤材料上，称量过滤材料上富集的颗粒物质量，根据采样体积，即可计算出空气中颗粒物的浓度。如图 1-18 所示滤料采样装置。常用滤料：纤维状滤料，如定量滤纸、玻璃纤维滤膜（纸）、氯乙烯滤膜等；筛孔状滤料，如微孔滤膜、核孔滤膜、银薄膜等。各种滤料由不同的材料制成，性能不同，适用的气体范围也不同。

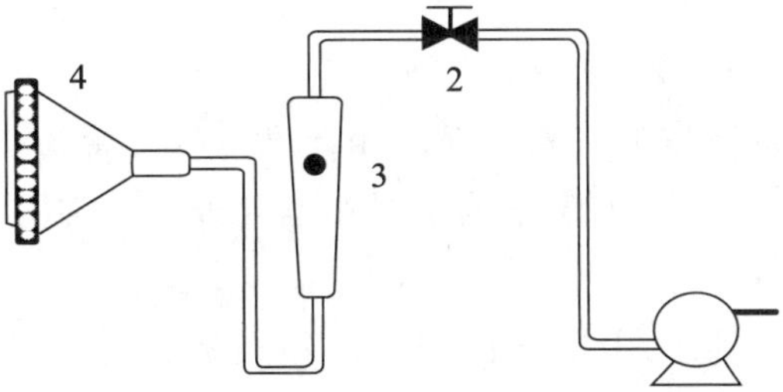

图 1-17 颗粒物采样夹

（刘绮，潘伟斌. 环境监测教程. 2008.4）

1—底座；2—紧固圈；3—密封圈；4—接座圈

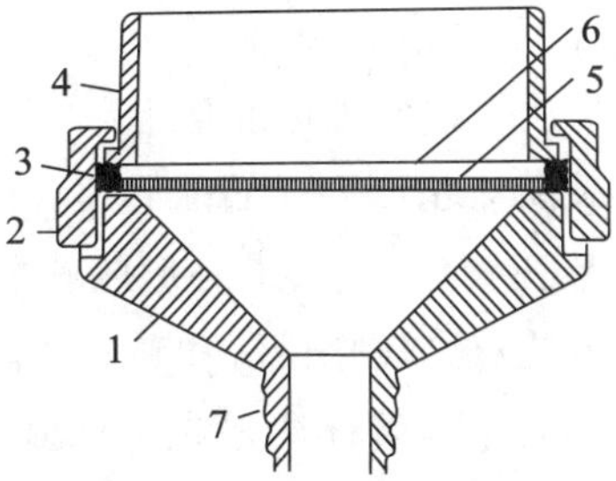

图 1-18 滤料采样装置

（崔树军. 环境监测. 2008.2）

1—抽气装置；2—流量调节阀；3—流量计；4—采样夹；5—支撑网；6—滤膜；7—抽气接口

（4）低温冷凝法

低温冷凝法是借制冷剂的制冷作用使空气中某些低沸点气态物质被冷凝成液态物质，以达到浓缩的目的。如图 1-19 所示低温冷凝采样。适用于大气中某些沸点较低的气态污染物质，如烯烃类、醛类等。常用制冷剂：冰、干冰、冰 - 食盐、液氯 - 甲醇、干冰 - 二氯乙烯、干冰 - 乙醇等。优点：效果好、采样量大、利于组分稳定。

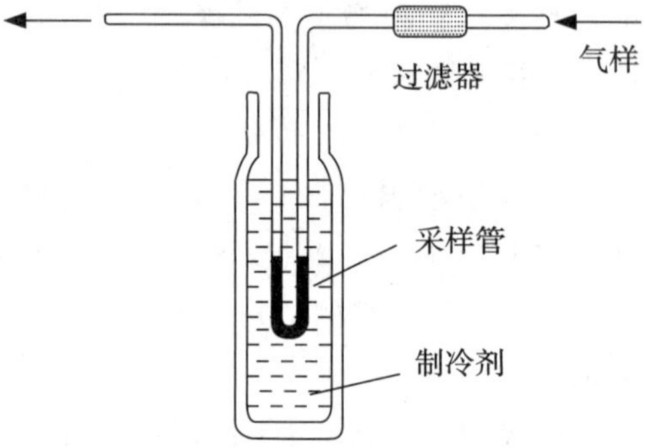

图 1-19　低温冷凝采样

（崔树军．环境监测．2008.2）

（5）自然积集法

这种方法是利用物质的自然重力、空气动力和浓差扩散作用采集大气中的被测物质，如自然降尘量、硫酸盐化速率、氟化物等大气样品的采集。这种方法的优点是：不需动力设备，简单易行，且采样时间长，测定结果能较好反映大气污染情况。

①降尘样品的采集。采集大气中降尘的方法有湿法和干法两种，其中湿法应用较广泛。

• 湿法采样一般使用集尘缸，集尘缸为圆筒形玻璃（或塑料，瓷，不锈钢）缸。采样时在缸中加一定量的水，放置在距地面 5～15 m 处，附近无高大建筑物及局部污染源，采样口距基础面 1.5 m 以上，以避免扬尘的影响。集尘缸内加水 1 500～3 000 mL，夏季需要加入少量硫酸铜溶液，抑制微生物及藻类的生长，冰冻季节需加入适量的乙醇或乙二醇作为防冻剂。采样时间为（30±2）d，多雨季节注意及时更换集尘缸，防止水满溢出。

• 干法采样使用标准集尘器，夏季需加除藻剂。

②硫酸盐化速率样品的采集。排放到大气中的二氧化硫、硫化氢等含硫化合物，经过一系列氧化反应，最终形成硫酸雾和硫酸盐雾的过程称为硫酸盐化速率。常用的采样方法有二氧化铅法和碱片法。

• 二氧化铅采样法是先将二氧化铅糊状物涂在纱布上，然后将纱布绕贴在素瓷管上，制成二氧化铅采样管，将其放置在采样点上，则大气中的二氧化硫、硫酸雾等与二氧化铅反应生成硫酸铅。

• 碱片法是将用碳酸钾溶液浸渍过的玻璃纤维滤膜置于采样点上，则大气中的二氧化硫、硫酸雾等与碳酸盐反应生成硫酸盐。

1.4.3.3 采样器

直接采样法采样时用注射器、塑料袋或采样管或真空瓶。富集采样法需使用大气采样仪器。大气采样仪器主要由收集器、流量计和采样动力三部分组成。

收集器：如大气吸收管（瓶）、填充柱、滤料采样夹、低温冷凝采样管等。

流量计：是测量气体流量的仪器，流量是计算采集气样体积必知的参数。常用的流量计有：皂膜流量计、孔口流量计和转子流量计（图 1-20）。均需定期校正。

当用抽气泵作抽气动力时（图 1-21），通过流量计的读数和采样时间可以计算所采空气的体积。

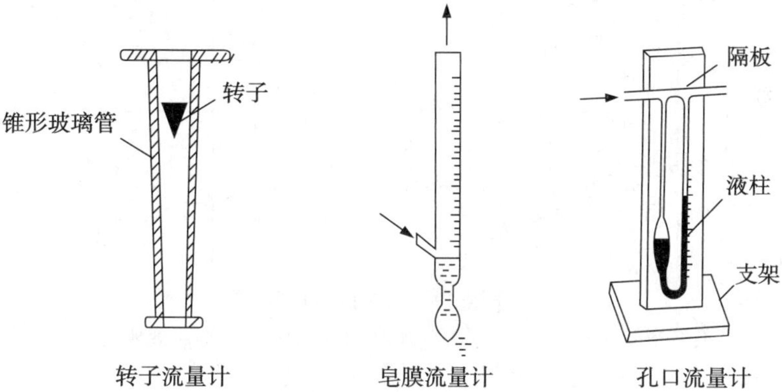

图 1-20 流量计

（刘绮，潘伟斌．环境监测教程．2008.4）

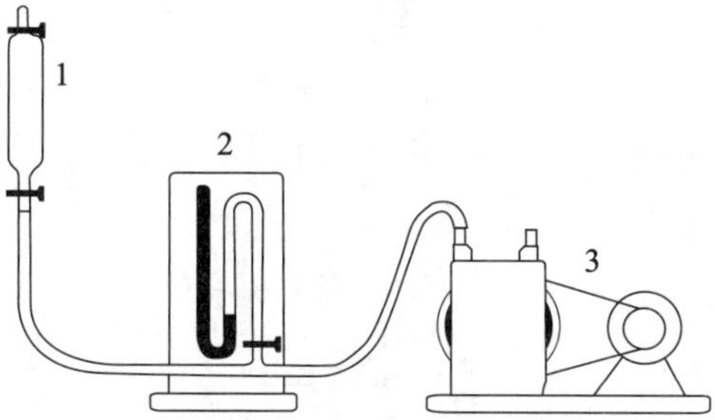

图 1-21 真空采气瓶抽真空装置

（崔树军．环境监测．2008.2）

1—真空采气瓶；2—孔口流量计；3—真空泵

采样动力：应根据所需采样流量、采样体积、所用收集器及采样点的条件进行选择。一般要求抽气动力的流量范围较大，抽气稳定，造价低，噪声小，便于携带和维修。

1. 气体采样器

用于采集气态和蒸气态物质，采样流量 0.5～2.0 L/min，分为便携式和固定式两种。

2. 颗粒物采样器

颗粒物采样器分为总悬浮颗粒物（TSP）采样器和可吸入颗粒物（PM10）采样器。

（1）总悬浮颗粒物（TSP）采样器

按采气流量的大小不同，总悬浮颗粒物（TSP）采样器分为大流量（1.1～1.7 m^3/min）（图 1-22）、中流量（50～150 L/min）（图 1-23）和小流量（10～15 L/min）3 种。

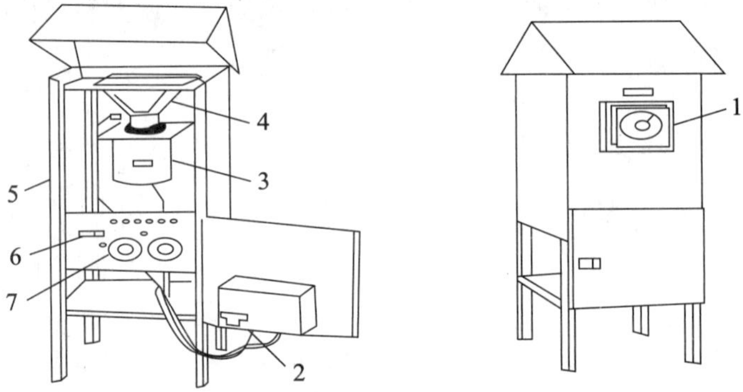

图 1-22 大流量采样器

1—流量记录器；2—流量控制器；3—抽气风机；4—滤膜夹；5—铝壳；6—工作计时器；7—计时器的控制器

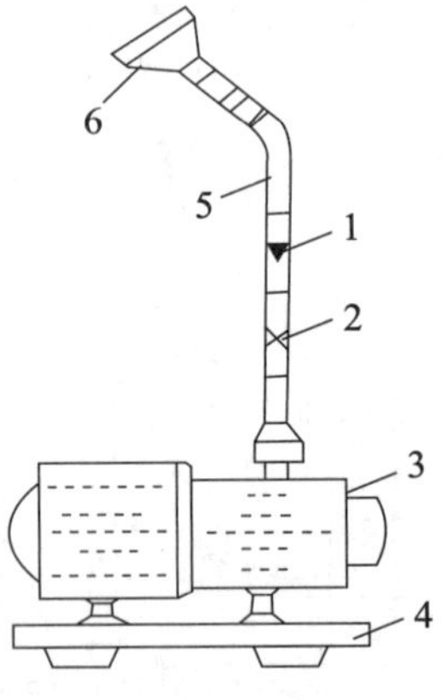

图 1-23 中流量采样器

1—流量计；2—调节阀；3—采样泵；4—消声器；5—采样管；6—采样头

（2）可吸入颗粒物（PM10）采样器

采集可吸入颗粒物广泛使用大流量采样器。在连续自动监测仪器中，可采用静电捕集法、β 射线法或光散射法直接测定可吸入颗粒物的浓度，但不论哪种采样器都装有分尘器。分尘器有旋风式、向心式、多层薄板式、撞击式等多种。它们又分为二级式和多级（段）式。二级式用于采集 10 μm 以下的颗粒物，多级式可分级采集不同粒径的颗粒物，用于测定颗粒物的粒度分布。

①二级旋风分尘器。图 1-24 为旋风分尘器的工作原理示意图。空气以高速度沿 180° 渐开线进入分尘器的圆筒内，形成沿筒壁由上而下的旋转气流，大于 10 μm 的颗粒物惯性较大，在离心力的作用下，甩到筒壁上，这些大颗粒物在不断与筒壁撞击中失去前进的能量，受气流和重力的共同作用，沿壁面落入大颗粒物收集器内；小于 10 μm 的颗粒物惯性小，不易被甩到筒壁上。当空气进入分尘器向下高速旋转时，顶部压力下降，在压力差作用下，小于 10 μm 的细颗粒随气流沿气体排出管上升，达到分离空气中粗、细颗粒物的目的。沿分尘器气体排出管排出的气体进入过滤器，气体中的细颗粒物被滤膜捕集，根据采样体积和采样前后滤膜的质量，即可求出空气中 10 μm 以下的颗粒物的含量。需注意的是：分尘器必须用标准粒子发生器制备的标准粒子进行校准后方可使用。

②向心式分尘器。向心式分尘器工作原理为当气流从小孔高速喷出时，气流携带的颗粒物质量不同，其运动轨迹也不同。颗粒质量越大，惯性越大，越不容易随气流改变运动轨迹（图 1-25）。因此，当大颗粒物随气流穿过小孔后，在惯性作用下，

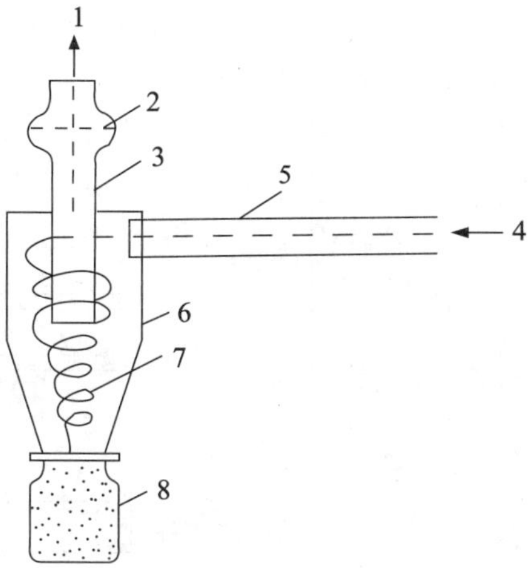

图 1-24 旋风分尘器原理示意图

1—空气出口；2—滤膜；3—气体排出管；4—空气入口；5—气体导管；6—圆筒体；7—旋转气流轨迹；8—大粒子收集器

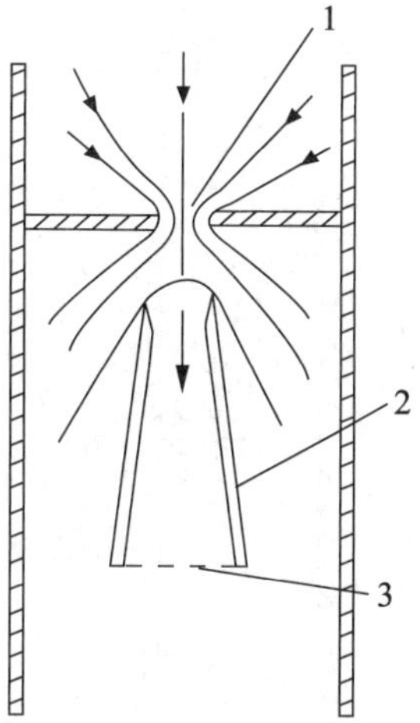

图 1-25 向心式分尘器原理示意图

1—空气喷孔；2—收集器；3—滤膜

仍然沿着中心轴线继续前进，进入锥形收集器，被收集器底部的滤膜收集；反之，当小颗粒物随气流穿过小孔后，由于小颗粒物惯性小，可以随气流改变运动轨迹，绕过锥形收集器入口，随气流进入下一级。锥形收集器捕集的颗粒物质量的大小，受喷嘴直径，收集器入口距喷嘴距离，收集器入口直径等因素的影响。显然，当喷嘴直径变小，收集器入口距喷嘴距离变小，收集器入口直径变小时，可以使较小的颗粒物进入收集器。

多段向心式分尘器工作原理如图 1-26 所示。第一级孔 1 直径最大，收集器 2 入口最大，孔 1 到收集器 2 之间的距离最大，收集器滤膜 7 捕集到气流中质量最大的颗粒物；第二级的喷嘴直径 3 和锥形收集器 4 的入口孔径变小，二者之间距离缩短，使小一些的颗粒物被收集；第三级的喷嘴直径 5 和锥形收集器的入口孔径 6 又比第二级小，其间距离更短，收集的颗粒更细。经过多级分离，剩下的极细颗粒到达最底部，被滤膜 10 收集。

③多段撞击式分尘器。图 1-27 为多段撞击式分尘器的工作原理示意图。当含颗粒物气体以一定速度由喷嘴喷出后，颗粒获得一定的动能产生一定的惯性。在同一喷射速度下粒径越大，惯性越大。因此，气流从第一级喷嘴喷出后，大颗粒惯性大，难以改变运动方向，与第一块捕集板碰撞被沉积下来，而惯性较小的颗粒则随气流绕过第一块捕集板进入第二级喷嘴；第二级喷嘴比第一级喷嘴口径小，故喷出颗粒物动

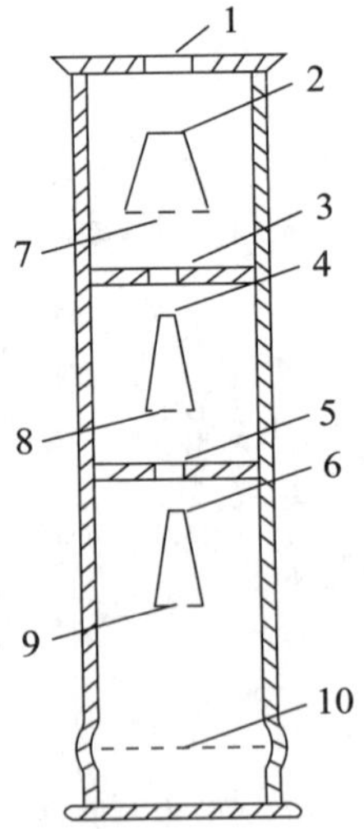

图 1-26　三级向心式分尘器工作原理示意图

1，3，5—气流喷孔；2，4，6—锥形收集器；7，8，9，10—滤膜

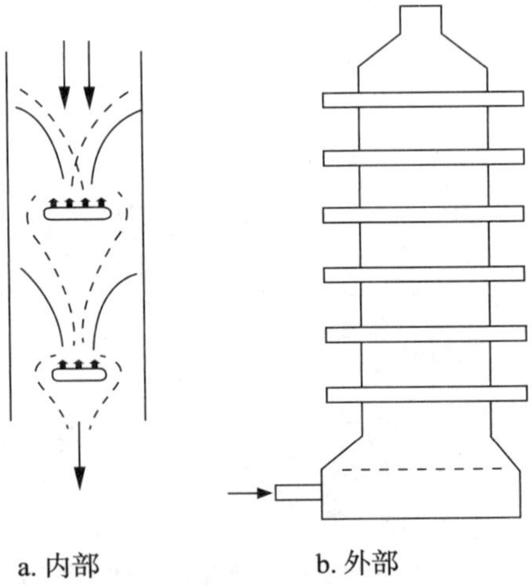

图 1-27　多段撞击式分尘器工作原理示意图

能增加，小颗粒获得较大的惯性与第二块捕集板碰撞而被沉积，而惯性更小的颗粒物继续向下级运动；如此一级一级地进行下去，则气流中的颗粒物由大到小地一级一级地分开，分别沉积在不同的捕集板上。最末级捕集板用玻璃纤维滤膜代替，捕集最小的颗粒物。这种分尘器可以设计为 3 ～ 6 级，也有 8 级的。撞击式分尘器必须用标准粒子发生器制备的标准粒子进行校准后方可使用。

1.4.3.4 采样记录

采样记录与实验室记录同等重要，在实际工作中，若对采样记录不重视，不认真填写采样记录，由于采样记录不全会导致一大批监测数据无法统计而作废。

采样记录内容有：所采集样品被测污染物的名称及编号；采样地点和采样时间；采样流量；采样体积及采样时的温度和大气压力；采样仪器，吸收液及采样时天气状况及周围情况；采样者、审核者姓名等。

1.4.3.5 监测项目与分析方法

《环境空气质量标准》中规定了总悬浮颗粒物（TSP）、可吸入颗粒物（PM10）、SO_2、NO_x、NO_2、CO、O_3、Pb、苯并［α］芘及氟化物等污染物的采样和分析方法。

环境空气监测中的采样点、采样环境、采样高度及采样频率的要求，按《环境监测技术规范》（大气部分）执行。

1. 监测项目

产地空气污染常规监测项目见表 1-31。

表 1-31 产地空气污染常规监测项目

类别	重点项目	一般项目
空气污染物监测	总悬浮颗粒物（TSP）、二氧化硫（SO_2）、氮氧化物（NO_x）、臭氧（O_3）、氟化物（HF）	可吸入颗粒物（PM10）一氧化碳（CO）、铅（Pb）、苯并［α］芘、硫酸盐化速率、氨（NH_3）、氯（Cl_2）、氯化氢（HCl）
大气降水监测	pH、电导率	K^+、Na^+、Ca^{2+}、Mg^{2+}、NH_4^+、SO_4^{2-}、NO_3^-、Cl^-

2. 分析方法

各项监测项目分析方法见表 1-32。

表 1-32　产地环境空气监测主要监测项目分析方法

监测项目	分析方法	方法来源
二氧化硫	(1) 甲醛吸收副玫瑰苯胺分光光度法 (2) 四氯汞盐副玫瑰苯胺分光光度法	GB/T 15262—94 GB 8970—88
总悬浮颗粒物	重量法	GB/T 15432—95
可吸入颗粒物	重量法	HJ 618—2011
氮氧化物（以 NO_2 计）	Saltzman 法	GB/T 15436—95
二氧化氮	Saltzman 法	GB/T 15435—95
臭氧	(1) 靛蓝二磺酸钠分光光度法 (2) 紫外光度法	GB/T 15437—95 GB/T 15438—95
一氧化碳	非分散红外法	GB 9801—88
苯并 [α] 芘	(1) 乙酰化滤纸层析荧光分光光度法 (2) 高效液相色谱法	GB 8971—88 GB/T 15439—95
铅	火焰原子吸收分光光度法	GB/T 15264—94
氟化物	(1) 滤膜氟离子选择电极法 (2) 石灰滤纸氟离子选择电极法	GB/T 15434—95 GB/T 15433—95
飘尘（PM10）	重量法	HJ 618—2011
氯化氢（HCl）	硫氰酸汞分光光度法	《空气和废气监测分析方法》
硫酸盐化速率	二氧化铅 - 重量法	《空气和废气监测分析方法》
氯气（Cl_2）	甲基橙分光光度法	《空气和废气监测分析方法》

1.4.3.6　数据统计的有效性规定

各项监测项目数据统计的有效性规定见表 1-33。

表 1-33　各项监测项目数据统计的有效性规定

监测项目	取值时间	数据有效性规定
SO_2、NO_x、NO_2	年平均	每年至少有分布均匀的 144 个日均值 每月至少有分布均匀的 12 个日均值
TSP、PM10、Pb	年平均	每年至少有分布均匀的 60 个日均值 每月至少有分布均匀的 5 个日均值

续表 1-33

监测项目	取值时间	数据有效性规定
SO_2、NO_x、NO_2、CO	日平均	每日至少有 18 h 的采样时间
TSP、PM10、Pb、B[α]P	日平均	每日至少有 12 h 的采样时间
SO_2，NO_x，NO_2，CO，O_2	1 h 平均	每小时至少有 45 min 的采样时间
Pb	季平均	每季至少有分布均匀的 15 个日均值 每月至少有分布均匀的 5 个日均值
	月平均	每天至少采样 15 d 以上
F	植物生长季平均	每一个生长季至少有 70% 个月平均值
	日平均	每日至少有 12 h 的采样时间
	1 h 平均	每小时至少有 45 min 的采样时间

1.4.3.7 产地空气中主要污染物质的检测

1. 大气中二氧化硫（SO_2）的测定

SO_2 是大气主要污染物之一，是大气环境污染例行监测的必测项目。它主要来源于煤和石油等燃料的燃烧，含硫矿石的冶炼，硫酸等化工产品生产排放的废气。它是一种无色，易溶于水，有刺激性气味的气体，能通过呼吸进入气管，对局部组织产生刺激和腐蚀作用，是诱发支气管炎等疾病的原因之一。特别是当它与烟尘等气溶胶共存时，可加重对呼吸道黏膜的损害。SO_2 的阈值是 0.3 mg/L，达 30 ～ 40 mg/L 时，人会感到呼吸困难。

常用测定二氧化硫的方法有：四氯汞钾溶液吸收 - 盐酸副玫瑰苯胺分光光度法（GB 8970—88）、甲醛缓冲溶液吸收 - 盐酸副玫瑰苯胺分光光度法、紫外荧光法（GB/T 15262—94）、电导法、库仑滴定法、火焰光度法、钍试剂分光光度法、紫外荧光法等。其中四氯汞钾溶液吸收 - 盐酸副玫瑰苯胺分光光度法是国内广泛采用的测定环境空气中 SO_2 的方法，具有灵敏度高，选择性好等优点。最低检出浓度为 0.20 μg/10 mL。

（1）原理

大气中的二氧化硫被四氯汞钾溶液吸收后，生成稳定的二氯亚硫酸盐络合物，此络合物再与甲醛及盐酸副玫瑰苯胺发生反应，生成紫红色的络合物，据其颜色深浅，在波长 577 nm 处进行分光光度测定。

主要干扰物为氮氧化物、臭氧及某些重金属元素。加入氨磺酸钠溶液可以消除氮氧化物的干扰；采样后放置一段时间可以使臭氧自行分解；加入磷酸及环己二胺四乙酸二钠盐可以消除或减少某些金属离子的干扰。10 mL 样品溶液中含 50 μg 钙、镁、铁、镍、镉、铜、锌等离子时，不干扰测定。10 mL 样品溶液中含 5 μg 二价锰离子时，吸光度会降低 2.7%；含 10 μg 二价锰离子时，吸光度会降低 4.1%，空气中锰的含量一般不会超过 0.09 mg/m^3（相当于 5 μg/10 mL），不致影响二氧化硫的测定。

本法检出限为 0.20 μg/10 mL（以吸光度 0.01 相对应的浓度计）。当用 10 mL 吸收液采样 10 L 时，最低检出浓度为 0.020 mg/m^3；用 50 mL 吸收液，24 h 采样 300 L，取 10 mL 样品测定时，最低检出浓度为 0.003 mg/m^3。

（2）仪器

①多孔玻璃吸收管（用于短时间采样）；多孔玻璃吸收瓶（用于 24 h 采样）。

②空气采样器：流量 0～1 L/min。

③分光光度计。

④恒温水浴。

⑤ 10 mL 具塞比色管。

（3）试剂

① 0.04 mol/L 四氯汞钾吸收液：称取 10.9 g 氯化汞（$HgCl_2$）、6.0 g 氯化钾和 0.070 g 乙二胺四乙酸二钠盐（$EDTA-Na_2$），溶解于水，稀释至 1 000 mL。此溶液在密闭容器中贮存，可稳定 6 个月。如发现有沉淀，不能再用。

② 2.0 g/L 甲醛溶液：量取 36%～38% 甲醛溶液 1.1 mL，用水稀释至 200 mL，临用现配。

③ 6.0 g/L 氨基磺酸铵溶液：称取 0.60 g 氨基磺酸铵（$H_2NSO_3NH_4$），溶解于 100 mL 水中，临用现配。

④碘贮备液［$c(1/2\ I_2) = 0.10$ mol/L］：称取 12.7 g 碘于烧杯中，加入 40 g 碘化钾和 25 mL 水，搅拌至全部溶解后，用水稀释至 1 000 mL，贮于棕色试剂瓶中。

⑤碘使用液［$c(1/2\ I_2) = 0.01$ mol/L］：量取 50 mL 碘贮备液，用水稀释至 500 mL，贮于棕色试剂瓶中。

⑥ 2 g/L 淀粉指示剂：称取 0.20 g 可溶性淀粉，用少量水调成糊状，慢慢倒入 100 mL 沸水中，继续煮沸至溶液澄清，冷却后贮于试剂瓶中。

⑦碘酸钾标准溶液［$c(1/6\ KIO_3) = 0.100\ 0$ mol/L］：称取 3.566 8 g 碘酸钾

（KIO_3，优级纯，110℃烘干 2 h），溶解于水，移入 1 000 mL 容量瓶中，用水稀释至标线。

⑧盐酸溶液（cHCl）=1.2 mol/L：量取 100 mL 浓盐酸，用水稀释至 1 000 mL。

⑨硫代硫酸钠贮备液（$cNa_2S_2O_3$ = 0.1 mol/L）：称取 25 g 硫代硫酸钠（$Na_2S_2O_3 \cdot 5H_2O$），溶解于 1 000 mL 新煮沸并已冷却的水中，加 0.2 g 无水碳酸钠，贮于棕色瓶中，放置一周后标定其浓度。若溶液呈现混浊时，应该过滤。

标定方法：吸取碘酸钾标准溶液 25.00 mL，置于 250 mL 碘量瓶中，加 70 mL 新煮沸并已冷却的水，加 1.0 g 碘化钾，振荡至完全溶解后，再加 1.2 mol/L 盐酸溶液 10.0 mL，立即盖好瓶塞，混匀。在暗处放置 5 min 后，用硫代硫酸钠溶液滴定至淡黄色，加淀粉指示剂 5 mL，继续滴定至蓝色刚好消失。按下式计算硫代硫酸钠溶液的浓度：

$$c = 25.00 \times 0.100\,0/V$$

式中：V——消耗硫代硫酸钠溶液的体积，mL；

c——硫代硫酸钠溶液浓度，mol/L。

⑩硫代硫酸钠标准溶液：取 50.00 mL 硫代硫酸钠贮备液于 500 mL 容量瓶中，用新煮沸并已冷却的水稀释至标线，计算其准确浓度。

⑪亚硫酸钠标准溶液：称取 0.2 g 亚硫酸钠（Na_2SO_3）及 0.010 g 乙二胺四乙酸二钠，将其溶解于 200 mL 新煮沸并已冷却的水中，轻轻摇匀（避免振荡，以防充氧）。放置 2～3 h 后标定。此溶液每毫升相当于含 320～400 μg 二氧化硫。

标定方法：取四个 250 mL 碘量瓶（A_1、A_2、B_1、B_2），分别加入 0.010 mol/L 碘溶液 50.00 mL。

在 A_1、A_2 瓶内各加 25 mL 水，在 B_1 瓶内加入 25.00 mL 亚硫酸钠标准溶液，盖好瓶塞。立即吸取 2.0 mL 亚硫酸钠标准溶液于已加有 40～50 mL 四氯汞钾溶液的 100 mL 容量瓶中，使其生成稳定的二氯亚硫酸盐络合物。再吸取 25.00 mL 亚硫酸钠标准溶液于 B_2 瓶内，盖好瓶塞。然后用四氯汞钾吸收液将 100 mL 容量瓶中的溶液稀释至标线。

A_1、A_2、B_1、B_2 4 瓶于暗处放置 5 min 后，用 0.01 mol/L 硫代硫酸钠标准溶液滴定至浅黄色，加 5 mL 淀粉指示剂，继续滴定至蓝色刚好退去。平行滴定所用硫代硫酸钠溶液体积之差应不大于 0.05 mL。

所配 100 mL 容量瓶中的亚硫酸钠标准溶液相当于二氧化硫的浓度由下式计算：

SO_2浓度（μg/mL）=［（V_0–V）×c×32.02×1 000］/25.00×2.00/100

式中：V_0——滴定A瓶时所用硫代硫酸钠标准溶液体积的平均值，mL；

V——滴定B瓶时所用硫代硫酸钠标准溶液体积的平均值，mL；

c——硫代硫酸钠标准溶液的准确浓度，mol/L；

32.02——相当于1 mmol/L硫代硫酸钠溶液的二氧化硫（1/2 SO_2）的质量，mg。

根据以上计算的二氧化硫标准溶液的浓度，再用四氯汞钾吸取液稀释成每毫升含2.0 μg二氧化硫的标准溶液，此溶液用于绘制标准曲线，在冰箱中存放，可稳定20 d。

⑫ 0.2%盐酸副玫瑰苯胺（PRA，即对品红）贮备液：称取0.20 g经提纯的盐酸副玫瑰苯胺，溶解于100 mL，1 mol/L盐酸溶液中。

⑬磷酸溶液（cH_3PO_4 = 3 mol/L）：量取41 mL 85%浓磷酸，用水稀释至200 mL。

⑭ 0.016%盐酸副玫瑰苯胺使用液：吸取0.2%盐酸副玫瑰苯胺贮备液20.00 mL于250 mL容量瓶中，加3 mol/L磷酸溶液200 mL，用水稀释至标线。至少放置24 h方可使用。存放暗处，可稳定9个月。

（4）测定步骤

①标准曲线的绘制。取7支10 mL具塞比色管，按表1–34所列参数配置亚硫酸钠标准色列。

表1–34 亚硫酸钠标准色列

试剂	比色管编号						
	0	1	2	3	4	5	6
亚硫酸钠标准溶液（2.0 μg/mL）/mL	0.00	0.50	1.00	2.00	5.00	8.00	10.00
四氯汞钾吸收液 /mL	10.00	9.50	9.00	8.00	5.00	2.00	0.00
二氧化硫含量 /μg	0.00	0.50	1.00	2.00	5.00	8.00	10.00

在以上各管中加入6.0 g/L氨基磺酸铵溶液0.50 mL，摇匀。再加2.0 g/L甲醛溶液0.50 mL及0.016%盐酸副玫瑰苯胺使用液1.5 mL，摇匀。放入恒温水浴中显色，在20℃下，显色20 min。用1 cm比色皿，于波长577 nm处，以水为参比，测定吸光度。以吸光度对二氧化硫含量（μg）绘制标准曲线。

②采样。用内装10 mL四氯汞钾吸收液的多孔玻璃吸收管以0.5 L/min流量采样1 h。采样时吸收液温度应保持在23～29℃，并应避免阳光直接照射样品溶液。

③样品测定。样品溶液混浊时，应离心分离除去。将吸收管中的吸收液全部移入10 mL具塞比色管内，用少量吸收液洗涤吸收管，洗涤液并入具塞管中，用吸收液稀释使总体积为10 mL，摇匀。放置20 min，以使臭氧分解。加6 g/L氨基磺酸铵溶液0.50 mL，摇匀，放置10 min，以除去氮氧化物的干扰。以下步骤同标准曲线的绘制时的操作。

（5）计算

$$二氧化硫含量（SO_2，mg/m^3）=W/V_n \times V_t/V_a$$

式中：W——测定时所取样品溶液中二氧化硫含量（μg，由标准曲线查知）；

V_t——样品溶液总体积，mL；

V_a——标定时所取样品溶液体积，mL；

V_n——标准状态下的采样体积，L。

（6）注意事项

①温度对显色影响较大，温度越高，空白值越大。温度高时显色快，褪色也快，最好用恒温水浴控制显色温度。

②对品红试剂必须提纯后方可使用，否则，其中所含杂质会引起试剂空白值增高，使方法灵敏度降低。已有经提纯合格的0.2%对品红溶液出售。

③六价铬能使紫红色络合物褪色，产生负干扰，故应避免用硫酸－铬酸洗液洗涤所用玻璃器皿，若已用此洗液洗过，则需用（1+1）盐酸溶液浸洗，再用水充分洗涤。

④用过的具塞比色管及比色皿应及时用酸洗涤，否则红色难以洗净。具塞比色管用（1+4）盐酸溶液洗涤，比色皿用（1+4）盐酸加1/3体积乙酸混合液洗涤。

⑤四氯汞钾溶液为剧毒试剂，使用时应小心，如溅到皮肤上，立即用水冲洗。使用过的废液要集中回收处理，以免污染环境。

2. 硫酸盐化速率的测定

硫酸盐化速率是指大气中含硫污染物演变为硫酸雾和硫酸盐雾的速度。测定的方法有：二氧化铅－重量法、碱片－重量法、碱片－铬酸钡分光光度法、碱片－离子色谱法等。下面介绍二氧化铅－重量法。

（1）原理

大气中的SO_2、硫酸雾、硫化氢等与PbO_2反应生成$PbSO_4$，用Na_2CO_3溶液处理，使$PbSO_4$转化为$PbCO_3$，释放出SO_4^{2-}，再加入$BaCl_2$溶液，生成$BaSO_4$沉淀，用重量法测定，结果以每日在100 cm^2 PbO_2面积上所含SO_3的毫克数表示。最低检出浓度为0.05 mg/（100 cm^2·d）。

（2）测定要点

将 PbO_2 采样管固定在百叶箱中，在采样点上放置（30±2）d。注意不要靠近烟囱等污染源；收样时，将 PbO_2 采样管放入密闭容器中。

（3）影响测定结果的因素

① PbO_2 的粒度、纯度和表面活性度；

② PbO_2 涂层厚度和表面湿度；

③含硫污染物的浓度及种类；

④采样期间的风速、风向及空气温度、湿度等。

3. 大气中氮氧化物（NO_x）的测定

氮的氧化物有一氧化氮、二氧化氮、一氧化二氮、三氧化二氮、四氧化二氮和五氧化二氮等多种形式。大气中的氮氧化物主要以一氧化氮（NO）和二氧化氮（NO_2）形式存在。它们主要来源于石化燃料高温燃烧和硝酸、化肥等生产排放的废气，以及汽车排气。一氧化氮为无色、无臭、微溶于水的气体，在大气中易被氧化为 NO_2。NO_2 为棕红色气体，具有强刺激性臭味，是引起支气管炎等呼吸道疾病的有害物质。

环境空气质量标准（GB 3095-2012）指定环境空气中氮氧化物（一氧化氮和二氧化氮）的测定方法标准为盐酸萘乙二胺分光光度法（HJ479）。

《环境空气　氮氧化物（一氧化氮和二氧化氮）的测定　盐酸萘乙二胺分光光度法》（HJ 479—2009）是环境空气中氮氧化物的测定的标准方法。

（1）原理

空气中的二氧化氮被串联的第一支吸收瓶中的吸收液吸收并反应生成粉红色偶氮染料。空气中的一氧化氮不与吸收液反应，通过氧化管时被酸性高锰酸钾溶液氧化为二氧化氮，被串联的第二支吸收瓶中的吸收液吸收并反应生成粉红色偶氮染料。生成的偶氮染料在波长 540 nm 处的吸光度与二氧化氮的含量成正比。分别测定第一支和第二支吸收瓶中样品的吸光度，计算两支吸收瓶内二氧化氮和一氧化氮的质量浓度，二者之和即为氮氧化物的质量浓度（以 NO_2 计）。

（2）仪器

• 分光光度计。

• 空气采样器：流量范围 0.1～1.0 L/min。采样流量为 0.4 L/min 时，相对误差小于 ±5%。

• 恒温、半自动连续空气采样器：采样流量为 0.2 L/min 时，相对误差小于

±5%，能将吸收液温度保持在 20℃ ±4℃。采样连接管线为硼硅玻璃管、不锈钢管、聚四氟乙烯管或硅胶管，内径约为 6 mm，尽可能短些，任何情况下不得超过 2 m，配有朝下的空气入口。

• 吸收瓶：可装 10 mL、25 mL 或 50 mL 吸收液的多孔玻板吸收瓶，液柱高度不低于 80 mm。吸收瓶的玻板阻力、气泡分散的均匀性及采样效率按 HJ479 的附录 A 检查。使用棕色吸收瓶或采样过程中吸收瓶外罩黑色避光罩。新的多孔玻板吸收瓶或使用后的多孔玻板吸收瓶，应用（1+1）HCl 浸泡 24 h 以上，用清水洗净。

• 氧化瓶：可装 5 mL、10 mL 或 50 mL 酸性高锰酸钾溶液的洗气瓶，液柱高度不能低于 80 mm。使用后，用盐酸羟胺溶液浸泡洗涤。

（3）试剂

除非另有说明，分析时均使用符合国家标准或专业标准的分析纯试剂和无亚硝酸根的蒸馏水、去离子水或相当纯度的水。必要时，实验用水可在全玻璃蒸馏器中以每升水加入 0.5 g 高锰酸钾（$KMnO_4$）和 0.5 g 氢氧化钡［$Ba(OH)_2$］重蒸。

• 冰乙酸。

• 盐酸羟胺溶液，ρ=0.2～0.5g/L。

• 硫酸溶液，c（$1/2H_2SO_4$）=1 mol/L：取 15 mL 浓硫酸（ρ=1.84 g/mL），徐徐加到 500 mL 水中，搅拌均匀，冷却备用。

• 酸性高锰酸钾溶液，ρ（$KMnO_4$）=25 g/L：称取 25 g 高锰酸钾于 1 000 mL 烧杯中，加入 500 mL 水，稍微加热使其全部溶解，然后加入 1 mol/L 硫酸溶液 500 mL，搅拌均匀，贮于棕色试剂瓶中。

• N-（1-萘基）乙二胺盐酸盐贮备液，ρ（$C_{10}H_7NH(CH_2)2NH_2 \cdot 2HCl$）=1.00 g/L：称取 0.50 gN-（1-萘基）乙二胺盐酸盐于 500 mL 容量瓶中，用水溶解稀释至刻度。此溶液贮于密闭的棕色瓶中，在冰箱中冷藏，可稳定保存三个月。

• 显色液：称取 5.0 g 对氨基苯磺酸［$NH_2C_6H_4SO_3H$］溶解于 200 mL 40～50℃热水中，将溶液冷却至室温，全部移入 1 000 mL 容量瓶中，加入 50 mL N-（1-萘基）乙二胺盐酸盐贮备溶液和 50 mL 冰乙酸，用水稀释至刻度。此溶液贮于密闭的棕色瓶中，在 25℃以下暗处存放可稳定三个月。若溶液呈现淡红色，应弃之重配。

• 吸收液：使用时将显色液和水按 4：1（体积分数）比例混合，即为吸收液。吸收液的吸光度应小于等于 0.005。

• 亚硝酸盐标准贮备液，ρ（NO_2^-）=250 μg/mL：准确称取 0.3750 g 亚硝酸钠（$NaNO_2$，优级纯，使用前在 105℃ ±5℃干燥恒重）溶于水，移入 1 000 mL 容量

瓶中，用水稀释至标线。此溶液贮于密闭棕色瓶中于暗处存放，可稳定保存三个月。

• 亚硝酸盐标准工作液，ρ（NO_2^-）=2.5 μg/mL：准确吸取亚硝酸盐标准储备液 1.00 mL 于 100 mL 容量瓶中，用水稀释至标线。临用现配。

（4）样品

• 短时间采样（1 h 以内）：

取两支内装 10.0 mL 吸收液的多孔玻板吸收瓶和一支内装 5～10 mL 酸性高锰酸钾溶液的氧化瓶（液柱高度不低于 80 mm），用尽量短的硅橡胶管将氧化瓶串联在两支吸收瓶之间，以 0.4 L/min 流量采气 4～24 L。

• 长时间采样（24 h）：

取两支大型多孔玻板吸收瓶，装入 25.0 mL 或 50.0 mL 吸收液（液柱高度不低于 80 mm），标记液面位置。取一支内装 50 mL 酸性高锰酸钾溶液的氧化瓶，接入采样系统，将吸收液恒温在 20℃ ±4℃，以 0.2 L/min 流量采气 288 L。

注：氧化管中有明显的沉淀物析出时，应及时更换。

一般情况下，内装 50 ml 酸性高锰酸钾溶液的氧化瓶可使用 15～20 d（隔日采样）。

采样过程注意观察吸收液颜色变化，避免因氮氧化物质量浓度过高而穿透。

• 采样要求：

采样前应检查采样系统的气密性，用皂膜流量计进行流量校准。采样流量的相对误差应小于 ±5%。

采样期间，样品运输和存放过程中应避免阳光照射。气温超过 25℃时，长时间（8 h 以上）运输和存放样品应采取降温措施。

采样结束时，为防止溶液倒吸，应在采样泵停止抽气的同时，闭合连接在采样系统中的止水夹或电磁阀。

• 现场空白：

装有吸收液的吸收瓶带到采样现场，与样品在相同的条件下保存，运输，直至送交实验室分析，运输过程中应注意防止沾污。

要求每次采样至少做 2 个现场空白测试。

• 样品的保存

样品采集、运输及存放过程中避光保存，样品采集后尽快分析。若不能及时测定，将样品于低温暗处存放，样品在 30℃暗处存放，可稳定 8 h；在 20℃暗处存放，可稳定 24 h；于 0～4℃冷藏，至少可稳定 3 d。

（5）步骤

• 标准曲线的绘制

取6支10 mL具塞比色管，按表1-35制备亚硝酸盐标准溶液系列。根据表1-35分别移取相应体积的亚硝酸钠标准工作液，加水至2.00 mL，加入显色液8.00 mL。

表 1-35 NO_2- 标准溶液系列

项目	比色管编号					
	0	1	2	3	4	5
标准工作溶液 /mL	0.00	0.40	0.80	1.20	1.60	2.00
显色液 /mL	8.00	8.00	8.00	8.00	8.00	8.00
水 /mL	2.00	1.60	1.20	0.80	0.40	0.00
NO_2 质量浓度 /（μg/mL）	0.0	0.10	0.20	0.30	0.40	0.50

各管混匀，于暗处放置20 min（室温低于20℃时放置40 min以上），用10 mm比色皿，在波长540 nm处，以水为参比测量吸光度，扣除0号管的吸光度以后，对应NO_2的质量浓度（μg/mL），用最小二乘法计算标准曲线的回归方程。

标准曲线斜率控制在0.960～0.978吸光度·mL/μg，截距控制在0.000～0.005（以5 mL体积绘制标准曲线时，标准曲线斜率控制在0.180～0.195吸光度·mL/μg，截距控制在±0.003）。

• 空白试验

实验室空白试验：取实验室内未经采样的空白吸收液，用10 mm比色皿，在波长540 nm处，以水为参比测定吸光度。实验室空白吸光度A_0在显色规定条件下波动范围不超过±15%。

现场空白：测定吸光度。将现场空白和实验室空白的测量结果相对照，若现场空白与实验室空白相差过大，查找原因，重新采样。

（6）样品测定

采样后放置20 min，室温20℃以下时放置40 min以上，用水将采样瓶中吸收液的体积补充至标线，混匀。用10 mm比色皿，在波长540 nm处，以水为参比测量吸光度，同时测定空白样品的吸光度。

若样品的吸光度超过标准曲线的上限，应用实验室空白试液稀释，再测定其吸光度。但稀释倍数不得大于6。

（7）结果计算

空气中二氧化氮质量浓度 ρ_{NO_2}（mg/m^3）按式（1）计算：

$$\rho_{NO_2}=\frac{(A_1-A_0-\alpha)\times V\times D}{b\times f\times V_0} \tag{1}$$

空气中一氧化氮质量浓度 ρ_{NO}（mg/m^3）以二氧化氮（NO_2）计，按式（2）计算：

$$\rho_{NO}=\frac{(A_2-A_0-\alpha)\times V\times D}{b\times f\times V_0\times K} \tag{2}$$

ρ'_{NO}（mg/m^3）以一氧化氮（NO）计，按式（3）计算：

$$\rho'_{NO}=\frac{\rho_{NO}\times 30}{46} \tag{3}$$

空气中氮氧化物的质量浓度 ρ_{NO_x}（mg/m^3）以二氧化氮（NO_2）按式（4）计算：

$$\rho_{NO_x}=\rho_{NO_2}+\rho_{NO} \tag{4}$$

以上各式中：A_1、A_2——串联的第一支和第二支吸收瓶中样品的吸光度：

A_0——实验室空白的吸光度：

b——标准曲线斜率，吸光度·mL/μg；

a——标准曲线的截距；

V——采样用吸收液体积，mL；

V_0——换算为标准状态（101.325 kPa，273K）下的采样体积，L；

K——NO → NO_2 氧化系数，0.68；

D——样品的稀释倍数；

f——Saltzman 实验系数，0.88（当空气中二氧化氮质量浓度高于 0.72 mg/m^3 时，f 取值 0.77）。

（8）精密度和准确度

• 测定 NO_2 标准气体的精密度和准确度

5 个实验室测定质量浓度范围在 0.056～0.480 mg/m^3 的 NO_2 标准气体，重复性相对标准偏差小于 10%，相对误差小于 ±8%。

• 测定 NO 标准气体的精密度和准确度

测定质量浓度范围在 0.057～0.396 mg/m^3 的 NO 标准气体，重复性相对标准偏差小于 10%，相对误差小于 ±10%。

4. 大气中一氧化碳的测定

CO 主要来自石油、煤炭燃烧不充分的产物和汽车尾气，一些自然灾害如火山爆发、森林火灾等也是来源之一。

CO 的测定方法有非色散红外吸收法、气相色谱法、汞置换法等，其中非色散红外吸收法是国家标准分析方法（GB 9801—1988）。

（1）原理

一氧化碳对以波长 4.5 μm 为中心波段的红外辐射具有选择性吸收，在一定的浓度范围内，其吸光度与一氧化碳浓度呈线性关系，故根据气样的吸光度可确定一氧化碳的浓度。

水蒸气、悬浮颗粒物会对一氧化碳的测定产生干扰。所以测定时，气样需经硅胶、无水氯化钙过滤管除去水蒸气，经玻璃纤维滤膜除去颗粒物。

（2）仪器

①非色散红外一氧化碳分析仪。

②记录仪：0 ～ 10 mV。

③聚乙烯塑料采气袋、铝箔采气袋或衬铝塑料采气袋。

④弹簧夹。

⑤双联球。

⑥霍加拉特管。

（3）试剂

①高纯氮气：99.99 %。

②变色硅胶。

③无水氯化钙。

④一氧化碳标准气。

（4）采样

用双联球将现场空气抽入采气袋内，洗 3 ～ 4 次，采气 500 mL，夹紧进气口。

（5）测定步骤

①启动和调零：开启电源开关，稳定 1 ～ 2 h，将高纯氮气连接在仪器进气口，通入氮气校准仪器零点。也可以用经霍加拉特管（加热至 90 ～ 100℃）净化后的空气调零。

②校准仪器：将一氧化碳标准气连接在仪器进气口，使仪表指针指示满刻度的 95%。重复 2 ～ 3 次。

③样品测定：将采气袋连接在仪器进气口，则样气被抽入仪器中，由指示表直接指示出一氧化碳的浓度（mg/L）。

（6）计算

$$CO浓度（mg/m^3）=1.25\,c$$

式中：c——实测空气中一氧化碳浓度，mg/L；

1.25——一氧化碳浓度（mg/L）换算为标准状态下质量浓度（mg/m^3）的换算系数。

（7）注意事项

①仪器启动后，必须预热，稳定一定时间再进行测定。仪器具体操作按仪器说明书规定进行。

②空气样品应经硅胶干燥，玻璃纤维滤膜过滤后再进入仪器，以消除水蒸气和颗粒物的干扰。

③仪器接上记录仪，将空气连续抽入仪器，可连续监测空气中一氧化碳浓度的变化。

5. 大气中光化学氧化剂和臭氧的测定

光化学氧化剂是总氧化剂的主要组成部分，是与形成光化学烟雾有关的污染物质。总氧化剂是指大气中能氧化碘化钾析出碘的物质，主要包括臭氧、过氧乙酰硝酸酯和氮氧化物等。光化学氧化剂是指除去 NO_x 以外的能氧化碘化钾的氧化剂，二者的关系为：

$$光化学氧化剂浓度 = 总氧化剂浓度 -0.269\times 氮氧化物浓度$$

臭氧是最强的氧化剂之一，它是大气中的氧在太阳紫外线的照射下或受雷击形成的。目前由于碳氢化合物污染大气破坏了臭氧层，紫外线直接照射地球表面的强度增加，皮肤病人增多。臭氧与紫外线混合，与烃类和氮氧化物发生光化学反应形成光化学烟雾。臭氧有强烈的氧化作用，可以起到消毒作用，但量大时又会刺激黏膜和损害中枢神经系统，引起支气管炎和头痛等症状。

（1）光化学氧化剂浓度的测定

先用硼酸碘化钾分光光度法测定气样中的总氧化剂浓度，再扣除 NO_x 参加反应的浓度。方法灵敏、简便可行，检出限为 0.019 mg/L（按与 0.01 吸光度相对应的 O_3 浓度计）；当采样体积 30 L 时，最低检出浓度为 0.006 mg/m^3。

实际测定时，以硫酸酸化的碘酸钾（准确称量）－碘化钾作 O_3 标准溶液（以 O_3 计）配制标准系列，在波长 325 nm 处以蒸馏水为参比测定吸光度，绘制标准曲线并建立标准曲线的回归方程式。在同样条件下，测定气体样品吸收液的吸光度。按下式计算光化学氧化剂的浓度：

光化学氧化剂浓度（O_3，mg/m^3）＝［（A_1-A_0）$-a$］$/b\cdot V_n\cdot k-0.269p$

式中：A_1，A_0——分别为气体样品吸收液和试剂空白溶液的吸光度；

a——回归方程式的截距；

b——标准曲线的斜率，吸光度 /μg O_3；

V_n——标准状况下的采样体积，L；

k——采样吸收效率（用相对比较法测定），%；

p——同步测定气体样品中 NO_x 的浓度（NO_x），mg/m^3。

（2）臭氧的测定

臭氧的测定的方法有硼酸碘化钾分光光度法、靛蓝二磺酸钠分光光度法（GB/T 15437—1995）等。

①硼酸碘化钾分光光度法

用含有硫代硫酸钠的硼酸碘化钾溶液作吸收液采样，大气中的 O_3 等氧化剂氧化碘离子为碘分子，而碘分子又立即被硫代硫酸钠还原，剩余硫代硫酸钠加入过量碘标准溶液氧化，剩余碘于波长 325 nm 处以水为参比测定吸光度。同时采集零气（除去 O_3 的空气），并准确加入与采集大气样品相同量的碘标准溶液，氧化剩余的硫代硫酸钠，于波长 325 nm 处测定剩余碘的吸光度，则气样中剩余碘的吸光度减去零气样剩余碘的吸光度即为气样中 O_3 氧化碘化钾生成的吸光度。按下式计算气体样品中 O_3 的浓度：

$$臭氧浓度（O_3，mg/m^3）=f［（A_2-A_1）-a］/b\cdot V_n$$

式中：A_1，A_2——分别为零气样品溶液和总氧化剂样品溶液的吸光度；

a——回归方程式的截距；

b——标准曲线的斜率，吸光度 /μg O_3；

V_n——标准状况下的采样体积，L；

f——样品溶液最后体积与系列标准溶液体积之比。

需注意的是：样品中的 SO_2、H_2S 等还原性气体会干扰测定。所以，采样时应串接三氧化铬管进行消除；同时，采样效率会受温度影响，25℃时可达 100%，30℃时达 96.8%；样品吸收液和试剂溶液均应放在暗处保存。

②靛蓝二磺酸钠分光光度法（GB/T 15437—1995）

方法原理。空气中的臭氧，在磷酸盐缓冲剂存在下，与吸收液中蓝色的靛蓝二磺酸钠（$C_{16}H_{18}Na_2O_8S_2$，简称 IDS）等反应，褪色生成靛红二磺酸钠，在波长 610 nm 处测量吸光度。

干扰。二氧化氮对臭氧的测定会产生正干扰。空气中二氧化硫、硫化氢、过氧乙酰硝酸酯（PAN）和氟化氢的浓度分别高于 750 μg/m^3、110 μg/m^3、1 800 μg/m^3 和 2.5 μg/m^3 时，产生负干扰。空气中氯气等的存在会使臭氧的测定结果偏高。但在一般情况下，这些气体的浓度很低，不会造成显著误差。由于聚氯乙烯管、橡皮管会分解臭氧，造成测定结果偏低。所以应选择使用惰性材料管，如硅橡胶管。

6. 大气中氟化物的测定

大气中的气态氟化物主要是 HF，也可能有少量的 SiF_4 和 CF_4。含氟粉尘的成分主要是冰晶石（Na_3AlF_6）、萤石（CaF_2）、氟化铝（AlF_3）、氟化钠（NaF）及磷灰石等。氟化物属高毒类物质，由呼吸道进入人体，会引起黏膜刺激、中毒等症状，并能影响各组织和器官的正常生理功能，对植物的生长、发育也会产生危害。

测定大气中氟化物的方法有吸光光度法、滤膜（或滤纸）采样－氟离子选择电极法等。目前广泛采用后一种方法。

滤膜采样－氟离子选择电极法原理：用磷酸氢二钾溶液浸渍的玻璃纤维滤膜或碳酸氢钠－甘油溶液浸渍的玻璃纤维滤膜采样，则大气中的气态氟化物被吸收固定，尘态氟化物同时被阻留在滤膜上，采样后的滤膜用水或酸浸取后，用氟离子选择电极法测定。

7. 汞的测定

汞具有较大的挥发性，属极度危害毒物，人体吸入后会引起中毒，危害神经系统等。它来源于汞矿开采和冶炼，某些仪表制造，有机合成化工等生产过程排放和逸散的废气和粉尘。

汞的测定方法有吸光光度法、冷原子吸收分光光度法、冷原子荧光分光光度法、中子活化法等。其中冷原子吸收分光光度法和冷原子荧光分光光度法应用比较广泛。

巯基棉富集－冷原子荧光分光光度法原理：在微酸性介质中，用巯基棉富集大气中的汞及其化合物，采样后，用 4 mol/L 盐酸－氯化钠饱和溶液解吸汞及其化合物，经氯化亚锡（$SnCl_2$）还原为金属汞，用冷原子荧光测汞仪测定总汞的浓度。

该方法具有灵敏度高，操作较复杂，对试剂纯度要求严格等特点，可用于测定无机汞、有机汞及总汞。

8. 总悬浮颗粒物（TSP）的测定

GB/T 15435—1995 中测定总悬浮颗粒物的方法，适合于大流量或中流量总悬浮颗粒物采样器进行空气中总悬浮颗粒物的测定。

测定原理：通过具有一定切割特性的采样器，以恒速抽取一定体积的空气，则空气中粒径小于 100 μm 的悬浮颗粒物被截留在已恒重的滤膜上，根据采样前后滤膜重量之差及采样体积，即可计算 TSP 的质量浓度。滤膜经处理后，可进行化学组分测定。

根据采样流量不同，分为大流量（1.1 ～ 1.7 m^3/min）采样法，使用大流量采样器；中流量（50 ～ 150 L/min）采样法，使用低噪声中流量 TSP 采样器、智能中流量 TSP 采样器。一般连续采样 24 h。注意：所使用的每张玻璃纤维滤膜在使用前均需用 X 光片机进行光照检查，不得使用有针孔或任何缺陷的滤膜采样。

9. 可吸入颗粒物（飘尘）的测定

粒径小于 10 μm 的颗粒物称为飘尘。它可长时间飘浮在大气中，对人、动植物及环境危害较大。测定飘尘的方法有重量法、石英压电晶体振荡法、β 射线吸收法及光散射法等。目前用得最多、最准确可靠的是重量法。

（1）重量法

根据采样流量不同，分为大流量采样重量法和小流量采样重量法。大流量法使用带有 10 μm 以上颗粒物切割器的大流量采样器采样。首先使一定体积的大气通过采样器，将粒径大于 10 μm 的颗粒物分离出去，小于 10 μm 的颗粒物被收集在预先恒重的滤膜上，根据采样前后滤膜重量之差及采样体积，即可计算出飘尘的体积质量。用该法还能进行有机物、金属离子和无机盐的分析。

注意：①使用时，应定期清扫切割器内的颗粒物；②采样时必须将采样头及入口各部件旋紧，以免空气从旁侧进入采样器造成测定误差。小流量法是我国推荐使用的方法。使一定体积的空气通过具有分离和捕集装置的采样器，首先将粒径大于 10 μm 的颗粒物阻留在撞击挡板的入口挡板内，飘尘则通过入口挡板被捕集在预先恒重的滤膜上，根据采样前后的滤膜重量之差及采样体积计算飘尘的体积质量。用此法还可作飘尘中有害物质成分的单项测定。

（2）石英压电晶体振荡法

这种方法以石英谐振器为测定飘尘的传感器，通过测量采样后两石英谐振器频率之差，即可得知飘尘浓度。当用标准飘尘浓度气样校准仪器后，即可在显示屏幕上直接显示被测气样的飘尘浓度。

（3）β 射线吸收法

该测量方法的原理：将 β 射线通过特定物质后，其强度衰减程度与所透过的物质质量有关，而与物质的物理、化学性质无关。通过测清洁滤带（未采尘）和采尘滤带（已采尘）对 β 射线吸收程度的差异来测定采尘量。

10. 自然降尘的测定

自然降尘简称降尘，系指大气中自然降落于地面上的颗粒物，其粒径多在 10 μm 以上。虽然灰尘在地面上的自然沉降能力主要决定于其自身重量及粒度大小，但风力、降水、地形等自然因素也起着一定的作用，因此，要把自然降尘和非自然降尘区分开是很困难的。降尘是大气污染的参考性指标，通过其测定结果，可观察大气污染的范围和污染程度。测定大气中降尘量最常用的方法是重量法（GB/T 15265—1994）。首先按一定原则布点，将一个一定规格的容器（集尘缸）放置在户外空旷的地方，大气中的灰尘自然沉降在集尘缸内，按月收集起来。剔除里面的树叶、小虫等异物，其余部分定量转移到 500 mL 烧杯中，加热蒸发浓缩至 10～20 mL 后，再转移到已恒重的瓷坩埚中，在电热板上蒸干后，于（105±5）℃烘箱内烘至恒重。然后按下式计算降尘量。

$$降尘量[t/(km^2 \cdot 30\ d)] = [(W_1 - W_0 - W_a)/(S \cdot N)] \times 30 \times 10^4$$

式中：W_1——降尘瓷坩埚和乙二醇水溶液蒸干并在（105±5）℃恒重后的质量，g；

W_0——在（105±5）℃恒重后瓷坩埚的质量，g；

W_a——加入乙二醇水溶液蒸干恒重后的质量，g；

S——集尘缸口的面积，cm^2；

N——采样天数（精确到 0.1 d）。

思考题

1. 有机产品环境监测的标准是什么？
2. 有机产品水质检测的主要指标有哪些？
3. 有机产品产地土壤检测的主要指标有哪些？
4. 有机产品产地空气检测的主要指标有哪些？
5. 结合当地实际情况，制定一份地表水水质监测方案。

2

有机产品中重金属检测

学习目标

1. 了解重金属污染的特点和来源。

2. 掌握原子吸收、原子荧光等重金属分析方法。

3. 了解国家标准对食品中铅、汞、镉、砷的限量，学习测定食品中铅、汞、镉、砷含量的方法和基本原理。

4. 掌握二硫腙分光光度法测定食品中铅、汞含量的方法和原理，原子吸收光谱法测定食品中铅、镉含量的方法和原理，银盐法测定食品中砷含量的方法和原理。

5. 掌握二硫腙分光光度法测定食品中铅、汞含量的基本操作技能，原子吸收光谱法测定食品中铅、镉含量的基本操作技能，银盐法测定食品中砷含量的基本操作技能，包括：样品预处理方法，标准溶液的配制，分光光度计和原子吸收分光光度计的使用等。

6. 能运用二硫腙分光光度法检测食品中的铅、汞的含量，运用原子吸收光谱法检测食品中铅、镉的含量，运用银盐法检测食品中砷的含量。

2.1 重金属对有机农产品的影响

2.1.1 重金属概述

通常把密度大于 5 g/cm^3 的金属称为重金属，具体包括元素周期表中原子序数介于 23（钒 V）至 83（铋 Bi）之间的金属，碱金属（铷 Rb、铯 Cs、钫 Fr）除外，同时还包括钡（Ba）以及砷（As）、硒（Se）和碲（Te）等类金属。从环境污染对生态毒害和人类危害程度来说，科学研究和防控治理涉及最多的重金属主要有 5 种：铅（Pb）、汞（Hg）、铬（Cr）、砷（As）、镉（Cd）。

2.1.2 重金属对有机农产品的影响

对于有机产品中存在的各种元素，从营养学的角度来看，可分为必需营养元素、非必需元素和有害元素三类。从人体需要量而言，每日需要量在 100 mg 以上的营养元素，称为大量营养元素；而相对需要量较少的营养元素，称为微量营养元素。由于微量营养元素人体需要量较少，摄入量过多会导致人体中毒，且从缺乏到过量的范围较窄，因此，在食品卫生要求中都有严格限量，都统称为限量元素。按照 FAO/WHO 专家委员会的定义，食品中存在的限量元素，根据其生物学特点，可分为人体必需的微量元素，有碘、锌、硒、铁、铜、钼、铬和钴八种；可能必需的元素，有锰、硅、硼、钒和镍五种；具有潜在毒性，但低剂量可能是人体必需的元素，有氟、铅、镉、汞、砷、铝和锡七种，这些元素也就是我们常说的有害元素。

有害元素对人体的危害，具有很大的隐蔽性。如果人体一次性摄入大量的有害元素，一般会直接引起中毒，产生较为明显的症状。但人体每次摄入微量的有害元素，并不会引起中毒，也没有明显的中毒症状，往往不被人们察觉。而人体摄入这些微量的有害元素，往往不易被排泄，在人体中慢慢积累，当有害元素积累到一定程度，才可能产生中毒症状。还有些人，可能一辈子也没有产生中毒症状，但机体却受到了有害元素的侵害，身体机能受损、衰退。

食品中的有害元素，主要来源于工业“三废”和化肥、农药等对食品生产原材料的污染；土壤本底值较高产生的植物富集；加工过程中的添加材料中含有微量的有害元素；食品包装材料中的有害元素渗入到食品中；在食品加工、包装、贮运中受到污染；以及非法生产者使用国家明令禁止使用的添加材料和包装材料。

由于有害元素对人体健康危害较大，世界各国对食品中的有害元素限量都比较严格，我国对食品中的有害元素也有严格的规定。我们在这章主要介绍的有害元素是汞、铅、镉和砷。我国食品卫生标准中，对这些元素的含量有严格的限量（表 2-1，表 2-2），限量标准可参考《食品安全国家标准　食品中污染物限量》（GB 2762—2017）中有害元素限量标准和《生活饮用水卫生标准》（GB 5749—2006）中有害元素限量标准。

表 2-1 食品中有害元素限量标准 mg/kg（mg/L）

元素	食品种类	指标	
		总汞	甲基汞[a]
汞（以Hg计）	水产动物及其制品（肉食性鱼类及其制品除外）	—	0.5
	肉食性鱼类及其制品	—	1.0
	谷物[b]、糙米、玉米、大米、玉米面（渣、片）、小麦、小麦粉	0.02	
	新鲜蔬菜	0.01	
	食用菌及其制品	0.1	
	肉类	0.05	
	生乳、巴氏杀菌乳、灭菌乳、调制乳、发酵乳	0.01	
	鲜蛋	0.05	
	食用盐	0.1	
	矿泉水	0.01 mg/L	
	婴幼儿罐装辅助食品	0.02	
		总砷	无机砷
砷（以As计）	谷物（稻谷除外）	0.5	—
	谷物碾磨加工品（糙米、大米除外）	0.5	—
	稻谷、糙米、大米	—	0.2
	水产动物及其制品（鱼类及其制品除外）	—	0.5
	鱼类及其制品	—	0.1
	新鲜蔬菜	0.5	—
	食用菌及其制品	0.5	—
	肉及肉制品	0.5	—
	生乳、巴氏杀菌乳、灭菌乳、调制乳、发酵乳	0.1	—
	乳粉	0.5	—
	油脂及其制品	0.1	—
	调味品（水产调味品、藻类调味品和香辛料类除外）	0.5	—
	水产调味品（鱼类调味品除外）	—	0.5
	鱼类调味品		0.1
	食糖及淀粉糖	0.5	—
	饮料类		
	包装饮用水	0.01 mg/L	—
	可可制品、巧克力和巧克力制品以及糖果	0.5	—
	特殊膳食用食品		
	婴幼儿谷类辅助食品（添加藻类的产品除外）	—	0.2
	添加藻类的产品	—	0.3
	婴幼儿罐装辅助食品（以水产及动物肝脏为原料的产品除外）	—	0.1
	以水产及动物肝脏为原料的产品	—	0.3

续表 2-1

元　素	食品种类	指　标
铅 （以Pb计）	谷物及其制品［麦片、面筋、八宝粥罐头、带馅（料）面米制品除外］	0.2
	麦片、面筋、八宝粥罐头、带馅（料）面米制品	0.5
	蔬菜及其制品	
	新鲜蔬菜（芸薹类蔬菜、叶菜蔬菜、豆类蔬菜、薯类除外）	0.1
	芸薹类蔬菜、叶菜蔬菜	0.3
	豆类蔬菜、薯类	0.2
	蔬菜制品	1.0
	水果及其制品	
	新鲜水果（浆果和其他小粒水果除外）	0.1
	浆果和其他小粒水果	0.2
	水果制品	1.0
	食用菌及其制品	1.0
	豆类及其制品	
	豆类	0.2
	豆类制品（豆浆除外）	0.5
	豆浆	0.05
	藻类及其制品	1.0（干重计）
	坚果及其籽类（咖啡豆除外）	0.2
	咖啡豆	0.5
	肉及肉制品	
	肉类（畜禽内脏除外）	0.2
	畜禽内脏	0.5
	肉制品	0.5
	水产动物及其制品	
	鲜、冻水产动物（鱼类、甲壳类、双壳类除外）	1.0（去除内脏）
	鱼类、甲壳类	0.5
	双壳类	1.5
	水产制品（海蜇制品除外）	1.0
	海蜇制品	2.0
	乳及乳制品	
	生乳、巴氏杀菌乳、灭菌乳、发酵乳、调制乳	0.05
	乳粉、非脱盐乳清粉	0.5
	其他乳制品	0.3
	蛋及蛋制品（皮蛋、皮蛋肠除外）	0.2
	皮蛋、皮蛋肠	0.5
	油脂及其制品	0.1
	调味品（食用盐、香辛料类除外）	1.0

续表 2-1

元 素	食品种类	指 标
铅（以Pb计）	食用盐	2.0
	香辛料类	3.0
	食糖及淀粉糖	0.5
	淀粉及淀粉制品	
	食用淀粉	0.2
	淀粉制品	0.5
	焙烤食品	0.5
	饮料类	
	包装饮用水	0.01 mg/L
	果蔬汁类［浓缩果蔬汁（浆）除外］	0.05 mg/L
	浓缩果蔬汁（浆）	0.5 mg/L
	蛋白饮料类（含乳饮料除外）	0.3 mg/L
	含乳饮料	0.05 mg/L
	碳酸饮料类、茶饮料类	0.3 mg/L
	固体饮料类	1.0
	其他饮料类	0.3 mg/L
	酒类（蒸馏酒、黄酒除外）	0.2
	蒸馏酒、黄酒	0.5
	可可制品、巧克力和巧克力制品以及糖果	0.5
	冷冻饮品	0.3
	特殊膳食用食品	
	婴幼儿配方食品（液态产品除外）	0.15（以粉状产品计）
	液态产品	0.02（以即食状态计）
	婴幼儿辅助食品	
	婴幼儿谷类辅助食品（添加鱼类、肝类、蔬菜类的产品除外）	0.2
	添加鱼类、肝类、蔬菜类的产品	0.3
	婴幼儿罐装辅助食品（以水产及动物肝脏为原料的产品除外）	0.25
	以水产及动物肝脏为原料的产品	0.3
	其他类	
	果冻	0.5
	膨化食品	0.5
	茶叶	5.0
	干菊花	5.0
	苦丁茶	2.0
	蜂产品	
	蜂蜜	1.0
	花粉	0.5

续表 2-1

元　素	食品种类	指　标
镉（以Cd计）	谷物及其制品	
	谷物（谷物除外）	0.1
	谷物碾磨加工品	0.1
	谷物、糙米、大米	0.2
	蔬菜及其制品	
	新鲜蔬菜（叶菜蔬菜、豆类蔬菜、块根或块茎类蔬菜、茎类蔬菜除外）	0.05
	叶菜蔬菜	0.2
	豆类蔬菜、块根或块茎类蔬菜（芹菜除外）	0.1
	芹菜	0.2
	水果及其制品	
	新鲜水果	0.05
	食用菌及其制品	
	新鲜食用菌（香菇及姬松茸除外）	0.2
	香菇	0.5
	食用菌制品（姬松茸除外）	0.5
	豆类及其制品	
	豆类	0.2
	坚果及籽类	
	花生	0.5
	肉及肉制品	
	肉类（畜禽内脏除外）	0.1
	畜禽肝脏	0.5
	畜禽肾脏	1.0
	肉制品（肝脏制品、肾脏制品除外）	0.1
	肝脏制品	0.5
	肾脏制品	1.0
	水产动物及其制品	
	鲜、冻水产动物	0.1
	鱼类	0.5
	甲壳类	2.0（去除内脏）
	双壳类、腹足类、头足类、棘皮类	0.2
	水产制品	
	鱼类罐头（凤尾鱼、旗鱼罐头除外）	0.3
	凤尾鱼、旗鱼罐头	0.1
	其他鱼类制品（凤尾鱼、旗鱼制品除外）	0.3
	凤尾鱼、旗鱼制品	0.05

续表 2-1

元 素	食品种类	指 标
镉（以Cd计）	调味品	
	食用盐	0.5
	鱼类调味品	0.1
	饮料类	
	包装饮用水（矿泉水除外）	0.005 mg/L
	矿泉水	0.003 mg/L
铬限量（以Cr计）	谷物及其制品	
	谷物	1.0
	谷物碾磨加工品	1.0
	蔬菜及其制品	
	新鲜蔬菜	0.5
	豆类及其制品	
	豆类	1.0
	肉及肉制品	1.0
	水产动物及其制品	2.0
	乳及乳制品	
	生乳、巴氏杀菌乳、灭菌乳、调制乳、发酵乳	0.3
	乳粉	2.0

注：a 水产动物及其制品可先测定总汞，当总汞水平不超过甲基汞限量值时，不必测定甲基汞；否则，需再测定甲基汞。

b 谷物以糙米计。

表 2-2　生活饮用水卫生标准中有害元素限量标准　mg/L

项 目	标 准	项 目	标 准
汞	≤ 0.001	镉	≤ 0.005
砷	≤ 0.01	铅	≤ 0.01

2.2　有机农产品重金属分析样品的处理

重金属被植物吸收后，会富集于植物的茎、叶片、花、根系等部位。根据检测项目的不同，在处理有机农产品分析样品时要选取不同的制样方法。

2.2.1 有机农产品分析样品的预处理

2.2.1.1 鲜样的预处理

蔬菜、水果类分析样品处理时,采集后马上冲洗,除去黏附的土壤和因施肥、喷农药引起的污染,再用1%的中性无磷洗洁精洗去污染物,用自来水多次清洗后,再用蒸馏水冲洗干净,自然阴干,使用料理机破碎后转移至保鲜盒内冰冻保存,待消化处理。油菜籽等不用破碎,可直接消解。

2.2.1.2 干样的预处理

对于籽粒类样品如花生、核桃,60℃烘箱烘干后破碎。若为需脱壳的谷物,则可用专用设备先脱壳,再根据测试要求选择性去膜,用料理机制成粉样,用纸袋外套塑料袋封装保存。

2.2.2 有机农产品分析样品的前处理方法

农产品测试样品的前处理方法主要有湿法消解法、压力消解法、干法灰化法、微波消解法、超声波提取法等。根据测定元素不同,湿法消解所采用的酸处理系统也存在差异,主要有硝酸－高氯酸法、硫酸－硝酸－高氯酸法;干法灰化法包括直接灰化法、过硫酸铵灰化法。

2.2.2.1 湿法消解法

湿法消解法也称消化法,在强酸、强氧化剂或强碱并加热的条件下,有机物被分解,其中的C、H、O等元素以CO_2、H_2O等形式挥发逸出,无机盐及金属离子则留在溶液中,湿法消解法常用的反应体系有硝酸－硫酸、硝酸、高氯酸、氢氟酸、过氧化氢等;碱常用苛性钠溶液。消解可在坩埚(聚四氟乙烯制、镍制)中进行,也可用高压消解罐。由于整个消解过程都在溶液状态下加热进行,故称为湿法消解法。湿法消解法的加热温度较干法低,减少了金属元素挥发逸散的损失。但在消解过程中,产生大量有毒气体,需在通风橱中操作。此外,在消解过程初期溶液易产生大量泡沫,冲出瓶颈,造成损失,故需随时照管,操作中还应控制火力防止爆炸。

为了克服以上缺点,近年来,高压消解罐消化法得到了广泛应用。该装置为内藏式密闭装置,内有一加盖的盛样坩埚,系用全氟烷氧基聚合物制作而成,其外有一聚四氟乙烯套筒，使用时封入一钢制小罐中。使用时将全套装置连同样品一起放入烘箱，在 120 ～ 150℃温度下加热 4 h，取出盛样坩埚，将样品转移到一个聚四氟乙烯烧杯中，并置于电热板上加热至近干，再用适当浓度、适量的 HCl 溶解，即可得到试样。

2.2.2.2　干法灰化法

干法灰化法是把样品放在坩埚中先小心碳化，然后再在马弗炉中高温灼烧（500 ～ 600℃）。有机物被灼烧分解，剩余的灰分（矿物质）用酸进行溶解后，再提取待测元素。由于用高温灼烧，若试样中含有易形成低沸点化合物的元素 Hg、As、Zn、Sn、Pb、Cd、Sb 等，容易引起挥发损失，必要时可加入 HNO_3、H_2SO_4、$Mg(NO)_2$ 等助灰化剂以减少此类损失。

2.2.2.3　紫外光分解法

紫外光分解法是一种消解样品中有机物从而测定其中的无机离子的氧化分解法，紫外光由高压汞灯提供，在（85±5）℃的温度下进行光解。为了加速有机物的降解，在光解过程中通常加入过氧化氢。光解时间可根据样品的类型和有机物的量而改变。由于该法只用极少的试剂，污染少、试剂空白值低引起了研究人员的广泛关注。但样品中存在 Mn^{2+}、I^-、NO^{2-} 和 SO_3^{2-} 等易被氧化的成分时，不宜用该法。

2.3　重金属主要分析技术

有机农产品重金属分析样品具有含量低、测试量大、时效性短、分布广泛等特点。国内早期发展起来针对农产品重金属的检测方法主要有原子吸收光谱法、原子荧光光谱法、冷原子荧光光谱法等。

2.3.1　原子吸收光谱法

原子吸收光谱法是基于气态和基态原子核外层电子对共振发射线的吸收进行元素定量的分析方法，吸收光谱位于紫外区和可见光区。它被广泛应用于农业、化工、地矿、材料、环境等领域，适用样品中微量及痕量组分分析。它具有检出限低、高灵敏度、高精密度、选择性好、方法简便、准确度高，分析速度快等特点。由于该方法每次只能测定一个元素，且采用开放式的前处理系统，易带来污染，对于具有工作量大、时效性短且普查元素多的农产品测定不能满足普查工作的要求，在前期使用较多，目前已逐渐被取代。

2.3.2 原子荧光光谱法

原子荧光光谱法（AFS）的基本原理是待测元素的原子气化后在一定波长的辐射能激发下发射的共振荧光强度，在一定条件下与样品中某元素浓度成正比进行定量分析的方法。原子荧光光谱法现已实现金属元素中砷、汞的同时测定，在农业、地矿、环境等方面有广泛的应用。

2.3.3 其他方法

作为色谱法的一个重要分支，以固相萃取富集作为前处理技术的高效液相色谱法已被使用于测定食品、中草药、烟草及其添加剂中的重金属元素。由于需采用微波消解—柱前衍生—固相萃取小柱富集—高效液相色谱检测流程，过程更复杂，而采用有机液体作为流动相的高效液相色谱试剂用量大，排放废液多，产生固相小柱固体废弃物，成本高，目前并未在农产品重金属检测领域得到广泛使用。

传统的检测方法——原子吸收光谱法、原子荧光光谱法虽然发展相对成熟，但仪器成本高，不宜便携使用。随着微电子等新兴技术的发展，基于传感器的便携检测技术正在兴起，但是否具有普适性还需要进一步研究。

2.4 重金属主要检测方法

2.4.1 有机产品中铅的测定

食品中铅的残留主要来自工业“三废”对环境的污染；食品包装材料和食具容器陶瓷（彩釉）、不锈钢制品、纸制品等中的铅渗入食品；食品生产加工过程中使用含铅较高的管道、器械和容器等对食品的污染；含铅化肥和农药的使用；以及含铅食品添加剂的使用。人体摄入铅后，很难代谢排除，而在体内积累，引起慢性中毒。据研究表明，儿童注意力不集中、多动症等均与血铅含量较高有关。我国对食品中铅的残留量有严格的规定，应参考相应的国家标准。

食品中铅的残留量测定方法有很多，主要有石墨炉原子吸收光谱法、火焰原子吸收光谱法、二硫腙分光光度法、吡啶偶氮间苯二酚（PAR）分光光度法、氢化物原子荧光光谱法、示波极谱法和原子发射光谱法（ICP）等。目前应用较为普遍的方法有石墨炉原子吸收光谱法、火焰原子吸收光谱法、氢化物原子荧光光谱法和二硫腙分光光度法。

2.4.1.1 石墨炉原子吸收光谱法

1. 原理

试样消解处理后，经石墨炉原子化，在 283.3 nm 处测定吸光度。在一定浓度范围内铅的吸光度值与铅含量成正比，与标准系列比较定量。

2. 试剂和材料

除非另有说明，本方法所用试剂均为优级纯，水为 GB/T 6682 规定的二级水。

（1）试剂

①硝酸（HNO_3）。

②高氯酸（$HClO_4$）。

③磷酸二氢铵（$NH_4H_2PO_4$）。

④硝酸钯［$Pd(NO_3)_2$］。

（2）试剂配制

①硝酸溶液（5+95）：量取 50 mL 硝酸，缓慢加入到 950 mL 水中，混匀。

②硝酸溶液（1+9）：量取 50 mL 硝酸，缓慢加入到 450 mL 水中，混匀。

③磷酸二氢铵－硝酸钯溶液：称取 0.02 g 硝酸钯，加少量硝酸溶液（1+9）溶解后，再加入 2 g 磷酸二氢铵，溶解后用硝酸溶液（5+95）定容至 100 mL，混匀。

（3）标准品

硝酸铅［$Pb(NO_3)_2$，CAS 编号：10099-74-8］：纯度 >99.99%。或经国家认证并授予标准物质证书的一定浓度的铅标准溶液。

（4）标准溶液配制

①铅标准储备液（1000 mg/L）：准确称取 1.5985 g（精确至 0.0001 g）硝酸铅，用少量硝酸溶液（1+9）溶解，移入 1000 mL 容量瓶，加水至刻度，混匀。

②铅标准中间液（1.00 mg/L）：准确吸取铅标准储备液（1000 mg/L）1.00 mL 于 1000 mL 容量瓶中，加硝酸溶液（5+95）至刻度，混匀。

③铅标准系列溶液：分别吸取铅标准中间液（1.00mg/L）0 mL、0.500 mL、1.00 mL、2.00 mL、3.00 mL 和 4.00 mL 于 100 mL 容量瓶中，加硝酸溶液（5+95）至刻度，混匀。此铅标准系列溶液的质量浓度分别为 0 μg/L、5.00 μg/L、10.0 μg/L、20.0 μg/L、30.0 μg/L 和 40.0 μg/L。

④注：可根据仪器的灵敏度及样品中铅的实际含量确定标准系列溶液中铅的质量浓度。

3. 仪器和设备

注：所有玻璃器皿及聚四氟乙烯消解内罐均需硝酸溶液（1+5）浸泡过夜，用自来水反复冲洗，最后用水冲洗干净。

①原子吸收光谱仪：配石墨炉原子化器，附铅空心阴极灯。

②分析天平：感量 0.1 mg 和 1 mg。

③可调式电热炉。

④可调式电热板。

⑤微波消解系统：配聚四氟乙烯消解内罐。

⑥恒温干燥箱。

⑦压力消解罐：配聚四氟乙烯消解内罐。

4. 分析步骤

（1）试样制备

注：在采样和试样制备过程中，应避免试样污染。

①粮食、豆类样品

样品去除杂物后，粉碎，储于塑料瓶中。

②蔬菜、水果、鱼类、肉类等样品

样品用水洗净，晾干，取可食部分，制成匀浆，储于塑料瓶中。

③饮料、酒、醋、酱油、食用植物油、液态乳等液体样品

将样品摇匀。

（2）试样前处理

①湿法消解

称取固体试样 0.2～3 g（精确至 0.001 g）或准确移取液体试样 0.500～5.00 mL 于带刻度消化管中，加入 10 mL 硝酸和 0.5 mL 高氯酸，在可调式电热炉上消解（参考条件：120℃，0.5～1 h；升至 180℃，2～4 h、升至 200～220℃）。若消化液呈棕褐色，再加少量硝酸，消解至冒白烟，消化液呈无色透明或略带黄色，取出消化管，冷却后用水定容至 10 mL，混匀备用。同时做试剂空白试验。亦可采用锥形瓶，于可调式电热板上，按上述操作方法进行湿法消解。

②微波消解

称取固体试样 0.2～0.8 g（精确至 0.001 g）或准确移取液体试样 0.500～3.00 mL

于微波消解罐中，加入 5 mL 硝酸，按照微波消解的操作步骤消解试样，消解条件参考 126 页附录 A。冷却后取出消解罐，在电热板上于 140 ～ 160℃赶酸至 1 mL 左右。消解罐放冷后，将消化液转移至 10 mL 容量瓶中，用少量水洗涤消解罐 2 ～ 3 次，合并洗涤液于容量瓶中并用水定容至刻度，混匀备用。同时做试剂空白试验。

③压力罐消解

称取固体试样 0.2 ～ 1 g 或准确移取液体试样 0.500 ～ 5.00 mL 于消解内罐中，加入 5 mL 硝酸。盖好内盖，旋紧不锈钢外套，放入恒温干燥箱，于 140 ～ 160℃下保持 4 ～ 5h。

冷却后缓慢旋松外罐，取出消解罐，放在可调式电热板上于 140 ～ 160℃赶酸至 1 mL左右。冷却后将消化液转移至10 mL 容量瓶中，用少量水洗涤消解罐和内盖2～3 次，合并洗涤液于容量瓶中并用水定容至刻度，混匀备用。同时做试剂空白试验。

（3）测定

①仪器参考条件

根据各自仪器性能调至最佳状态。

②标准曲线的制作

按质量浓度由低到高的顺序分别将 10 μL 铅标准系列溶液和 5 μL 磷酸二氢铵 - 硝酸钯溶液（可根据所使用的仪器确定最佳进样量）同时注入石墨炉，原子化后测其吸光度值，以质量浓度为横坐标，吸光度值为纵坐标，制作标准曲线。

③试样溶液的测定

在与测定标准溶液相同的实验条件下，将 10 μL 空白溶液或试样溶液与 5 μL 磷酸二氢铵 - 硝酸钯溶液（可根据所使用的仪器确定最佳进样量）同时注入石墨炉，原子化后测其吸光度值，与标准系列比较定量。

5. 分析结果的表述

试样中铅的含量按下式计算：

$$X = \frac{(\rho - \rho_0) \times V}{m \times 1000}$$

式中：

X——试样中铅的含量，单位为毫克每千克或毫克每升（mg/kg 或 mg/L）；

ρ——试样溶液中铅的质量浓度，单位为微克每升（μg/L）；

ρ_0——空白溶液中铅的质量浓度，单位为微克每升（μg/L）；

V——试样消化液的定容体积，单位为毫升（mL）；

m ——试样称样量或移取体积,单位为克或毫升(g或mL);

1000 ——换算系数。

当铅含量≥1.00 mg/kg(或mg/L)时,计算结果保留三位有效数字;当铅含量<1.00 mg/kg(或mg/L)时,计算结果保留两位有效数字。

说明:

①本法为GB 5009.12—2017中的第一法,适用于各类食品中铅含量的测定;

②本法在重复性条件下获得的两次独立测定结果的绝对差值不得超过算术平均值的20%;

③本法当称样量为0.5 g(或0.5 mL),定容体积为10mL时,方法的检出限为0.02 mg/kg(或0.02 mg/L),定量限为0.04 mg/kg(或0.04 mg/L)。

2.4.1.2 火焰原子吸收光谱法

1. 原理

试样经处理后,铅离子在一定pH条件下与二乙基二硫代氨基甲酸钠(DDTC)形成络合物,经4-甲基-2-戊酮(MIBK)萃取分离,导入原子吸收光谱仪中,经火焰原子化,在283.3 nm处测定的吸光度。在一定浓度范围内铅的吸光度值与铅含量成正比,与标准系列比较定量。

2. 试剂和材料

注:除非另有说明,本方法所用试剂均为分析纯,水为GB/T 6682规定的二级水。

(1)试剂

①硝酸(HNO_3):优级纯。

②高氯酸($HClO_4$):优级纯。

③硫酸铵[$(NH_4)_2SO_4$]。

④柠檬酸铵[$C_6H_5O_7(NH_4)_3$]。

⑤溴百里酚蓝($C_{27}H_{28}O_5SBr_2$)。

⑥二乙基二硫代氨基甲酸钠[DDTC,$(C_2H_5)_2NCSSNa \cdot 3H_2O$]。

⑦氨水($NH_3 \cdot H_2O$):优级纯。

⑧4-甲基-2-戊酮(MIBK,$C_6H_{12}O$)。

⑨盐酸(HCl):优级纯。

(2)试剂配制

①硝酸溶液(5+95):量取50 mL硝酸,加入到950 mL水中,混匀。

②硝酸溶液（1+9）：量取 50 mL 硝酸，加入到 450 mL 水中，混匀。

③硫酸铵溶液（300 g/L）：称取 30 g 硫酸铵，用水溶解并稀释至 100 mL，混匀。

④柠檬酸铵溶液（250 g/L）：称取 25 g 柠檬酸铵，用水溶解并稀释至 100 mL，混匀。

⑤溴百里酚蓝水溶液（1 g/L）：称取 0.1 g 溴百里酚蓝，用水溶解并稀释至 100 mL，混匀。

⑥ DDTC 溶液（50 g/L）：称取 5 gDDTC，用水溶解并稀释至 100 mL，混匀。

⑦氨水溶液（1+1）：吸取 100 mL 氨水，加入 100 mL 水，混匀。

⑧盐酸溶液（1+11）：吸取 10 mL 盐酸，加入 110 mL 水，混匀。

（3）标准品

硝酸铅［$Pb(NO_3)_2$，CAS 编号：10099-74-8］：纯度 >99.99。或经国家认证并授予标准物质证书的一定浓度的铅标准溶液。

（4）标准溶液配制

①铅标准储备液（1000 mg/L）：准确称取 1.5985 g（精确至 0.0001 g）硝酸铅，用少量硝酸溶液（1+9）溶解，移入 1000 mL 容量瓶，加水至刻度，混匀。

②铅标准使用液（10.0 mg/L）：准确吸取铅标准储备液（1000 mg/L）1.00 mL 于 100 mL 容量瓶中，加硝酸溶液（5+95）至刻度，混匀。

3. 仪器和设备

注：所有玻璃器皿均需硝酸（1+5）浸泡过夜，用自来水反复冲洗，最后用水冲洗干净。

①原子吸收光谱仪：配火焰原子化器，附铅空心阴极灯。

②分析天平：感量 0.1 mg 和 1 mg。

③可调式电热炉。

④可调式电热板。

4. 分析步骤

（1）试样制备

同石墨炉原子吸收光谱法的试样制备。

（2）试样前处理

同石墨炉原子吸收光谱法的测定试样前处理

（3）测定

①仪器参考条件

根据各自仪器性能调至最佳状态。

②标准曲线的制作

分别吸取铅标准使用液 0 mL、0.250 mL、0.500 mL、1.00 mL、1.50 mL 和 2.00 mL（相当 0 μg、2.50 μg、5.00 μg、10.0 μg、15.0 μg 和 20.0 μg 铅）于 125 mL 分液漏斗中，补加水至 60 mL。加 2 mL 柠檬酸铵溶液（250 g/L），溴百里酚蓝水溶液（1 g/L）3～5 滴，用氨水溶液（1+1）调 pH 至溶液由黄变蓝，加硫酸铵溶液（300 g/L）10 mL，DDTC 溶液（1 g/L）10 mL，摇匀。放置 5 min 左右，加入 10 mL MIBK，剧烈振摇提取 1 min，静置分层后，弃去水层，将 MIBK 层放入 10 mL 带塞刻度管中，得到标准系列溶液。

将标准系列溶液按质量由低到高的顺序分别导入火焰原子化器，原子化后测其吸光度值，以铅的质量为横坐标，吸光度值为纵坐标，制作标准曲线。

③试样溶液的测定

将试样消化液及试剂空白溶液分别置于 125 mL 分液漏斗中，补加水至 60 mL。加 2 mL 柠檬酸铵溶液（250 g/L），溴百里酚蓝水溶液（1 g/L）3～5 滴，用氨水溶液（1+1）调 pH 至溶液由黄变蓝，加硫酸铵溶液（300 g/L）10 mL，DDTC 溶液（1 g/L）10 mL，摇匀。放置 5 min 左右，加入 10 mL MIBK，剧烈振摇提取 1 min，静置分层后，弃去水层，将 MIBK 层放入 10 mL 带塞刻度管中，得到试样溶液和空白溶液。

将试样溶液和空白溶液分别导入火焰原子化器，原子化后测其吸光度值，与标准系列比较定量。

5. 分析结果的表述

试样中铅的含量按下式计算：

$$X = \frac{m_1 - m_0}{m_2}$$

式中：

X——试样中铅的含量，单位为毫克每千克或毫克每升（mg/kg 或 mg/L）；

m_1——试样溶液中铅的质量，单位为微克（μg）；

m_0——空白溶液中铅的质量，单位为微克（μg）；

m_2——试样称样量或移取体积，单位为克或毫升（g 或 mL）。

当铅含量≥ 10.0 mg/kg（或 mg/L）时，计算结果保留三位有效数字；当铅含量 <10.0 mg/kg（或 mg/L）时，计算结果保留两位有效数字。

说明：

①本法为 GB 5009.12—2017 中的第三法，适用于各类食品中铅含量的测定；

②本法在重复性条件下获得的两次独立测定结果的绝对差值不得超过算术平均值的 20%；

③本法当以称样量 0.5g（或 0.5 mL）计算，方法的检出限为 0.4 mg/kg（或 0.4 mg/L），定量限为 1.2 mg/kg（或 1.2 mg/L）。

2.4.1.3 二硫腙分光光度法

1. 原理

试样经消化后，在 pH 8.5～9.0 时，铅离子与二硫腙生成红色络合物，溶于三氯甲烷。加入柠檬酸铵、氰化钾和盐酸羟胺等，防止铁、铜、锌等离子干扰。于波长 510 nm 处测定吸光度，与标准系列比较定量。

2. 试剂和材料

除非另有说明，本方法所用试剂均为分析纯，水为 GB/T 6682 规定的三级水。

（1）试剂

①硝酸（HNO_3）：优级纯。

②高氯酸（$HClO_4$）：优级纯。

③氨水（$NH_3 \cdot H_2O$）：优级纯。

④盐酸（HCl）：优级纯。

⑤酚红（$C_{19}H_{14}O_5S$）。

⑥盐酸羟胺（$NH_2OH \cdot HCl$）。

⑦柠檬酸铵［$C_6H_5O_7(NH_4)_3$］。

⑧氰化钾（KCN）。

⑨三氯甲烷（CH_3Cl，不应含氧化物）。

⑩二硫腙（$C_6H_5NHNHCSN=NC_6H_5$）。

⑪乙醇（C_2H_5OH）：优级纯。

（2）试剂配制

①硝酸溶液（5+95）：量取 50 mL 硝酸，缓慢加入到 950 mL 水中，混匀。

②硝酸溶液（1+9）：量取 50 mL 硝酸，缓慢加入到 450 mL 水中，混匀。

③氨水溶液（1+1）：量取 100 mL 氨水，加入 100 mL 水，混匀。

④氨水溶液（1+99）：量取 10 mL 氨水，加入 990 mL 水，混匀。

⑤盐酸溶液（1+1）：量取 100 mL 盐酸，加入 100 mL 水，混匀。

⑥酚红指示液（1 g/L）：称取 0.1 g 酚红，用少量多次乙醇溶解后移入 100 mL 容量瓶中并定容至刻度，混匀。

⑦二硫腙－三氯甲烷溶液（0.5 g/L）：称取 0.5 g 二硫腙，用三氯甲烷溶解，并定容至 1000 mL，混匀，保存于 0～5℃下，必要时用下述方法纯化。

称取 0.5g 研细的二硫腙，溶于 50 mL 三氯甲烷中，如不全溶，可用滤纸过滤于 250 mL 分液漏斗中，用氨水溶液（1+99）提取三次，每次 100 mL，将提取液用棉花过滤至 500 mL 分液漏斗中，用盐酸溶液（1+1）调至酸性，将沉淀出的二硫腙用三氯甲烷提取 2～3 次，每次 20 mL，合并三氯甲烷层，用等量水洗涤两次，弃去洗涤液，在 50℃水浴上蒸去三氯甲烷。精制的二硫腙置硫酸干燥器中，干燥备用。或将沉淀出的二硫腙用 200 mL、200 mL、100 mL 三氯甲烷提取三次，合并三氯甲烷层为二硫腙－三氯甲烷溶液。

⑧盐酸羟胺溶液（200 g/L）：称 20 g 盐酸羟胺，加水溶解至 50 mL，加 2 滴酚红指示液（1 g/L），加氨水溶液（1+1），调 pH 至 8.5~9.0（由黄变红，再多加 2 滴），用二硫腙－三氯甲烷溶液（0.5 g/L）提取至三氯甲烷层绿色不变为止，再用三氯甲烷洗二次，弃去三氯甲烷层，水层加盐酸溶液（1+1）至呈酸性，加水至 100 mL，混匀。

⑨柠檬酸铵溶液（200 g/L）：称取 50 g 柠檬酸铵，溶于 100 mL 水中，加 2 滴酚红指示液（1 g/L），加氨水溶液（1+1），调 pH 至 8.5~9.0，用二硫腙－三氯甲烷溶液（0.5 g/L）提取数次，每次 10～20 mL，至三氯甲烷层绿色不变为止，弃去三氯甲烷层，再用三氯甲烷洗两次，每次 5 mL，弃去三氯甲烷层，加水稀释至 250 mL，混匀。

⑩氰化钾溶液（100 g/L）：称取 10 g 氰化钾，用水溶解后稀释至 100 mL，混匀。

⑪二硫腙使用液：吸取 1.0 mL 二硫腙－三氯甲烷溶液（0.5 g/L），加三氯甲烷至 10 mL，混匀。用 1 cm 比色杯，以三氯甲烷调节零点，于波长 510 nm 处测吸光度（A），用下式算出配制 100 mL 二硫腙－三氯甲烷溶液，用三氯甲烷稀释至 100 mL。

$$V=\frac{10\times(2-\lg 70)}{A}=\frac{1.55}{A}$$

（3）标准品

硝酸铅［$Pb(NO_3)_2$，CAS 号：10099-74-8］：纯度 >99.99%，经国家认证并授予标准物质证书的一定浓度的铅标准溶液。

（4）标准溶液配制

同火焰原子吸收光谱法。

3. 仪器和设备

注：所有玻璃器皿均需硝酸（1+5）浸泡过夜，用自来水反复冲洗，最后用水冲洗干净。

①分光光度计。

②分析天平：感量 0.1 mg 和 1 mg。

③可调式电热炉。

④可调式电热板。

4. 分析步骤

（1）试样制备

同石墨炉原子吸收光谱法的试样制备。

（2）试样前处理

同石墨炉原子吸收光谱法的试样前处理。

（3）测定

①仪器参考条件

根据各自仪器性能调至最佳状态。测定波长：510 nm。

②标准曲线的制作

吸取 0 mL、0.100 mL、0.200 mL、0.300 mL、0.400 mL 和 0.500 mL 铅标准使用液（相当 0 μg、1.00 μg、2.00 μg、3.00 μg、4.00 μg 和 5.00 μg 铅）分别置于 125 mL 分液漏斗中，各加硝酸溶液（5+95）至 20 mL。再各加 2 mL 柠檬酸铵溶液（200 g/L），1 mL 盐酸羟胺溶液（200 g/L）和 2 滴酚红指示液（1 g/L），用氨水溶液（1+1）调至红色，再各加 2 mL 氰化钾溶液（100 g/L），混匀。各加 5 mL 二硫腙使用液，剧烈振摇 1 min，静置分层后，三氯甲烷层经脱脂棉滤入 1 cm 比色杯中，以三氯甲烷调节零点于波长 510 nm 处测吸光度，以铅的质量为横坐标，吸光度值为纵坐标，制作标准曲线。

③试样溶液的测定

将试样溶液及空白溶液分别置于 125 mL 分液漏斗中，各加硝酸溶液至 20 mL。于消解液及试剂空白液中各加 2 mL 柠檬酸铵溶液（200 g/L），1 mL 盐酸羟胺溶液（200 g/L）和 2 滴酚红指示液（1 g/L），用氨水溶液（1+1）调至红色，再各加 2 mL 氰化钾溶液（100 g/L），混匀。各加 5 mL 二硫腙使用液，剧烈振摇 1 min，静置分层后，三氯甲烷层经脱脂棉滤入 1 cm 比色杯中，于波长 510 nm 处测吸光度，与标准系列比较定量。

5. 分析结果的表述

试样中铅的含量按下式计算：

$$X = \frac{m_1 - m_0}{m_2}$$

式中：

X——试样中铅的含量，单位为毫克每千克或毫克每升（mg/kg 或 mg/L）；

m_1——试样溶液中铅的质量，单位为微克（μg）；

m_0——空白溶液中铅的质量，单位为微克（μg）；

m_2——试样称样量或移取体积，单位为克或毫升（g 或 mL）。

当铅含量≥ 10.0 mg/kg（或 mg/L）时，计算结果保留三位有效数字；当铅含量 <10.0 mg/kg（或 mg/L）时，计算结果保留两位有效数字。

说明：

①本法为 GB 5009.12—2017 中的第四法，适用于各类食品中铅含量的测定；

②本法在重复性条件下获得的两次独立测定结果的绝对差值不得超过算术平均值的 10%；

③本法当以称样量 0.5 g（或 0.5 mL）计算，方法的检出限为 1 mg/kg（或 1 mg/L），定量限为 3 mg/kg（或 3 mg/L）。

2.4.2 食品中总铬的测定

食品中铬的石墨炉原子吸收光谱测定方法介绍如下。

1. 原理

试样经消解处理后，采用石墨炉原子吸收光谱法，在 357.9 nm 处测定吸收值，在一定浓度范围内其吸收值与标准系列溶液比较定量。

2. 试剂和材料

注：除非另有规定，本方法所用试剂均为优级纯，水为 GB/T 6682 规定的二级水。

（1）试剂

①硝酸（HNO_3）。

②高氯酸（$HClO_4$）。

③磷酸二氢铵（$NH_4H_2PO_4$）。

（2）试剂配制

①硝酸溶液（5+95）：量取 50 mL 硝酸慢慢倒入 950 mL 水中，混匀。

②硝酸溶液（1+1）：量取 250 mL 硝酸慢慢倒入 250 mL 水中，混匀。

③磷酸二氢铵溶液（20 g/L）：称取 2.0 g 磷酸二氢铵，溶于水中，并定容至 10 mL，混匀。

（3）标准品

重铬酸钾（$K_2Cr_2O_7$）：纯度＞ 9.5% 或经国家认证并授予标准物质证书的标准物质。

（4）标准溶液配制

①铬标准储备液：准确称取基准物质重铬酸钾（10℃，烘 2 h）1.4315 g（精确至 0.001 g），溶于水中，移入 50 mL 容量瓶中，用硝酸溶液（5+95）稀释至刻度，混匀。此溶液每毫升含 1.00 mg 铬。或购置经国家认证并授予标准物质证书的铬标准储备液。

②铬标准使用液：将铬标准储备液用硝酸溶液（5+95）逐级稀释至每毫升含 10 ng 铬。

③标准系列溶液的配制：分别吸取铬标准使用液（10 ng/mL）0 mL、0.50 mL、1.0 mL、2.0 mL、3.0 mL、4.0 mL 于 25 mL 容量瓶中，用硝酸溶液（5+95）稀释至刻度，混匀。各容量瓶中每毫升分别含铬 0 ng、2.0 ng、4.0 ng、8.0 ng、12.0 ng、16.0 ng。或采用石墨炉自动进样器自动配制。

3. 仪器设备

注：所用玻璃仪器均需以硝酸溶液（1+4）浸泡 24 h 以上，用水反复冲洗，最后用去离子水冲洗干净。

①原子吸收光谱仪，配石墨炉原子化器，附铬空心阴极灯。

②微波消解系统，配有消解内罐。

③可调式电热炉。

④可调式电热板。

⑤压力消解器：配有消解内罐。

⑥马弗炉。

⑦恒温干燥箱。

⑧电子天平：感量为 0.1 mg 和 1 mg。

4. 分析步骤

（1）试样的预处理

①粮食、豆类等去除杂物后，粉碎，装入洁净的容器内，作为试样。密封，并标明标记，试样应于室温下保存。

②蔬菜、水果、鱼类、肉类及蛋类等水分含量高的鲜样，直接打成匀浆，装入洁净的容器内，作为试样。密封，并标明标记。试样应于冰箱冷藏室保存。

（2）样品消解

①微波消解

准确称取试样 0.2 ～ 0.6 g（精确至 0.01 g）于微波消解罐中，加入 5 mL 硝酸，按照微波消解的操作步骤消解试样（消解条件参见 126 页附录 A 中表 A-1）。冷却后取出消解罐，在电热板上于 140 ～ 160℃赶酸至 0.5 ～ 1.0 mL。消解罐放冷后，将消化液转移至 10 mL 容量瓶中，用少量水洗涤消解罐 2 ～ 3 次，合并洗涤液，用水定容至刻度。同时做试剂空白试验。

②湿法消解

准确称取试样 0.5 ～ 3 g（精确至 0.01 g）于消化管中，加入 10 mL 硝酸、0.5 mL 高氯酸，在可调式电热炉上消解（参考条件：120℃保持 0.5 ～ 1 h、升温至 180℃保持 2 ～ 4 h、升温至 200 ～ 220℃）。若消化液呈棕褐色，再加硝酸，消解至冒白烟，消化液呈无色透明或略带黄色，取出消化管，冷却后用水定容至 10 mL。同时做试剂空白试验。

③高压消解

准确称取试样 0.3 ～ 1 g（精确至 0.01 g）于消解内罐中，加入 5 mL 硝酸。盖好内盖，旋紧不锈钢外套，放入恒温干燥箱，于 140 ～ 160℃下保持 4 ～ 5 h。在箱内自然冷却至室温，缓慢旋松外罐，取出消解内罐，放在可调式电热板上于 140 ～ 160℃赶酸至 0.5 ～ 1.0 mL。冷却后将消化液转移至 10 mL 容量瓶中，用少量水洗涤内罐和内盖 2 ～ 3 次，合并洗涤液于容量瓶中并用水定容至刻度。同时做试剂空白试验。

④干法灰化

准确称取试样 0.5 ～ 3 g（精确至 0.01 g）于坩埚中，小火加热，炭化至无烟，转移至马弗炉中，于 50℃恒温 3 ～ 4 h。取出冷却，对于灰化不彻底的试样，加数滴硝酸，小火加热，小心蒸干，再转入 50℃高温炉中，继续灰化 1 ～ 2 h，至试样呈白灰状，从高温炉取出冷却，用硝酸溶液（1+1）溶解并用水定容至 10 mL。同时做试剂空白试验。

（3）测定

①仪器测试条件

根据各自仪器性能调至最佳状态。参考条件见 126 页附录 A 中表 A-2。

②标准曲线的制作

将标准系列溶液工作液按浓度由低到高的顺序分别取 10 μL（可根据使用仪器选择最佳进样量），注入石墨管，原子化后测其吸光度值，以浓度为横坐标，吸光度值为纵坐标，绘制标准曲线。

③试样测定

在与测定标准溶液相同的实验条件下，将空白溶液和样品溶液分别取 10 μL（可根据使用仪器选择最佳进样量），注入石墨管，原子化后测其吸光度值，与标准系列溶液比较定量。

对有干扰的试样应注入 5 μL（可根据使用仪器选择最佳进样量）的磷酸二氢铵溶液（20.0 g/L）（标准系列溶液的制作过程应按②操作）。

5. 分析结果的表述

试样中铬含量的计算见下式：

$$X=\frac{(c-c_0)\times V}{m\times 1\ 000}$$

式中：

X——试样中铬的含量，单位为毫克每千克（mg/kg）；

c——测定样液中铬的含量，单位为纳克每毫升（ng/mL）；

c_0——空白液中铬的含量，单位为纳克每毫升（ng/mL）；

V——样品消化液的定容总体积，单位为毫升（mL）；

m——样品称样量，单位为克（g）；

1000——换算系数。

当分析结果≥ 1 mg/kg 时，保留三位有效数字；当分析结果＜ 1 mg/kg 时，保留两位有效数字。

说明：

①本法为 GB5009.123—2014 中的方法，适用于各类食品中铬含量的测定；

②本法在重复性条件下获得的两次独立测定结果的绝对差值不得超过算术平均值的 20%；

③ 本法当以称样量 0.5 g，定容至 10mL 计算，方法检出限为 0.01 mg/kg，定量限

为 0.03 mg/kg。

附录A 样品测定参考条件

A.1 微波消解参考条件见表 A-1。

表 A-1 微波消解参考条件

步骤	功率（120W）变化 /%	设定温度 /℃	升温时间 /min	恒温时间 /min
1	0～80	120	5	5
2	0～80	160	5	10
3	0～80	180	5	10

A.2 石墨炉原子吸收法参考条件见表 A-2。

表 A-2 石墨炉原子吸收法参考条件

元素	波长 / nm	狭缝 / nm	灯电流 / mA	干燥条件 / （℃ /s）	灰化条件 / （℃ /s）	原子化条件 / （℃ /s）
铬	357.9	0.2	5～7	（85～120）/（40～50）	90/（20～30）	270/（4～5）

2.4.3 食品中镉的测定

食品中镉的残留主要来自工业“三废”对环境的污染，导致对食品的污染，以及食品包装材料和食具容器陶瓷、搪瓷、铝制品等中的镉渗入食品。镉在人体中很难排泄，在人体中逐渐积蓄，可引起肝、肾等脏器慢性中毒，还可影响人体内钙的平衡失调，引起骨质疏松。我国对食品中镉的残留量有比较严格的规定，各类食品中镉的限量标准参考相应的国家标准。

食品中镉的残留量测定方法较多，与铅的测定方法较为相似，主要有石墨炉原子吸收光谱法、火焰原子吸收光谱法、二硫腙分光光度法、6- 溴苯并噻唑偶氮萘酚分光光度法、氢化物原子荧光光谱法和原子发射光谱法（ICP）等，目前应用比较普遍的方法有石墨炉原子吸收光谱法、火焰原子吸收光谱法、氢化物原子荧光光谱法和分光光度法。

石墨炉原子吸收光谱法介绍如下。

1. 原理

试样经灰化或酸消解后，注入一定量样品消化液于原子吸收分光光度计石墨炉中，电热原子化后吸收波长 28.8 nm 共振线，在一定浓度范围内，其吸光度值与镉含量成正比，采用标准曲线法定量。

2. 试剂和材料

注 1：除非另有说明，本方法所用试剂均为分析纯，水为 GB/T 6682 规定的二级水。

注 2：所用玻璃仪器均需以硝酸溶液（1+4）浸泡 24 h 以上，用水反复冲洗，最后用去离子水冲洗干净。

（1）试剂

①硝酸（HNO_3）：优级纯。

②盐酸（HCl）：优级纯。

③高氯酸（$HClO_4$）：优级纯。

④过氧化氢（H_2O_2，30%）。

⑤磷酸二氢铵（$NH_4H_2PO_4$）。

（2）试剂配制

①硝酸溶液（1%）：取 10.0 mL 硝酸加入 10 mL 水中，稀释至 100 mL。

②盐酸溶液（1+1）：取 50 mL 盐酸慢慢加入 50 mL 水中。

③硝酸 - 高氯酸混合溶液（9+1）：取 9 份硝酸与 1 份高氯酸混合。

④磷酸二氢铵溶液（10 g/L）：称取 10.0 g 磷酸二氢铵，用 10 mL 硝酸溶液（1%）溶解后定量移入 100 mL 容量瓶，用硝酸溶液（1%）定容至刻度。

（3）标准品

金属镉（Cd）标准品，纯度为 9.9% 或经国家认证并授予标准物质证书的标准物质。

（4）标准溶液配制

①镉标准储备液（100 mg/L）：准确称取 1 g 金属镉标准品（精确至 0.001 g）于小烧杯中，分次加 20 mL 盐酸溶液（1+1）溶解，加 2 滴硝酸，移入 100 mL 容量瓶中，用水定容至刻度，混匀；或购买经国家认证并授予标准物质证书的标准物质。

②镉标准使用液（10 ng/mL）：吸取镉标准储备液 10.0 mL 于 10 mL 容量瓶中，用硝酸溶液（1%）定容至刻度，如此经多次稀释成每毫升含 10.0 ng 镉的标准使用液。

③镉标准曲线工作液：准确吸取镉标准使用液 0 mL、0.50 mL、1.0 mL、1.5 mL、2.0 mL、3.0 mL 于 10 mL 容量瓶中，用硝酸溶液（1%）定容至刻度，即得到含镉量

分别为 0 ng/mL、0.50 ng/mL、1.0 ng/mL、1.5 ng/mL、2.0 ng/mL、3.0 ng/mL 的标准系列溶液。

3. 仪器和设备

①原子吸收分光光度计,附石墨炉。

②镉空心阴极灯。

③电子天平：感量为 0.1 mg 和 1 mg。

④可调温式电热板、可调温式电炉。

⑤马弗炉。

⑥恒温干燥箱。

⑦压力消解器、压力消解罐。

⑧微波消解系统：配聚四氟乙烯或其他合适的压力罐。

4. 分析步骤

（1）试样制备

①干试样：粮食、豆类,去除杂质,坚果类去杂质、去壳,磨碎成均匀的样品,颗粒度不大于 0.425 mm。储于洁净的塑料瓶中,并标明标记,于室温下或按样品保存条件下保存备用。

②鲜（湿）试样：蔬菜、水果、肉类、鱼类及蛋类等,用食品加工机打成匀浆或碾磨成匀浆,储于洁净的塑料瓶中,并标明标记,于 −16 ～ −18℃冰箱中保存备用。

③液态试样：按样品保存条件保存备用。含气样品使用前应除气。

（2）试样消解

可根据实验室条件选用以下任何一种方法消解,称量时应保证样品的均匀性。

①压力消解罐消解法：称取干试样 0.3 ～ 0.5 g（精确至 0.001 g）、鲜（湿）试样 1 ～ 2 g（精确到 0.01 g）于聚四氟乙烯内罐,加硝酸 5 mL 浸泡过夜。再加过氧化氢溶液（30%）2 ～ 3 mL（总量不能超过罐容积的 1/3）。盖好内盖,旋紧不锈钢外套,放入恒温干燥箱，120 ～ 160℃保持 4 ～ 6 h,在箱内自然冷却至室温,打开后加热赶酸至近干,将消化液洗入 10 mL 或 25 mL 容量瓶中,用少量硝酸溶液（1%）洗涤内罐和内盖 3 次,洗液合并于容量瓶中并用硝酸溶液（1%）定容至刻度,混匀备用；同时做试剂空白试验。

②微波消解：称取干试样 0.3 ～ 0.5 g（精确至 0.001 g）、鲜（湿）试样 1 ～ 2 g（精确到 0.01 g）置于微波消解罐中,加 5 mL 硝酸和 2 mL 过氧化氢。微波消化程序可以根据仪器型号调至最佳条件。消解完毕,待消解罐冷却后打开,消化液呈无色

或淡黄色，加热赶酸至近干，用少量硝酸溶液（1%）冲洗消解罐 3 次，将溶液转移至 10 mL 或 25 mL 容量瓶中，并用硝酸溶液（1%）定容至刻度，混匀备用；同时做试剂空白试验。

③湿式消解法：称取干试样 0.3 ～ 0.5 g（精确至 0.001 g）、鲜（湿）试样 1 ～ 2 g（精确到 0.01 g）于锥形瓶中，放数粒玻璃珠，加 10 mL 硝酸 - 高氯酸混合溶液（9+1），加盖浸泡过夜，加一小漏斗在电热板上消化，若变棕黑色，再加硝酸，直至冒白烟，消化液呈无色透明或略带微黄色，放冷后将消化液洗入 10 ～ 25 mL 容量瓶中，用少量硝酸溶液（1%）洗涤锥形瓶 3 次，洗液合并于容量瓶中并用硝酸溶液（1%）定容至刻度，混匀备用；同时做试剂空白试验。

④干法灰化：称取 0.3 ～ 0.5 g 干试样（精确至 0.001 g）、鲜（湿）试样 1 ～ 2 g（精确到 0.01 g）、液态试样 1 ～ 2 g（精确到 0.01 g）于瓷坩埚中，先小火在可调式电炉上炭化至无烟，移入马弗炉 50℃灰化 6 ～ 8 h，冷却。若个别试样灰化不彻底，加 1mL 混合酸在可调式电炉上小火加热，将混合酸蒸干后，再转入马弗炉中 50℃继续灰化 1 ～ 2 h，直至试样消化完全，呈灰白色或浅灰色。放冷，用硝酸溶液（1%）将灰分溶解，将试样消化液移入 10 mL 或 25 mL 容量瓶中，用少量硝酸溶液（1%）洗涤瓷坩埚 3 次，洗液合并于容量瓶中并用硝酸溶液（1%）定容至刻度，混匀备用；同时做试剂空白试验。

注：实验要在通风良好的通风橱内进行。对含油脂的样品，尽量避免用湿式消解法消化，最好采用干法消化，如果必须采用湿式消解法消化，样品的取样量最大不能超过 1 g。

（3）仪器参考条件

根据所用仪器型号将仪器调至最佳状态。原子吸收分光光度计（附石墨炉及镉空心阴极灯）测定参考条件如下：

——波长 28.8 nm，狭缝 0.2 ～ 1.0 nm，灯电流 2 ～ 10 mA，干燥温度 105℃，干燥时间 20 s；

——灰化温度 40 ～ 70℃，灰化时间 20 ～ 40 s；

——原子化温度 130 ～ 230℃，原子化时间 3 ～ 5 s；

——背景校正为氘灯或塞曼效应。

（4）标准曲线的制作

将标准曲线工作液按浓度由低到高的顺序各取 20 μL 注入石墨炉，测其吸光度值，以标准曲线工作液的浓度为横坐标，相应的吸光度值为纵坐标，绘制标准曲线并求出吸光度值与浓度关系的一元线性回归方程。

标准系列溶液应不少于5个点的不同浓度的镉标准溶液，相关系数不应小于0.95。如果有自动进样装置，也可用程序稀释来配制标准系列溶液。

（5）试样溶液的测定

于测定标准曲线工作液相同的实验条件下，吸取样品消化液20 μL（可根据使用仪器选择最佳进样量），注入石墨炉，测其吸光度值。代入标准系列的一元线性回归方程中求样品消化液中镉的含量，平行测定次数不少于两次。若测定结果超出标准曲线范围，用硝酸溶液（1%）稀释后再行测定。

（6）基体改进剂的使用

对有干扰的试样，和样品消化液一起注入石墨炉5 μL基体改进剂磷酸二氢铵溶液（10 g/L），绘制标准曲线时也要加入与试样测定时等量的基体改进剂。

5. 分析结果的表述

试样中镉含量按下式进行计算：

$$X=\frac{(c-c_0)\times V}{m\times 1\,000}$$

式中：

X——试样中镉含量，单位为毫克每千克或毫克每升（mg/kg或mg/L）；

c_1——试样消化液中镉含量，单位为纳克每毫升（ng/mL）；

c_0——空白液中镉含量，单位为纳克每毫升（ng/mL）；

V——试样消化液定容总体积，单位为毫升（mL）；

m——试样质量或体积，单位为克或毫升（g或mL）；

1000——换算系数。

以重复性条件下获得的两次独立测定结果的算术平均值表示，结果保留两位有效数字。

说明：

①本法为GB 5009.15—2014中的方法，适用于各类食品中镉含量的测定；

②本法在重复性条件下获得的两次独立测定结果的绝对差值不得超过算术平均值的20%；

③本法方法检出限为0.01 mg/kg，定量限为0.03 mg/kg。

2.4.4 食品中汞的测定

汞的化合物在工农业和医药方面应用极为广泛，很容易在环境中造成污染，通过生物富集，残留在生物体内，从而导致食品污染。汞的化合物大多都能溶于水，且有很强的毒性，对人体危害较大。汞的无机化合物在环境中微生物作用下，可转化为有机汞，也可以通过生物体富集，而在生物体内转化成有机汞，如甲基汞、二甲基汞等，有机汞的毒性较无机汞化合物更强，对人体危害更大。人若食用含汞较高的食品，可直接导致汞中毒，严重的可有生命危险。我国对食品中汞的残留量有严格的规定，各类食品中汞的限量标准可参看表 2-1 和表 2-2，或参考相应的国家标准。

食品中汞的残留量测定方法有很多，国标方法主要有原子荧光光谱法、冷原子吸收光谱法等；食品中有机汞（甲基汞）的测定方法主要有甲基汞测定的液相色谱-原子荧光光谱法（LOAFS）。我们在这里主要介绍原子荧光光谱法测定食品中总汞量的方法。

1. 原理

试样经酸加热消解后，在酸性介质中，试样中汞被硼氢化钾或硼氢化钠还原成原子态汞，由载气（氩气）带入原子化器中，在汞空心阴极灯照射下，基态汞原子被激发至高能态，在由高能态回到基态时，发射出特征波长的荧光，其荧光强度与汞含量成正比，与汞标准系列溶液比较定量。

2. 试剂和材料

注：除非另有说明，本方法所用试剂均为优级纯，水为 GB/T 6682 规定的一级水。

（1）试剂

①硝酸（HNO_3）。

②过氧化氢（H_2O_2）。

③硫酸（H_2SO_4）。

④氢氧化钾（KOH）。

⑤硼氢化钾（KBH_4）：分析纯。

（2）试剂配制

①硝酸溶液（1+9）：量取 50 mL 硝酸，缓缓加入 450 mL 水中。

②硝酸溶液（5+95）：量取 5 mL 硝酸，缓缓加入 95 mL 水中。

③氢氧化钾溶液（5 g/L）：称取 5.0 g 氢氧化钾，纯水溶解并定容至 1 000 mL，混匀。

④硼氢化钾溶液（5 g/L）：称取 5.0 g 硼氢化钾，用 5 g/L 的氢氧化钾溶液溶解

并定容至 1 000 mL，混匀。现用现配。

⑤重铬酸钾的硝酸溶液（0.5 g/L）：称取 0.05 g 重铬酸钾溶于 100 mL 硝酸溶液（5+95）中。

⑥硝酸－高氯酸混合溶液（5+1）：量取 500 mL 硝酸、100 mL 高氯酸，混匀。

（3）标准品

氯化汞（$HgCl_2$）：纯度≥ 99%。

（4）标准溶液配制

①汞标准储备液（1.00 mg/mL）：准确称取 0.135 4 g 经干燥过的氯化汞，用重铬酸钾的硝酸溶液（0.5 g/L）溶解并转移至 100 mL 容量瓶，稀释至刻度，混匀。此溶液浓度为 1.00 mg/mL。于 4℃冰箱中避光保存，可保存 2 年。或购买经国家认证并授予标准物质证书的标准溶液物质。

②汞标准中间液（10 μg/mL）：吸取 1.00 mL 汞标准储备液（1.00 mg/mL）于 100 mL 容量瓶中，用重铬酸钾的硝酸溶液（0.5 g/L）稀释至刻度，混匀，此溶液浓度为 10 μg/mL，于 4℃冰箱中避光保存，可保存 2 年。

③汞标准使用液（50 ng/mL）：吸取 0.50 mL 汞标准中间液（10 μg/mL）于 100 mL 容量瓶中，用 0.5 g/L 重铬酸钾的硝酸溶液稀释至刻度，混匀，此溶液浓度为 50 ng/mL，现用现配。

3. 仪器和设备

注：玻璃器皿及聚四氟乙烯消解内罐均需以硝酸溶液（1+4）浸泡 24 h，用水反复冲洗，最后用去离子水冲洗干净。

①原子荧光光谱仪。

②天平：感量为 0.1 mg 和 1 mg。

③微波消解系统。

④压力消解器。

⑤恒温干燥箱（50～300℃）

⑥控温电热板（50～200℃）

⑦超声水浴箱。

4. 分析步骤

（1）试样预处理

①在采样和制备过程中，应注意不使试样污染。

②粮食、豆类等样品去杂物后粉碎均匀，装入洁净聚乙烯瓶中，密封保存备用。

③蔬菜、水果、鱼类、肉类及蛋类等新鲜样品，洗净晾干，取可食部分匀浆，装入洁净聚乙烯瓶中，密封，于4℃冰箱冷藏，备用。

（2）试样消解

①压力罐消解法

称取固体试样0.2～1.0 g（精确到0.001 g），新鲜样品0.5～2.0 g或液体试样吸取1～5 mL称量（精确到0.001 g），置于消解内罐中，加入5 mL硝酸浸泡过夜。盖好内盖，旋紧不锈钢外套，放入恒温干燥箱，140～160℃保持4～5 h，在箱内自然冷却至室温，然后缓慢旋松不锈钢外套，将消解内罐取出，用少量水冲洗内盖，放在控温电热板上或超声水浴箱中，于80℃或超声脱气2～5 min赶去棕色气体。取出消解内罐，将消化液转移至25 mL容量瓶中，用少量水分3次洗涤内罐，洗涤液合并于容量瓶中并定容至刻度，混匀备用；同时作空白试验。

②微波消解法

称取固体试样0.2～0.5 g（精确到0.001 g）、新鲜样品0.2～0.8 g或液体试样1～3 mL于消解罐，加入5～8 mL硝酸，加盖放置过夜，旋紧罐盖，按照微波消解仪的标准操作步骤进行消解（消解参考条件见135页附录A表A-1）。冷却后取出，缓慢打开罐盖排气，用少量水冲洗内盖，将消解罐放在控温电热板上或超声水浴箱，于80℃加热或超声脱气2～5 min，赶去棕色气体，取出消解内罐，将消化液转移至25 mL塑料容量瓶中，用少量水分3次洗涤内罐，洗涤液合并于容量瓶中并定容至刻度，混匀备用；同时做空白试验。

③回流消解法

• 粮食

称取1.0g～4.0 g（精确到0.001 g）试样，置于消化装置锥形瓶中，加玻璃珠数粒，加45 mL硝酸、10 mL硫酸，转动锥形瓶防止局部炭化。装上冷凝管后，小火加热，待开始发泡即停止加热，发泡停止后，加热回流2 h。如加热过程中溶液变棕色，再加5 mL硝酸，继续回流2 h，消解到样品完全溶解，一般呈淡黄色或无色，放冷后从冷凝管上端小心加20 mL水，继续加热回流10 min放冷，用适量水冲洗冷凝管，冲洗液并入消化液中，将消化液经玻璃棉过滤于100 mL容量瓶内，用少量水洗涤锥形瓶、滤器，洗涤液并入容量瓶内，加水至刻度，混匀。同时做空白试验。

• 植物油及动物油脂

称取1.0～3.0 g（精确到0.001 g）试样，置于消化装置锥形瓶中，加玻璃珠数粒，加入7 mL硫酸，小心混匀至溶液颜色变为棕色，然后加40 mL硝酸。以下按上一步粮食“装上冷凝管后,小火加热……同时做空白试验”步骤操作。

• 薯类、豆制品

称取 1.0 ～ 4.0 g（精确到 0.001 g),置于消化装置锥形瓶中,加玻璃珠数粒及 30 mL 硝酸、5 mL 硫酸,转动锥形瓶防止局部炭化。以下按上一步粮食“装上冷凝管后,小火加热……同时做空白试验”步骤操作。

• 肉、蛋类

称取 0.5 ～ 2.0 g（精确到 0.001 g),置于消化装置锥形瓶中,加玻璃珠数粒及 30 mL 硝酸、5 mL 硫酸、转动锥形瓶防止局部炭化。以下按上一步粮食“装上冷凝管后,小火加热……同时做空白试验”步骤操作。

• 乳及乳制品

称取 1.0 ～ 4.0 g（精确到 0.001 g）乳或乳制品,置于消化装置锥形瓶中,加玻璃珠数粒及 30 mL 硝酸,乳加 10 mL 硫酸,乳制品加 5 mL 硫酸,转动锥形瓶防止局部炭化。以下按上一步粮食“装上冷凝管后,小火加热……同时做空白试验”步骤操作。

（3）测定

①标准曲线制作

分别吸取 50 ng/mL 汞标准使用液 0.00 mL、0.20 mL、0.50 mL、1.00 mL、1.50 mL、2.00 mL、2.50 mL 于 50 mL 容量瓶,用硝酸溶液（1+9）稀释至刻度,混匀。各自相当于汞浓度为 0.00 ng/mL、0.20 ng/mL、0.50 ng/mL、1.00 ng/mL、1.50 ng/mL、2.00 ng/mL、2.50 ng/mL。

②试样溶液的测定

设定好仪器最佳条件,连续用硝酸溶液（1+9）进样,待读数稳定之后,转入标准系列测量,绘制标准曲线。转入试样测量,先用硝酸溶液（1+9）进样,使读数基本回零,再分别测定试样空白和试样消化液, 每测不同的试样前都应清洗进样器。

（4）仪器参考条件

光电倍增管负高压：240 V；汞空心阴极灯电流：30 mA；原子化器温度：300℃；载气流速：500 mL/min；屏蔽气流速：1 000 mL/min。

5. 分析结果的表述

试样中汞含量按下式计算：

$$X=\frac{(c-c_0)\times V\times 1\ 000}{m\times 1\ 000\times 1\ 000}=\frac{(c-c_0)\times V}{1\ 000m}$$

式中：

X——试样中汞的含量，单位为毫克每千克或毫克每升（mg/kg 或 mg/L）；

c——测定样液的汞含量，单位为纳克每毫升（ng/mL）；

c_0——空白液的汞含量，单位为纳克每毫升（ng/mL）；

V——试样消化液定容总体积，单位为毫升（mL）；

1 000——换算系数；

m——试样质量，单位为克或毫升（g 或 mL）。

计算结果保留两位有效数字。

说明：

①本法为 GB 5009.17—2014 中的第一法，适用于各类食品中总汞的含量的测定；

②本法在重复性条件下获得的两次独立测定结果的绝对差值不得超过算术平均值的 20%；

③本法当样品称样量为 0.5 g，定容体积为 25 mL 时，方法检出限 0.003 mg/kg，方法定量限 0.010 mg/kg。

附录A 微波消解参考条件

A.1 粮食、蔬菜、鱼肉类试样微波消解参考条件见表 A-1。

表 A-1 粮食、蔬菜、鱼肉类试样微波消解参考条件

步骤	功率（1 600 W）变化 /%	温度 /℃	升温时间 / min	保温时间 / min
1	50	80	30	5
2	80	120	30	7
3	100	160	30	5

A.2 油脂、糖类试样微波消解参考条件见表 A-2。

表 A-2 油脂、糖类试样微波消解参考条件

步骤	功率（1 600 W）变化 /%	温度 /℃	升温时间 /min	保温时间 /min
1	50	50	30	5
2	70	75	30	5
3	80	100	30	5
4	100	140	30	7
5	100	180	30	5

2.4.5 食品中砷的测定

砷与砷的化合物均有剧毒，如砒霜就是三氧化二砷。砷和砷的化合物常用于制造农药和其他药物。食品中砷的残留主要来自含砷农药和化肥的使用，水质和环境污染导致食品污染等方面。我国对食品中砷的残留量有严格的规定，各类食品中砷的限量标准可参看表 2-1 和表 2-2，或参考相应的国家标准。

在 GB/T 5009.11—2014 食品安全国家标准食品中总砷及无机砷的测定的第一篇规定了食品中总砷的测定方法，第一篇第一法电感耦合等离子体质谱法、第二法氢化物发生原子荧光光谱法、第三法银盐法适用于各类食品中总砷的测定。第二篇规定了食品（无机砷含量测定的液相色谱 - 原子荧光光谱法、液相色谱 - 电感耦合等离子体质谱法，适用于稻米、水产动物、婴幼儿谷类辅助食品、婴幼儿罐装辅助食品）无机砷（包括砷酸盐和亚砷酸盐）含量的测定。

在这里我们主要介绍电感耦合等离子体质谱法和银盐法测定食品中总砷的方法。

2.4.5.1 电感耦合等离子体质谱法

1. 原理

样品经酸消解处理为样品溶液，样品溶液经雾化由载气送入 ICP 炬管中，经过蒸发、解离、原子化和离子化等过程，转化为带电荷的离子，经离子采集系统进入质谱仪，质谱仪根据质荷比进行分离。对于一定的质荷比，质谱的信号强度与进入质谱仪的离子数成正比，即样品浓度与质谱信号强度成正比。通过测量质谱的信号强度对试样溶液中的元素进行测定。

2. 试剂和材料

注：除非另有说明，本方法所用试剂均为优级纯，水为 GB/T 6682 规定的一级水。

（1）试剂

①硝酸（HNO_3）：MOS 级（电子工业专用高纯化学品）、BV（M）级。

②过氧化氢（H_2O_2）。

③质谱调谐液：Li、Y、Ce、Ti、Co，推荐使用浓度为 10 ng/mL。

④内标储备液：Ge，浓度为 100 μg/mL。

⑤氢氧化钠（NaOH）。

（2）试剂配制

①硝酸溶液（2+98）：量取 20 mL 硝酸，缓缓倒入 980 mL 水，混匀。

②内标溶液 Ge 或 Y（1.0 μg/mL）：取 1.0 mL 内标溶液，用硝酸溶液（2+98）稀释并定容至 100 mL。

③氢氧化钠溶液（100 g/L）：称取 10.0 g 氢氧化钠，用水溶解和定容至 100 mL。

（3）标准品

三氧化二砷（As_2O_3）标准品：纯度≥ 99.5%。

（4）标准溶液配制

①砷标准储备液（100 mg/L，按 As 计）：准确称取于 100℃干燥 2 h 的三氧化二砷 0.013 2 g，加 1 mL 氢氧化钠溶液（100 g/L）和少量水溶解，转入 100 mL 容量瓶中，加入适量盐酸调整其酸度近中性，用水稀释至刻度。4℃避光保存，保存期一年。或购买经国家认证并授予标准物质证书的标准溶液物质。

②砷标准使用液（1.00 mg/L，按 As 计）：准确吸取 1.00 mL 砷标准储备液（100 mg/L）于 100 mL 容量瓶中，用硝酸溶液（2+98）稀释定容至刻度。现用现配。

3. 仪器和设备

注：玻璃器皿及聚四氟乙烯消解内罐均需以硝酸溶液（1+4）浸泡 24 h，用水反复冲洗，最后用去离子水冲洗干净。

①电感耦合等离子体质谱仪（ICP-MS）。

②微波消解系统。

③压力消解器。

④恒温干燥箱（50～300℃）

⑤控温电热板（50～200℃）

⑥超声水浴箱。

⑦天平：感量为 0.1 mg 和 1 mg。

4. 分析步骤

（1）试样预处理

①在采样和制备过程中，应注意不使试样污染。

②粮食、豆类等样品去杂物后粉碎均匀，装入洁净聚乙烯瓶中，密封保存备用。

③蔬菜、水果、鱼类、肉类及蛋类等新鲜样品，洗净晾干，取可食部分匀浆，装入洁净聚乙烯瓶中，密封，于 4℃冰箱冷藏备用。

（2）试样消解

①微波消解法

蔬菜、水果等含水分高的样品，称取 2.0～4.0 g（精确至 0.001 g）样品于消解罐中，加入 5 mL 硝酸，放置 30 min；粮食、肉类、鱼类等样品，称取 0.2 ~ 0.5 g（精确至 0.001 g）样品于消解罐中，加入 5 mL 硝酸，放置 30 mm，盖好安全阀，将消解罐放入微波消解系统中，根据不同类型的样品，设置适宜的微波消解程序，按相关步骤进行消解，消解完全后赶酸，将消化液转移至 25 mL 容量瓶或比色管中，用少量水洗涤内罐 3 次，合并洗涤液并定容至刻度，混匀。同时做空白试验。

②高压密闭消解法

称取固体试样 0.20 ~ 1.0 g（精确至 0.001 g），湿样 1.0 ~ 5.0 g（精确至 0.001 g）或取液体试样 2.00 ~ 5.00 mL 于消解内罐中，加入 5 mL 硝酸浸泡过夜。盖好内盖，旋紧不锈钢外套，放入恒温干燥箱，140 ~ 160℃保持 3 ~ 4 h，自然冷却至室温，然后缓慢旋松不锈钢外套，将消解内罐取出，用少量水冲洗内盖，放在控温电热板上于 120℃赶去棕色气体。取出消解内罐，将消化液转移至 25 mL 容量瓶或比色管中，用少量水洗涤内罐 3 次，合并洗涤液并定容至刻度，混匀。同时做空白试验。

（3）仪器参考条件

RF 功率 1 550 W；载气流速 1.14 L/min；采样深度 7 mm；雾化室温度 2℃；Ni 采样锥，Ni 截取锥。质谱干扰主要来源于同量异位素、多原子、双电荷离子等，可采用最优化仪器条件、干扰校正方程校正或采用碰撞池、动态反应池技术方法消除干扰。砷的干扰校正方程为：$^{75}As = ^{75}As - ^{77}M(3.127) + ^{82}M(2.733) - ^{83}M(2.757)$；采用内标校正、稀释样品等方法校正非质谱干扰。砷的 m/z 为 75，选 ^{72}Ge 为内标元素。

推荐使用碰撞 / 反应池技术，在没有碰撞 / 反应池技术的情况下使用干扰方程消除干扰的影响。

（4）标准曲线的制作

吸取适量砷标准使用液（1.00 mg/L），用硝酸溶液（2+98）配制砷浓度分别为 0.00 ng/mL、1.0 ng/mL、5.0 ng/mL、10 ng/mL、50 ng/mL 和 100 ng/mL 的标准系列溶液。

当仪器真空度达到要求时，用调谐液调整仪器灵敏度、氧化物、双电荷、分辨率等各项指标。当仪器各项指标达到测定要求，编辑测定方法，选择相关消除干扰方法，引入内标，观测内标灵敏度、脉冲与模拟模式的线性拟合，符合要求后，将标准系列溶液引入仪器。进行相关数据处理，绘制标准曲线，计算回归方程。

（5）试样溶液的测定

相同条件下，将试剂空白、样品溶液分别引入仪器进行测定。根据回归方程计算出样品中砷元素的浓度。

5. 分析结果的表述

试样中砷含量按下式计算：

$$X=\frac{(c-c_0)\times V\times 1\,000}{m\times 1\,000\times 1\,000}=\frac{(c-c_0)\times V}{1\,000\,m}$$

式中：

X——试样中砷的含量，单位为毫克每千克（mg/kg）或毫克每升（mg/L）；

c——试样消化液中砷的测定浓度，单位为纳克每毫升（ng/mL）；

c_0——试样空白消化液中砷的测定浓度，单位为纳克每毫升（ng/mL）；

V——试样消化液总体积，单位为毫升（mL）；

m——试样质量，单位为克或毫升（g或mL）；

1 000——换算系数。

计算结果保留两位有效数字。

说明：

①本法为GB 5009.11—2014中的第一法，适用于各类食品中总砷的含量测定；

②本法在重复性条件下获得的两次独立测定结果的绝对差值不得超过算术平均值的20%；

③本法当称样量为1 g，定容体积为25 mL时，方法检出限为0.003 mg/kg，方法定量限为0.010 mg/kg。

2.4.5.2 银盐法

1. 原理

试样经消化后，以碘化钾、氯化亚锡将高价砷还原为三价砷，然后与锌粒和酸产生的新生态氢生成砷化氢，经银盐溶液吸收后，形成红色胶态物，与标准系列比较定量。

2. 试剂和材料

注：除非另有说明，本方法所用试剂均为优级纯，水为GB/T 6682规定的一级水。

（1）试剂

①硝酸（HNO_3）。

②硫酸（H_2SO_4）。

③盐酸（HC1）。

④高氯酸（$HC1O_4$）。

⑤三氯甲烷（$CHCl_3$）：分析纯。

⑥二乙基二硫代氨基甲酸银 [$(C_2H_5)_2NCS_2Ag$]：分析纯。

⑦氯化亚锡（SnCl）：分析纯。

⑧硝酸镁 [$Mg(NO_3)_2 \cdot 6H_2O$]：分析纯。

⑨碘化钾（KI）：分析纯。

⑩氧化镁（MgO）：分析纯。

⑪乙酸铅（$C_4H_6O_4Pb \cdot 3H_2O$）：分析纯。

⑫三乙醇胺（$C_6H_{15}NO_3$）：分析纯。

⑬无砷锌粒：分析纯。

⑭氢氧化钠（NaOH）。

⑮乙酸。

（2）试剂配制

①硝酸 - 高氯酸混合溶液（4+1）：量取 80 mL 硝酸，加入 20 mL 高氯酸，混匀。

②硝酸镁溶液（150 g/L）：称取 15 g 硝酸镁，加水溶解并稀释定容至 100 mL。

③碘化钾溶液（150 g/L）：称取 15 g 碘化钾，加水溶解并稀释定容至 100 mL，贮存于棕色瓶中。

④酸性氯化亚锡溶液：称取 40 g 氯化亚锡，加盐酸溶解并稀释至 100 mL，加入数颗金属锡粒。

⑤盐酸溶液（1+1）：量取 100 mL 盐酸，缓缓倒入 100 mL 水中，混匀。

⑥乙酸铅溶液（100 g/L）：称取 11.8 g 乙酸铅，用水溶解，加入 1～2 滴乙酸，用水稀释定容至 100 mL

⑦乙酸铅棉花：用乙酸铅溶液（100 g/L）浸透脱脂棉后，压除多余溶液，并使之疏松，在 100℃以下干燥后，贮存于玻璃瓶中。

⑧氢氧化钠溶液（200 g/L）：称取 20 g 氢氧化钠，溶于水并稀释至 100 mL。

⑨硫酸溶液（6+94）：量取 6.0 mL 硫酸，慢慢加入 80 mL 水中，冷却后再加水稀释至 100 mL。

⑩二乙基二硫代氨基甲酸银 - 三乙醇胺 - 三氯甲烷溶液：称取 0.25 g 二乙基二硫代氨基甲酸银置于乳钵中，加少量三氯甲烷研磨，移入 100 mL 量筒中，加入 1.8 mL 三乙醇胺，再用三氯甲烷分次洗涤乳钵，洗涤液一并移入量筒中，用三氯甲烷稀释至 100 mL，放置过夜。滤入棕色瓶中贮存。

（3）标准品

三氧化二砷（As_2O_3）标准品：纯度 > 99.5%。

（4）标准溶液配制

①砷标准储备液（100 mg/L，按 As 计）：准确称取于 100℃干燥 2 h 的三氧化二砷 0.132 0 g，加 5 mL 氢氧化钠溶液（200 g/L），溶解后加 25 mL 硫酸溶液（6+94），移入 1 000 mL 容量瓶中，加新煮沸冷却的水稀释至刻度，贮存于棕色玻塞瓶中。4℃避光保存。保存期一年。或购买经国家认证并授予标准物质证书的标准物质。

②砷标准使用液（1.00 mg/L，按 As 计）：吸取 1.00 mL 砷标准储备液（100 mg/L）于 100 mL 容量瓶中，加 1 mL 硫酸溶液（6+94），加水稀释至刻度。现用现配。

3. 仪器和设备

注：所用玻璃器皿均需以硝酸溶液（1+4）浸泡 24 h，用水反复冲洗，最后用去离子水冲洗干净。

（1）分光光度计。

（2）测砷装置：见图 2-1。

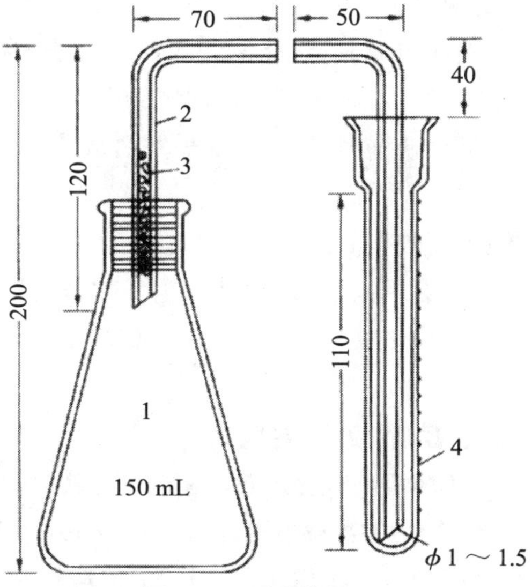

图 2-1 测砷装置

1—150 mL 锥形瓶；2—导气管；3—乙酸铅棉花；4—10 mL 刻度离心管

① 100 ～ 150 mL 锥形瓶：19 号标准口。

②导气管：管口 19 号标准口或经碱处理后洗净的橡皮塞与锥形瓶密合时不应漏气，管的另一端管径为 1.0 mm。

③吸收管：10 mL 刻度离心管。

4. 试样制备

（1）试样预处理

见第一法电感耦合等离子体质谱法。

（2）试样溶液制备

①硝酸 - 高氯酸 - 硫酸法

A. 粮食、粉丝、粉条、豆干制品、糕点、茶叶等及其他含水分的固体食品

称取 5.0 ～ 10.0 g 试样（精确至 0.001 g），置于 250 ～ 500 mL 定氮瓶中，先加少许水湿润，加数粒玻璃珠、10 ～ 15mL 硝酸 - 高氯酸混合液，放置片刻，小火缓缓加热，待作用缓和，放冷。沿瓶壁加入 5 mL 或 10 mL 硫酸，再加热，至瓶中液体开始变成棕色时，不断沿瓶壁滴加硝酸 - 高氯酸混合液至有机质分解完全。加大火力，至产生白烟，待瓶口白烟冒净后，瓶内液体再产生白烟为消化完全，该溶液应澄清透明无色或微带黄色，放冷。（在操作过程中应注意防止爆沸或爆炸）加 20 mL 水煮沸，除去残余的 硝酸至产生白烟为止，如此处理两次，放冷。将冷后的溶液移入 50 mL 或 100 mL 容量瓶中，用水洗涤定氮瓶，洗涤液并入容量瓶中，放冷，加水至刻度，混匀。定容后的溶液每 10 mL 相当于 1 g 试样，相当加入硫酸量 1 mL。取与消化试样相同量的硝酸 - 高氯酸混合液和硫酸，按同一方法做空白试验。

B. 蔬菜、水果

称取 25.0 ～ 50.0 g（精确至 0.001 g）试样，置于 250 ～ 500 mL 定氮瓶中，加数粒玻璃珠、10 ～ 15 mL 硝酸 - 高氯酸混合液，以下按 A. 自“放置片刻”起的方法操作，但定容后的溶液每 10 mL 相当于 5 g 试样，相当于加入硫酸 1 mL。按同一操作方法做空白试验。

C. 酱、酱油、醋、冷饮、豆腐、腐乳、酱腌菜等

称取 10.0 ～ 20.0 g 试样（精确至 0.001 g），或吸取 10.0 ～ 20.0 mL 液体试样，置于 250 ～ 500 mL 定氮瓶中，加数粒玻璃珠、5 ～ 15 mL 硝酸 - 高氯酸混合液。以下按 A. 自“放置片刻”起的方法操作，但定容后的溶液每 10 mL 相当于 2g 或 2 mL 试样。按同一操作方法做空白试验。

D. 含酒精性饮料或含二氧化碳饮料

吸取 10.00 ～ 20.00 mL 试样，置于 250 ～ 500 mL 定氮瓶，加数粒玻璃珠，先用小火加热除去乙醇或二氧化碳，再加 5 ～ 10 mL 硝酸 - 高氯酸混合液，混匀后，以下按 A. 自“放置片刻”起的方法操作，但定容后的溶液每 10 mL 相当于 2 mL 试样。按同一操作方法做空白试验。

E. 含糖量高的食品

称取 5.0 ～ 10.0 g 试样（精确至 0.001 g），置于 250 ～ 500 mL 定氮瓶中，先加少许水使湿润，加数粒玻璃珠、5 ～ 10 mL 硝酸 - 高氯酸混合后，摇匀。缓缓加入 5 mL 或 10 mL 硫酸，待作用缓和停止起泡沫后，先用小火缓缓加热（糖分易炭化），不断沿瓶壁补加硝酸 - 高氯酸混合液，待泡沫全部消失后，再加大火力，至有机质分解完全，产生白烟，溶液应澄明无色或微带黄色，放冷。以下按 A. 自“加 20 mL 水煮沸”起的方法操作。按同一操作方法做空白试验。

F. 水产品

称取试样 5.0 ～ 10.0 g（精确至 0.001 g）（海产藻类、贝类可适当减少取样量），置于 250 ～ 500 mL 定氮瓶中，加数粒玻璃珠，5 ～ 10 mL 硝酸 - 高氯酸混合液，混匀后，以下按 A. 自“沿瓶壁加入 5 mL 或 10 mL 硫酸”起的方法操作。按同一操作方法做空白试验。

（2）硝酸 - 硫酸法

以硝酸代替硝酸 - 高氯酸混合液进行操作。

（3）灰化法

A. 粮食、茶叶及其他含水分的食品

称取试样 5.0 g（精确至 0.001 g），置于坩埚中，加 1 g 氧化镁及 10 mL 硝酸镁溶液，混匀，浸泡 4 h。于低温或置水浴锅上蒸干，用小火炭化至无烟后移入马弗炉中加热至 550℃，灼烧 3 ～ 4 h，冷却后取出。加 5 mL 水湿润后，用细玻棒搅拌，再用少量水洗下玻棒上附着的灰分至坩埚内。放水浴上蒸干后移入马弗炉 550℃灰化 2 h，冷却后取出。加 5 mL 水湿润灰分，再慢慢加入 10 mL 盐酸溶液（1+1），然后将溶液移入 50 mL 容量瓶中，坩埚用盐酸溶液（1+1）洗涤 3 次，每次 5 mL，再用水洗涤 3 次，每次 5 mL，洗涤液均并入容量瓶中，再加水至刻度，混匀。定容后的溶液每 10 mL 相当于 1 g 试样，其加入盐酸量不少于（中和需要量除外）1.5 mL。用银盐法测定时，不必再加盐酸。按同一操作方法做空白试验。

B. 植物油

称取 5.0 g 试样（精确至 0.001 g），置于 50 mL 瓷坩埚中，加 10 g 硝酸镁，再在上面覆盖 2 g 氧化镁，将置小火上加热，至刚冒烟，立即将取下，以防内容物溢出，待烟小后，再加热至炭化完全。将移至马弗炉中 550℃以下灼烧至灰化完全，冷后取出。加 5 mL 水湿润灰分，再缓缓加入 15 mL 盐酸溶液（1+1），然后将溶液移入 50 mL 容量瓶中，坩埚用盐酸溶液（1+1）洗涤 5 次，每次 5 mL，洗涤液均并入容量瓶中，加盐酸溶液（1+1）至刻度，混匀。定容后的溶液每 10 mL 相当于 1g 试样，相当于加入盐酸量（中和需要量除外）1.5 mL。按同一操作方法做空白试验。

C. 水产品

称取试样 5.0 g 置于坩埚中（精确至 0.001 g），加 1 g 氧化镁及 10 mL 硝酸镁溶液，混匀，浸泡 4 h。以下按（3）灰化法 A. 自“于低温或置水浴锅上蒸干”起的方法操作。

5. 分析步骤

吸取一定量的消化后的定容溶液（相当于 5 g 试样）及同量的试剂空白液，分别置于 150 mL 锥形瓶中，补加硫酸至总量为 5 mL，加水至 50 ～ 55 mL。

（1）标准曲线的绘制

分别吸取 0.0 mL、2.0 mL、4.0 mL、6.0 mL、8.0 mL、10 mL 砷标准使用液（相当 0.0 μg、2.0 μg、4.0 μg、6.0 μg、8.0 μg、10 μg）置于 6 个 150 mL 锥形瓶中，加水至 40 mL，再加 10 mL 盐酸溶液（1+1）。

（2）用湿法消化液

于试样消化液、试剂空白液及砷标准溶液各加 3 mL 碘化钾溶液（150 g/L）、0.5 mL 酸性氯化亚锡溶液，混匀，静置 15 mm。各加入 3 g 锌粒，立即分别塞上装有乙酸铅棉花的导气管，并使管尖端插入盛有 4 mL 银盐溶液的离心管中的液面下，在常温下反应 45 mm 后，取下离心管，加三氯甲烷补足 4mL。用 1 cm 比色杯，以零管调节零点，于波长 520 nm 处测吸光度，绘制标准曲线。

（3）用灰化法消化液

取灰化法消化液及试剂空白液分别置于 150 mL 锥形瓶中。吸取 0.0 mL、2.0 mL、4.0 mL、6.0 mL、8.0 mL、10 mL 砷标准使用液（相当 0.0 μg、2.0 μg、4.0 μg、6.0 μg、8.0 μg、10 μg 砷），分别置于 150 mL 锥形瓶中，加水至 43.5 mL，再加 6.5 mL 盐酸。以下按（2）用湿法消化液自“于试样消化液”起的方法操作。

6. 分析结果的表述

试样中砷含量按下式计算

$$X = \frac{(A_1 - A_2) \times V_1 \times 1\,000}{m \times V_2 \times 1\,000 \times 1\,000} = \frac{(A_1 - A_2) \times V_1}{m \times V_2 \times 1\,000}$$

式中：

X——试样中砷的含量，单位为毫克每千克（mg/kg）或毫克每升（mg/L）；

A_1—— 测定用试样消化液中砷的质量，单位为纳克（ng）；

A_2——试剂空白液中砷的质量，单位为纳克（ng）；

V_1——试样消化液的总体积，单位为毫升（mL）；

m ——试样质量（体积），单位为克（g）或毫升（mL）；

V_2 ——测定用试样消化液的体积，单位为毫升（mL）。

计算结果保留两位有效数字。

说明：

①本法为 GB 5009.11—2014 中食品中总砷量测定的第三法，适用于各类食品中总砷的测定；

②本法在重复性条件下获得的两次独立测定结果的绝对差值不得超过算术平均值的 20%；

③本法称样量为 1 g，定容体积为 25 mL 时，方法检出限为 0.2 mg/kg，方法定量限为 0.7 mg/kg。

思考题

1. 简述测定食品中铅、汞、镉、砷含量的方法和基本原理。

2. 简述原子吸收光谱法测定食品中铅、镉、铬含量的方法和原理。

3. 简述银盐法测定食品中砷含量的方法和原理。

3

有机产品中农药残留检测

学习目标

1. 理解农产品中常见农药及农药残留的概念。

2. 掌握农药残留分析样品的采集和保存方法。

3. 掌握农药残留分析样品的制备方法。

4. 掌握农药残留主要的分析技术。

5. 掌握农产品中农药残留的测定原理和主要检测方法。

6. 学会使用气相色谱仪、高效液相色谱仪等仪器分析农产品中常见农药的原理和操作要领，并能进行实际操作。

7. 学会配制各种试剂。

8. 了解并熟悉中华人民共和国国家标准 GB/T 5009—2004《食品卫生检验方法 理化部分》，掌握食品中常见农药的测定。

20 世纪 50 年代以来，农药在全世界广泛应用，每年为人类在同作物病虫草等有害生物的斗争中挽回粮食和其他农产品损失达 30%，缓解了因人口迅速增长产生的粮食供应数量不足的压力。另外，通过应用农药控制人类传染疾病的媒介昆虫而挽救了上千万人的生命。农药的应用对人类社会的进步和生产力的发展起了巨大的促进作用。但是伴随着农药的不合理使用以及农药残留监管力度不够等，农产品中农药残留问题尤为突出。存在于食品、饲料等农产品中以及水、土壤、空气等环境中的农药残留，与其他有害的环境化学品一起，造成食品安全和生态安全问题，影响人们的身体健康，影响生态平衡和生物多样性。农药残留量已成为国际、国内农产品贸易中的重要质量指标（最大残留限量），受到世界各地政府的重视和民众的普遍关注。

同时农药残留作为技术壁垒严重影响着农产品贸易，成为制约和限制我国蔬菜、大米等农产品出口的重大隐患。为了保障消费者的合法权益、增强农产品市场竞争力，对农产品中农药残留进行科学检测至关重要。

3.1 农药残留及其危害

3.1.1 农药的概念

农药（pesticide）在我国是指在农作物（食物、农产品、动物饲料）生产、贮藏、运输、销售以及加工过程中，用于防治有害生物（害虫、害螨、线虫、植物病原菌、杂草及害鼠等）和调节植物生长的药物。在国际食品法典中是指在食品、农产品、动物饲料的生产、贮存、运输、销售过程中，为了预防、杀灭、吸引、驱除或控制害虫（包括多余的植物、动物物种）而使用的物质或供动物服用的动物肠道寄生虫抑制剂。该术语包括植物生长调节剂、落叶剂、干燥剂、水果变形剂或发芽抑制剂以及农产品防腐剂，一般不包括化肥、植物或动物性营养剂、食品添加剂和动物性药品。

3.1.2 农药的种类及测定

农药包括化学农药和生物农药。在本书中主要讨论化学合成农药。

按防治对象不同农药可分为杀虫剂、杀螨剂、杀鼠剂、杀线虫剂、杀菌剂、除草剂、植物生长调节剂等。

按化学组成不同农药可分为有机氯、有机磷、氨基甲酸酯、拟除虫菊酯、沙蚕毒素、有机硫、苯氧羧酸类、酰胺类、取代脲类、磺酰脲类及杂环类等。

我国杀虫剂以有机磷、有机氯、氨基甲酸酯和拟除虫菊酯为主。有机磷杀虫剂占总产量的70%，其中6个高毒产品（甲胺磷、久效磷、氧乐果、甲拌磷、甲基对硫磷、对硫磷）产量达13万t，在有机磷中占68.5%，占农药总量33%；其他产量较大的产品还有杀虫双、灭多威、克百威、氰戊菊酯和氯氰菊酯等。杀菌剂以杂环类、有机硫及农用抗生素为主，如多菌灵、三唑酮、百菌清、甲霜灵和井冈霉素等。除草剂以苯氧羧酸类、酰胺类、取代脲类、均三嗪类及磺酰脲类为主，主要产品有乙草胺、丁草胺、草甘膦、莠去津、氟乐灵和苄嘧磺隆等。植物生长调节剂主要产品有乙烯利、多效唑、矮壮素等。

食品中的农药残留，早期曾使用比色法、分光光度法和电化学分析法进行分析测定，但由于这些方法的灵敏度很低且选择性不强，所以现在已经很少使用了。后来，色谱法（尤其是气相色谱法）被广泛用于测定食品中农药残留量，这大大地提高了测定的灵敏度和专一性。而高效液相色谱法对非挥发性或热不稳定性农药残留有很好的分析效果。

3.1.2.1 有机磷农药

有机磷农药种类很多，按照其结构可分为磷酸酯和硫化磷酸酯两大类。常见的有机磷农药有：内吸磷（1059）、对硫磷（1605）、甲拌磷（3911）、敌敌畏（DDVP）、敌百虫、乐果、马拉硫磷（4049）、倍硫磷、杀螟硫磷（杀螟松）、稻瘟净（EBP）等，此外还有毒性很高的甲基对硫磷、乙基对硫磷（E-1605）、甲胺磷等。

有机磷农药残留的测定常采用气相色谱法、薄层色谱 - 酶抑制法等。

3.1.2.2 有机氯农药

有机氯农药是农药中一类有机氯化合物，一般分为两类：一类为氯化苯及其衍生物，包括滴滴涕和六六六等；另一类为氯化亚甲基萘类，如七氯、氯丹、艾氏剂、狄氏剂与异狄氏剂、毒杀酚等。在我国，六六六和滴滴涕曾经使用最为广泛。

有机氯农药残留的测定常采用气相色谱法、薄层色谱法等。

3.1.2.3 氨基甲酸酯类农药

氨基甲酸酯类农药在六六六禁用之后已成为我国大量使用的一类农药。目前在我国登记的 87 种农药品种中，氨基甲酸酯农药占 11 种之多，且产量较大。氨基甲酸酯农药主要用于杀虫、杀螨、杀线虫、杀菌、除草等方面。

此类农药主要包括 *N*- 甲基氨基甲酸酯类和 *N*，*N*- 二甲基氨基甲酸酯类，其中杀虫作用以前者为强。按照氨基甲酰部分连接的基团不同，*N*- 甲基氨基甲酸酯类又可分为芳基氨基甲酸酯和肟基 *N*- 甲基氨基甲酸酯两类，前者主要有甲萘威（西维因）、速灭威、残杀威等，后者有涕灭威等。

氨基甲酸酯类农药的毒性一般选择性很强，多数品种对高等动物毒性较低，除克百威（呋喃丹）、涕灭威属高毒，甲萘威、异丙威（叶蝉散）、速灭威属中等毒性外，其余常用品种均属低毒。其毒性作用表现为抑制乙酰胆碱酯酶，其中毒症状同有机磷中毒相同，但较有机磷中毒恢复为快，因为此类毒素在生物体和环境中易降解，其抑制作用具有可逆性。

目前,气相色谱法是检测此类农药的主要手段,但由于此类化合物中大多数在高温条件下不稳定,因而这种方法并不理想。此法一般选用高灵敏的氮磷检测器直接测定,选用低极性固定液如 SE-30、DC-200、OV-101、OV-17 等,柱子应尽可能短,工作温度为 140～190℃。在很多情况下,先将其衍生为适用于 ECD 的衍生物后再进行测定。此外,高效液相色谱法和比色法也可用于多种此类农药残留的测定。

3.1.2.4 拟除虫菊酯类农药

拟除虫菊酯类农药由于具有高效、低毒、适用范围广等特点,目前在我国已广泛使用。据统计,在已登记的 87 种农药中拟除虫菊酯农药有 19 种之多。这类农药都具有一定的毒性,尤其对鱼类毒性很高,且有一定的蓄积性。其主要中毒症状表现为对神经系统及皮肤的刺激作用。

食品中拟除虫菊酯农药主要包括溴氰菊酯、氰戊菊酯、二氯苯醚菊酯三类。我国和世界食品卫生组织对拟除虫菊酯农药残留的允许量都做出了相关规定。

目前用于检测此类农药的方法有薄层色谱法和气相色谱法。气相色谱法常用电子捕获检测器或火焰离子化检测器。

3.1.3 农药残留及其危害

3.1.3.1 农药残留的概念

农药残留（pesticide residue）在我国是指由于实施农药而留存在环境和农产品、食品、饲料中的农药及其具有毒性的代谢物、降解转化产物、杂质等。导致和影响农药残留的原因有很多,包括环境背景中存有的农药污染物或持久性农药的残留物再次在商品中形成的残留。其中农药本身的性质、环境因素以及农药的使用方法是影响农药残留的主要因素。在国际食品法典中是指任何由于使用农药而在食品、农产品和动物饲料中出现的特定物质。此术语包括所有被认为具有毒性作用的农药衍生物,如农药转化物、代谢物、反应物以及杂质。为防止食品中的农药残留危害人体健康,人们制定了每种农药在食品中的最大残留限量。最大残留限量是指农畜产品和食品中农药残留的法定最大允许量,其单位是 mg/kg。

最大残留限量（maximum residue limit, MRL）在我国是指在生产或保护商品过程中,按照良好的农业生产规范（GAP）,直接或间接使用农药后,导致在各种食品和饲料中形成的农药残留物的最大浓度,通常以每千克食品中含有农药残留的量

（mg）表示，单位为 mg/kg。其制定根据农药及其残留物的毒性评价，按照国家颁布的良好农业规范和安全合理使用农药规范，适应本国各种病虫害的防治需要，在严密的技术监督下，在有效防治病虫害的前提下，在取得的一系列残留数据中取有代表性的较高数值。它的直接作用是限制农产品中农药残留量，保障公民身体健康。

在世界贸易一体化的今天，农药最高残留限量也成为各贸易国之间重要的技术壁垒。在国际食品法典中最大残留限量是指由食品法典委员会推荐的，允许农药在食品和动物饲料中或其表面残留的最大浓度。最大残留限量以农药使用的良好农业生产规范（GAP）资料为基础，由符合相应 MRL 的商品制成的食物应具有毒理学安全性。

农药作为农业生产资料和环境卫生的必需品，在防治农作物害虫、杂草、病菌、鼠害，保障农业生产，控制病媒有害生物，保护人类身体健康方面发挥了重要的作用。农药的使用是植物保护的重要手段，它具有快速、高效、经济等特点，迄今为止并在今后一定的时间内，没有其他手段可以完全代替。农药的使用在保证农业稳产、高产，满足人们对农副产品需求方面发挥着巨大的作用。但是农药的大量使用，对人类和环境的负面影响日益明显。因此，如何趋利避害，充分发挥农药对人类的积极作用，尽量降低农药对人类的不利影响，是世界各国实施农药管理的根本宗旨，也是各国农药管理部门长期追求的最终目标。

3.1.3.2　农药残留的危害

在现代农业中，主要是通过使用人工合成的有机农药进行害虫防治，这对于不断增长的粮食生产发挥了巨大作用。但是，如果使用不当，就会污染环境，杀死天敌，破坏生物群，导致害虫再发生，以及由于抗药性发展而降低药效。人体遭受农药的危害 80%～90% 是通过进食被农药污染的食品造成的。

长期滥用农药造成环境中的有害物质不断增加，危害到生态平衡和人类健康。农产品中普遍存在农药残留，其种类很多，常见的有有机氯农药和有机磷农药两类。造成污染的农药主要是有机氯农药，含铅、砷、汞等物质的金属制剂，以及某些特异性除草剂。有机氯农药，如六六六、DDT 等，稳定性强，不易分解，大量使用不仅直接造成对农作物的污染，同时农药残留在水、土中，通过食物进入人体，危害健康。有机氯农药的化学性质非常稳定，在生物体内不易分解，它通过食物链进入人体后，在人体中日积月累，而人体又不能通过新陈代谢把它排出体外，因此，人体的有机氯农药含量会越来越高，达到一定程度就会发生中毒。有机氯农药由于具有不易分解的稳定性,已经污染了地球上的每一个角落,连南极大陆的企鹅体内也已发现有机氯农药。金属制剂的危险性也很大。喷洒过汞制剂的粮食、水果、蔬菜中都含有汞,可直接引起食物中毒。除草剂和杀菌剂本身的毒性往往不大,但它们分解后的产物有剧毒,因此危害也相当严重。多数农药对人和动物有毒害,大量接触以及误食后会造成急性中毒和死亡。据世界卫生组织报道,发展中国家的农民由于缺乏科学知识和安全措施,每年有 200 万人农药中毒,其中有 4 万人死亡,平均每 10 min 有 28 人中毒,每 17 min 有 1 人死亡! 而这还不包括因农药污染而导致死胎、致癌、流产的受害者。根据对 68 个国家的调查,急性中毒的人有 93% 是由有机氯、有机磷和汞制剂等农药所引起的。少量农药在人体内的积累引起的慢性中毒也不可忽视。农药污染已在许多国家造成公害。许多国家已禁止使用 DDT、狄氏剂、氯制剂等农药,并积极研制和生产低毒高效农药,同时研究农药使用的科学性,大力提倡生物防治,保护益鸟、益虫,做到“以鸟治虫”“以虫治虫”。此外,在食品中拟除虫菊酯类、氨基甲酸酯类、沙蚕毒素类农药残留也占有一定的比例。

农药对食品的污染有直接污染和间接污染两种途径:直接污染是在农田施用农药时,直接污染农作物;间接污染有多种形式,例如因水质污染而污染水产品、土壤沉积的农药污染、大气飘浮的农药污染、饲料残留农药的污染等。

由于农药的毒性都很大,有些甚至可以在人体内蓄积、严重危害人体健康。因此为提高食品的卫生质量,保证食品的安全及人类的健康,应该对食品中的农药残留进行准确测定。目前许多国家和组织对食品中农药残留的允许量都有了相关的规定,中国对有机氯农药六六六、滴滴涕(DDT),拟除虫菊酯类农药,氨基甲酸酯类农药及有机磷农药等在食品中的允许量都做出了相关的规定,由于篇幅有限,具体内容请自行查找。

1. 土壤污染

农作物施用农药时,农药可残留在土壤中,有些性质稳定的农药,在土壤中可残留数十年。农药的微粒还可随空气飘移至很远的地方,污染食品和水源。这些环境中残存的农药又会被作物吸收、富集,而造成食品间接污染。在间接污染中,一般通过大气和饮水进入人体的农药仅占 10% 左右,通过食物进入人体的农药可达到 90% 左右。种茶区在禁用 DDT、六六六多年后,在采收后的茶叶中仍可检出较高含量的 DDT 及其分解产物和总六六六。茶园中六六六的污染主要来自污染的空气及土壤中的残留农药。此外,水生植物体内农药的残留量往往比生长环境中的农药含量高出若干倍。

2. 环境污染

由于农药的施用通常采用喷雾的方式，农药中的有机溶剂和部分农药飘浮在空气中，污染大气；农田被雨水冲刷，农药则进入江河，进而污染海洋。这样，农药就由气流和水流带到世界各地，残留土壤中的农药则可通过渗透作用到达地层深处，从而污染地下水。据世界卫生组织报道，全世界生产了约 15 Mt DDT，其中约 1 Mt 仍残留在海水中。中国南方某省 1994—1998 年，渔业水域受污染面积达 45 万多 hm^2，污染事故 800 多起。水域中的农药通过浮游植物—浮游动物—小鱼—大鱼的食物链传递、浓缩，最终到达人类，在人体中累积。

3. 生态破坏

农药的滥用，导致害虫、病菌产生抗药性。据统计，世界上产生抗药性的害虫从 1991 年的 15 种增加到近期的 800 多种，中国也至少有 50 种害虫产生抗药性。抗药性的产生造成用药量的增加，乐果、敌敌畏等常用农药的稀释浓度已由常规的 1/1 000 提高到 1/500～1/400，某些菊酯类农药稀释倍数也由 3 000～5 000 倍提高到 1 000 倍左右。20 世纪 80 年代初，中国各地防治棉田的棉铃虫和棉蚜只需用除虫菊类杀虫剂防治 2～3 次，每次用药量 450 mL/hm^2，就可以全生长季控制为害；到了 90 年代，棉蚜对这类杀虫剂的抗药性已超过 1 万倍，防治已无效果，棉铃虫也对其产生几百倍到上千倍的抗药性，防治 8～10 次，甚至超过 20 次，每次用 750 mL/hm^2，防治效果仍大大低于 80 年代初。大量和高浓度使用杀虫剂、杀菌剂的同时，杀伤了许多害虫天敌，破坏了自然界的生态平衡，使过去未构成严重危害的病虫害大量发生，如红蜘蛛、介壳虫、叶蝉及各种土传病害。此外，农药也可以直接造成害虫迅速繁殖，80 年代后期，湖北使用甲胺磷、三唑磷治稻飞虱，结果刺激稻飞虱产卵量增加 50% 以上，用药 7～10 d 即引起稻飞虱再猖獗。这种使用农药的恶性循环，不仅使防治成本增高、效益降低，更严重的是造成人畜中毒事故增加。长期大量使用化学农药不仅误杀了害虫天敌，还杀伤了对人类无害的昆虫，影响了以昆虫为生的鸟、鱼、蛙等生物。在农药生产、施用量较大的地区，鸟、兽、鱼、蚕等非靶生物伤亡事件也时有发生。世界野生动物基金会 1998 年发表报告说，若以 1970 年地球生物指数为 100，1995 年已下降到 68，在短短的 25 年中，地球上 32% 的生物被毁灭。在此期间，海洋生物指数下降 30%。

4. 食品污染

直接施用农药造成食品及食品原料的污染。给农作物直接施用农药制剂后，渗透性农药主要黏附在蔬菜、水果等作物表面（大部分可以洗去），因此作物外表的农药浓度高于内部；内吸性农药可进入作物体内，使作物内部农药残留量高于作物体外。另外,作物中农药残留量大小也与施药次数、施药浓度、施药时间和施药方法以及植物的种类等有关。一般施药次数越多、间隔时间越短、施药浓度越大,作物中的药物残留量越大。随着栽培技术的不断进步,蔬菜的生长期已越来越短,而随着环境污染的加剧,蔬菜的病虫害也越来越重,绝大部分蔬菜需要连续多次施药后才能成熟上市。农药污染较重的有叶类蔬菜,其中韭菜、油菜受到的污染比例最大。茄果类蔬菜如青椒、番茄等,嫩荚类蔬菜如豆角等,鳞茎类蔬菜如葱、蒜、洋葱等,农药的污染相对较小。粮食、水果、蔬菜等食品贮存期间为防止病虫害、抑制成长而施用农药,也可造成食品农药残留。例如粮食用杀虫剂,香蕉和柑橘用杀菌剂,洋葱、土豆、大蒜用抑芽剂等。

5. 对人体健康的影响

农药残留进入粮食、蔬菜、水果、鱼、虾、肉、蛋、奶中,造成食物污染,或被一些生物摄取或通过其他的方式吸入后累积于体内,造成农药的高浓度贮存,再通过食物链转移至另一生物,经过食物链的逐级富集后,若食用了该类生物性食品可使进入人体的农药残留量成千倍甚至上万倍的增加,从而严重影响人体健康。一般在肉、乳品中含有的残留农药主要是禽畜摄入被农药污染的饲料,造成体内蓄积,尤其在动物的脂肪、肝、肾等组织中残留量较高。动物体内的农药有些可随乳汁进入人体,有些则可转移至蛋中,产生富集作用。鱼虾等水生动物摄入水中污染的农药后,通过生物富集和食物链可使体内农药的残留浓集数百至数万倍。由于农药残留对人和生物危害很大,各国对农药的施用都进行严格的管理,并对食品中农药残留容许量做了规定,如日本对农药实行登记制度,一旦确认某种农药对人畜有害,政府便限制或禁止销售和使用。

3.1.4 欧盟对农药残留的要求

2004年1月1日起,欧盟正式禁止含有化学活性物质的320种农药在境内销售,其中涉及我国正在生产、使用及销售的农药有62个品种。由于这些农药已经广泛应用于水果、茶叶、蔬菜、谷物等生产中,因此使用这些农药的农产品在出口欧盟时,就可能被退货或销毁。

这62个农药品种在国内使用量都较大。像三唑磷是长江流域防治水稻螟虫的主打药品,如果停止使用的话,一时还无法找到有效的替代药品。再如敌磺钠是在蔬菜、西瓜的苗期,用于土壤中防治土传病害的廉价农药,若换用替代产品的话,势必导致成本的增加。

对此，在停用和限用一些农药品种的同时，必须注意新的替代品种的开发、引进和试验推广，要提出不同作物、不同病虫害防治对象、不同常规农药品种的“候选品种”，并注意价格上的“适宜性”。同样农药的生产企业要尽快调整生产品种，才能为农产品高质量生产和出口创汇提供更可靠的保证。

据统计数据显示，2010 年我国农药原药产量为 234.25 万 t，农药行业销售收入达 1500.2 亿元。2012 年我国农药总产量为 354.9 万 t，居世界第一。2014 年我国累计生产农药 374.40 万 t，农药行业销售收入突破了 3000 亿元。2015 年我国农药行业销售收入有所下降，2016 年后我国农药行业销售收入进入缓慢增长期。根据国家统计局数据，2016 年我国化学农药原药产量为 377.8 万 t，同比微增 1.0%；出口数量为 140 万 t，同比增长 19.2%，2017 年中国化学农药原药累计产量为 294.1 万 t，农药出口金额达到 67.60 亿美元，同比增长 20.4%；出口量为 146.76 万 t，同比增长 6.9%。

部分欧盟禁用农药清单（涉及我国的 62 个品种）如下。

1. 杀虫杀螨剂

杀螟丹、乙硫磷、苏云金杆菌 δ－内毒素、氧乐果、三唑磷、喹硫磷、甲氰菊酯、溴螨酯、氯唑磷、定虫隆、嘧啶磷、久效磷、丙溴磷、甲拌磷、特丁硫磷、治螟磷、磷胺、双硫磷、胺菊酯、稻丰散、残杀威、地虫硫磷、双胍辛胺、丙烯菊酯、四溴菊酯、氟氰戊菊酯、丁醚脲、三氯杀螨砜、杀虫环、苯螨特 30 种。

2. 杀菌剂

托布津、稻瘟灵、敌菌灵、有效霉素、甲基胂酸、恶霜灵、灭锈胺、敌磺钠 8 种。

3. 除草剂

苯噻草胺、异丙甲草胺、扑草净、丁草胺、烯禾定、吡氟禾草灵、吡氟氯禾灵、恶唑禾草灵、喹禾灵、氟磺胺草醚、三氯羧草醚、氯炔草灵、灭草蜢、哌草丹、野草枯、氰草津、莠灭净、环嗪酮、乙羧氟草醚、草除灵 20 种。

4. 植物生长调节剂

氟节胺、抑芽唑、2,4,5－T。

5. 杀螺剂

蜗螺杀。

3.2 农药残留分析样品的采集和保存

3.2.1 农药残留分析样品的采集

采样是指从大量的分析对象中抽取具有代表性的样品作为分析材料。

采样是有机产品检测工作中非常重要的环节。由于有机产品种类繁多,成分相对比较复杂。同一种类的产品,其成分及含量也会因品种、产地、成熟期、加工或保存条件不同而存在较大差异。即使是同一分析对象,也会因为分析部位不同,其成分和含量也可能有较大差异。因此,要确保检测结果的准确性,就需要采集的样品具有代表性。随后的一系列检验工作无论多么精密准确,如果采集的样品不具有代表性,其检测结果也不具有代表性,更没有说服力。

3.2.1.1 样品的种类

从群体采集的送达残留分析实验室的样品材料有以下几类。

检测样品:实验室样品经过缩分减量或经过精制后的样品。

检测样份:从检测样品中称取的用于分析处理的试样。

检测溶液:检测样份经过提取、净化处理后进入待测状态的溶液。

3.2.1.2 采样原则

①采集的样品必须具有代表性。

②采样方法必须与分析目的保持一致。

③采样量应满足残留测定的精确要求。

④取样和样品贮存过程中尽可能防止与测定组分发生化学变化或者丢失。

⑤要防止和避免样品受到污染,尽可能减少无关化合物引入样品。

⑥样品的采取过程应保持前后的一致性。

3.2.1.3 采样方法

1. 方法

农药残留的采样方法有随机采样法、对角线采样法、五点采样法几种。

①随机采样法:通过抽取随机数字决定小区中被采集的植株。

②对角线采样法：在小区中呈 X 形定点取样。

③五点采样法：对角线法的一个特例，即在小区的中间和四个角的方向定五点取样。

2. 注意事项

在采样时，需要注意以下几点：

①在所选的采样点上有选择地采样，应避免采有病、过小或未成熟的样品。采果树样品时，需在植株各部位（上、下、内、外、向阳和背阴面）采样，果实密集的部位相对多采。

②避免在地头或边缘采样（留 0.5 m 边缘），按规定采集所有可食用部分，注意尽可能符合农产品采收实际要求。

③先采对照区的样品，再采集其他小区样品。每个小区采集一个代表性样品。

3.2.1.4 采样量和采样部位

根据我国《农药登记资料要求》规定，除非特别声明，农药最大残留限量（MRL）应用的初级农产品的部位等同于采样用于残留分析的部位（表 3-1）。

表 3-1 分类及采样部位和推荐采样量

组别	样本类别	采样量	分析部位
1	块根类和块茎类蔬菜（如马铃薯、萝卜、胡萝卜、芜菁、甘薯、山药、甜菜、块根芝）	6～12 个个体，且不少于 3 kg	采集块根或块茎，用毛刷和干布去除泥土或其他黏附物
2	鳞茎类蔬菜（如大蒜、洋葱、韭菜、葱）	12～24 个个体，且不少于 3 kg	韭菜和大葱：去除泥土、根和其他黏附物；鳞茎、干洋葱头和大蒜：去除根部和老皮
3	叶类蔬菜（如菠菜、甘蓝、大白菜、莴苣、甜椰菜、萝卜叶、菊苣）	4～12 个个体，且不少于 3 kg	去掉明显腐烂和萎蔫部分的茎叶。花菜和花椰菜分析花序和茎
4	茎菜类蔬菜（如芹菜、朝鲜蓟、菊苣、大黄）	至少 12 个个体，且不少于 2 kg	去掉明显腐烂和萎蔫部分的可食茎部、嫩芽。大黄：只取茎部
5	豆菜类蔬菜（果皮可食如蚕豆、菜豆、大豆、绿豆、豌豆、芸豆、利马豆）	鲜豆（荚）不少于 2 kg，干样不少于 1 kg	取豆荚或籽粒
6	果菜类（果皮可食如黄瓜、胡椒、茄子、西葫芦、番茄、黄秋葵）	6～12 个个体，且不少于 3 kg	除去果梗后的整个果实
7	果菜类（果皮不可食如哈密瓜、南瓜、甜瓜、西瓜、冬瓜）	4～6 个个体	除去果梗后的整个果实，测定时果皮与果肉分别测定

续表 3-1

组别	样本类别	采样量	分析部位
8	食用菌类蔬菜(如香菇、草菇、口蘑、双孢蘑菇、大肥菇、木耳)	至少 12 个个体,且不少于 1 kg	取整个子实体
9	柑橘类水果(如橘子、柚子、橙子、柠檬)	至少 6～12 个个体,至少 3 kg	取整个果实,外皮和果肉分别测定
10	梨果类水果(如苹果、梨)	至少 12 个个体,且不少于 3 kg	取去蒂、去芯部(含籽)的带皮果肉
11	核果类水果(如杏、油桃、樱桃、桃、李子)	至少 24 个个体,但不少于 2 kg	除去果梗及核部的整个果实,但残留量计算包括果核
12	小水果和浆果(如葡萄、草莓、黑莓、醋栗、越橘、罗甘莓、酸果蔓、黑醋栗、覆盆子)	至少 3 kg	去掉果柄和果托的整个果实
13	果皮可食类水果(如枣、橄榄、无花果)	至少 1 kg	枣、橄榄:分析除去果梗和核后的整个果实,但计算残留量时以整个果实计。无花果取整个果实
14	果皮不可食类水果(如鳄梨、杧果、香蕉、番木瓜果、番石榴、西番莲果、新西兰果、菠萝)	4～12 个个体,且不少于 3 kg	除非特别说明,应取整个果实。鳄梨和杧果:整个样本去核,但是计算残留量时以整个果实计。菠萝:去除果冠
15	谷物(如水稻、小麦、大麦、黑麦、玉米、高粱、燕麦、甜玉米)	至少 12 点,不少于 2 kg	对于稻谷,取糙米或精米。鲜食玉米和甜玉米,取籽加玉米穗(去皮)
16	饲草作物类(如大麦饲料、玉米饲料、稻草、高粱饲料)	至少 5 个个体,不少于 2 kg	取整个植株
17	经济作物(如花生、棉籽、红花籽、亚麻籽、葵花籽、油菜籽、茶叶、成茶、可可豆、咖啡豆)	多点采样不少于 0.1～0.5 kg(干样)或 1～2 kg(鲜样)	整个籽粒或食用部分。花生去掉外皮
18	豆科饲料作物(如紫花苜蓿饲料、花生饲料、大豆饲料、豌豆饲料)	多点采样,1～2 kg,干草 0.5 kg	取整个植株
19	坚果(如杏核、澳洲坚果、栗子、核桃、榛子、胡桃)	多点采样,不少于 1 kg	去壳后的整个可食部分。板栗去皮处理
20	中草药	多点采样不少于 0.5 kg(干样)或 1 kg(鲜样)	取整个药用部分
21	香草类	多点采样,不少于 0.1 kg(干样)或 0.2 kg(鲜样)	取整个食用部分

续表 3-1

组别	样本类别	采样量	分析部位
22	调味品类	多点采样不少于 0.2 kg（干样）或 0.5 kg（鲜样）	取整个食用部分
23	土壤	不少于 1 kg	土壤样本一般从作物生长小区内采集，采集 0～15 cm 耕作层，每个小区设 5～10 个采样点
24	水和其他液体样本	从作物生长小区内多点采集 5 L 水样，充分混合	去除漂浮物、沉淀物和泥土

3.2.2　农药残留分析样品的包装、贮存

3.2.2.1　样品的包装

样品需用不含分析干扰物质和不易破损的容器包装，采集的每一个样品应写好标签。标签应能够防潮，一般在样品包装内外各放一个标签，样品送达实验室后应给每个样品赋予唯一编号，伴随样品分析各个阶段，直至报告结果。样品及有关样品资料（样品名称、采样时间、地点及注意事项等）应在 24 h 以内运送到实验室。在运输过程中应避免样本变质、受损、失水或遭受污染。

在样品抵达实验室之后，首先必须做好样品编码和记录，然后依据样品性质或待检测农药的性质，安排在合理时间内进行样品处理、分析。如果不能马上进行处理和分析，应尽快保存在冷冻或冷藏冰箱中。

3.2.2.2　样品的贮存

运到实验室的新鲜样品应在 1～5℃（最佳范围为 3～5℃）下贮存并应尽快检测，如需贮存较长时间或是冷冻样品，则样品必须在 -20℃条件下贮存，解冻后应立即测定。有些农药贮存时可能会发生降解，需要在相同条件下作添加回收率试验进行验证。

对于果皮和果肉分别检测的样品，应该在冷冻前将其分离，分别包装。一般不得将样品匀浆后冷冻，除非证明这样不可能造成农药残留的损失。但是可将样品先提取并去掉溶剂后在 -20℃条件下贮存。水样则应保存在冰点以上，以防止冻裂容器。

取冷冻样品进行检测时，应不使水和冰晶与样品分离，必要时应进行匀浆。检测后的样品需保存至少半年时间，以供复检。

3.2.3 农药残留分析样品的记录

农药残留分析样品的记录表应该包括：样品名称、种类、品种；识别标记或批号、样本编号；采样日期；采样时间；采样地点；样本基数及采样数量；包装方法；采样（收样）单位、采样（收样）人签名或盖章；贮存方式、贮存地点、保存时间；采样时的环境条件和气候条件；对市场抽检样品需标明原编号及生产日期、被抽样单位，并经被抽样单位签名或盖章。

3.3 农药残留分析样品的制备

3.3.1 农药残留分析样品的预处理

①对于个体较小的样品，如麦粒和小粒水果等，用四分法将田间样品缩分成实际需要的实验室样品，谷物等样品先粉碎、过40目筛，最后取250～500 g样品保存待测。

②土样样品不能风干，过1 mm孔径筛，最后取250～500 g样品保存待测，测试同时做水分含量，用于校正干土的农药残留量。不能过筛土壤的样品去掉植物残枝和石砾后保存待测。

③水和其他液体样品，应充分混合，过滤除去漂浮物、沉淀物和泥土。

④中等个体的样品，如豆荚等，样品缩分可能导致失去代表性，可在充分混合的田间样品中随机选取足够量的实验室样品。

⑤较大个体的样品，如大白菜、西瓜等蔬菜、水果样品，应该采集有足够代表性的样品。

3.3.2 农药残留分析样品的前处理

样品前处理是痕量分析检测的关键步骤。传统的前处理方法，如液液萃取、索式提取、层析、蒸馏、离心、沉淀、匀浆、盐析等，手工操作步骤多，处理时间长，有时需要使用大量溶剂，不仅容易损失样品，导致较大误差，而且处理中使用了有机溶剂，比如含卤素的有机溶剂，对操作人员健康和环境都可能产生不利影响。因此，高效、快速的少溶剂，甚至无溶剂的样品制备与前处理方法的研究一直是现代分析化学研究的热点。

作为一个理想的样品制备与处理方法应具备处理速度快，操作简便，成本低廉，方法有效，范围广，操作安全等特点。近年来，一些仅需使用微量溶剂甚至无需溶剂的样品制备与处理技术得到了迅速的发展，例如固相萃取、固相微萃取、超临界流体萃取、微波辅助萃取、浊点萃取和液相微萃取等。

1. 振荡法

经典的前处理方法，广泛应用于农药残留分析中。我国国家标准 GB/T 5009 系列就是以丙酮为萃取溶剂，进行农药提取分离的。振荡法若使用单一非极性溶剂，植物组织包裹农药分子，萃取溶剂不能有效与溶剂接触，造成萃取率较低，因此，一般采用丙酮、乙腈等萃取溶剂，或者使用混合溶剂来进行农药的萃取。

2. 液液萃取法

液液萃取是传统的前处理方法，也是目前应用最广泛的农药前处理技术。液液萃取利用待测组分与杂质在两个互不相容的溶剂中的分配系数不同而达到分离纯化。液液萃取虽然实验器材要求低，但也存在多方面的缺点，一方面对溶剂要求高，既要提取待测组分，又要使待测组分与杂质进行分离；另一方面传统的液液萃取，操作烦琐，多次萃取，耗时长，样品流失大，重现性不好，且溶剂消耗量大，易造成溶剂浪费和环境污染。

3. 超声波提取法

由于超声波萃取，不需要加热，与其他方法联用，能大大提高萃取率，缩短萃取时间，被广泛应用于食品、药物、工业原材料、农业环境等各行业中。但超声波辅助提取，一般消耗溶剂量较大，萃取不够均匀，实验重现性较差。

4. 加速溶剂提取法

加速溶剂萃取是在升高温度和压力的情况下，通过增加物质的溶解度和扩散系数来提高萃取效率的全自动萃取方法。加速溶剂提取有操作简便、快速、溶剂用量少、回收率高、重现性好的优势，但是不适用于热稳定性差的物质的提取，且采用加速溶剂提取法后，溶液杂质含量较高。

5. 微波萃取法

不同物质与微波的作用不同，产生的热量不同，通过调节微波功率、萃取的溶剂比例、萃取时间、萃取温度来达到条件优化，使待测物从基体或体系中分离出来。极性分子能迅速吸收微波能量，所以微波萃取一般使用极性溶剂。微波萃取具有萃取速度快，萃取效率高，溶剂用量小的特点。微波萃取时，要注意溶剂爆沸，以及微波对待测物的影响。

6. 固相萃取法

固相萃取采用选择性吸附、选择性洗脱的方式对样品进行分离、纯化、富集，可以近似地看作一种简单的色谱过程，是一种包含固相、液相的物理萃取过程，广泛用于农药的检测分析的前处理方法。目前固相萃取柱大多对目标分子吸附性较差，选择吸附杂质分子。固相萃取的优点是回收率高、重现性好、适用范围广、简单快捷，并且可以实现现场应用和自动化操作。

7. 固相微萃取法

固相微萃取是在固相萃取的基础上发展起来的新型的样品前处理技术，萃取剂为具有选择吸附性涂层。固相微萃取不使用溶剂，并且是集采样、萃取、浓缩、进样于一体的样品前处理方法。固相微萃取的原理是在微量进样器针头涂上一层固定液或是键合一层固定相，将其插入样品溶液中，萃取、浓缩有机化合物，再使被测物进入分析器从而进行分析测定。

8. 基质固相分散技术

基质固相分散技术是将基质与吸附颗粒同时装柱，选择合适的溶剂，对样品进行洗脱，能够同时实现样品的萃取与净化，节省试验时间。基质固相分散技术萃取率高，使用溶剂少，广泛应用于水果、蔬菜中污染物的测定。基质固相分散技术不能用于一些取样量大的特殊样品检测。

9. 凝胶渗透色谱技术

凝胶渗透色谱技术是利用具有分子筛性质的凝胶，实现待测物分子与不同分子量的大分子干扰物的分离。凝胶渗透色谱已成功实现了脂类样品和色素较多样品中的有机氯、有机磷、拟除虫菊酯类等农药的净化处理。凝胶渗透色谱虽然净化效果好，易于自动化控制，但是溶剂消耗较多，净化耗时长，分离效果一般，还需要进一步发展。

10. 分子印迹萃取技术

分子印迹萃取技术根据待测物分子的性质和结构量身定做的一种特异性聚合物，通过聚合物的特异选择性，来对待测物进行分离纯化。与传统的 LLE 和 SPE 进行比较，分子印迹固相萃取重现性好，精确度高，是一种结合了高分子化学，生物化学，新型的，具有专一识别性的检测技术。

11. 顶空萃取法

是一种利用待测物的挥发性，对待测物进行吸附检测的技术。顶空分离技术广泛用于将挥发性物质从液体或固体样品中的基体中分离出来,快速简单,不需要有机溶剂,需要的样品量少,分离过程中无杂质生成。可分为静态顶空技术和动态顶空技术。动态顶空比静态顶空有更高的检测灵敏度,更适于痕量和超痕量分析。国内已开展了一些气提法富集水中痕量有机物的研究,但挥发性有机物回收率低,不够稳定,应用面也较窄。

12. 其他方法

磺化法:在萃取溶剂中,调节加入浓硫酸的用量,使样品中的蜡质、脂肪等杂质与浓硫酸产生磺化反应,从而使农药与杂质分离,达到净化的目的,但是残留硫酸会给色谱柱、检测器带来污染。

冷冻法:在低温条件下降低待测物中脂肪、蜡质、蛋白质等的溶解度,并在低温条件下过滤掉杂质。

凝结沉淀法:是通过加入凝结剂,使溶液中的脂肪、蛋白质、蜡质等杂质沉淀析出,达到净化目的。GB/T 5009.20—2003《食品中有机磷农药残留量的测定》则是以磷酸、硫酸铵、氢氧化钾配制凝结液来沉淀杂质的。

农药残留检测不仅需要高灵敏度的精密检测技术,而且需要快速有效的样品前处理技术,因此这些新技术将不断得到优化和确证。不同的样品前处理技术有着不同的优缺点,因此在实际工作中,应根据实际条件、待测样品数量以及检测结果的要求,选用合适的样品前处理方法。未来的农药残留分析的发展方向之一是从目前单一农药品种分析转向多农药品种分析,但是到目前为止,还没有一种前处理技术能达到同时提取食品中残留的所有品种农药。由于样品前处理在整个农药残留检测分析过程中是首要环节,个体差异、烦琐的手工操作最容易引起误差,且有机溶剂的大量使用会对人体和环境造成很大的危害,因此未来样品前处理技术的发展方向应是尽可能快速、精确、无毒,将前处理与检测技术在线联用实现高度自动化。

3.4 农药残留的常见检测技术

目前农药残留的检测方法有液相色谱法、气相色谱法、色谱与质谱联用技术等。

3.4.1 高效液相色谱法

3.4.1.1 概述

色谱法最早是由俄国植物学家茨维特（Tswett）在1906年研究用碳酸钙分离植物色素时发现的，色谱法（chromatography）因之得名。后来在此基础上发展出纸色谱法、薄层色谱法、气相色谱法、液相色谱法。

色谱法的分离原理是：溶于流动相（mobile phase）中的各组分经过固定相时，由于与固定相（stationary phase）发生作用（吸附、分配、离子吸引、排阻、亲和）的大小、强弱不同，在固定相中滞留时间不同，从而先后从固定相中流出。色谱法又称为色层法、层析法。

液相色谱法开始阶段是用大直径的玻璃管柱在室温和常压下用液位差输送流动相，称为经典液相色谱法，此方法柱效低、时间长（常用几个小时）。高效液相色谱法（high performance liquid chromatography，HPLC）是在经典液相色谱法的基础上，于20世纪60年代后期引入了气相色谱理论而迅速发展起来的。它与经典液相色谱法的区别是填料颗粒小而均匀，小颗粒具有高柱效，但会引起高阻力，需用高压输送流动相，故又称高压液相色谱法（high pressure liquid chromatography，HPLC）。又因分析速度快而称为高速液相色谱法（high speed liquid chromatography，HSLP）。也称现代液相色谱法。

3.4.1.2 高效液相色谱法分类及其分离原理

1. 高效液相色谱法分类

按两相的物理状态可分为：气相色谱法（GC）和液相色谱法（LC）。气相色谱法适用于分离挥发性化合物。GC根据固定相不同又可分为气固色谱法（GSC）和气液色谱法（GLC），其中以GLC应用最广。液相色谱法适用于分离低挥发性或非挥发性、热稳定性差的物质。LC同样可分为液固色谱法（LSC）和液液色谱法（LLC）。此外还有超临界流体色谱法（SFC），它以超临界流体（界于气体和液体之间的一种物相）（常用CO_2）为流动相，因其扩散系数大，能很快达到平衡，故分析时间短，特别适用于手性化合物的拆分。

按原理分为吸附色谱法（AC）、分配色谱法（DC）、离子交换色谱法（IEC）、排阻色谱法（EC），又称分子筛、凝胶过滤（GFC）、凝胶渗透色谱法（GPC）和亲和色谱法（此外还有电泳）。

按操作形式可分为纸色谱法（PC）、薄层色谱法（TLC）、柱色谱法。

2. 高效液相色谱法分离原理

高效液相色谱法按分离机制的不同分为液固吸附色谱法、液液分配色谱法（正相与反相）、离子交换色谱法、离子对色谱法及分子排阻色谱法。

（1）液固吸附色谱法

使用固体吸附剂，被分离组分在色谱柱上分离原理是根据固定相对组分吸附力大小不同而分离。分离过程是一个吸附－解吸附的平衡过程。常用的吸附剂为硅胶或氧化铝，粒度 5 ～ 10 μm。适用于分离分子量 200 ～ 1 000 的组分，大多数用于非离子型化合物，离子型化合物易产生拖尾。常用于分离同分异构体。

（2）液液分配色谱法

使用将特定的液态物质涂于担体表面，或化学键合于担体表面而形成的固定相，分离原理是根据被分离的组分在流动相和固定相中溶解度不同而分离。分离过程是一个分配平衡过程。

涂布式固定相应具有良好的惰性；流动相必须预先用固定相饱和，以减少固定相从担体表面流失；温度的变化和不同批号流动相的区别常引起柱子的变化；另外在流动相中存在的固定相也使样品的分离和收集复杂化。由于涂布式固定相很难避免固定液流失，现在已很少采用。现在多采用的是化学键合固定相，如 C18、C8、氨基柱、氰基柱和苯基柱。

液液色谱法按固定相和流动相的极性不同可分为正相色谱法（NPC）和反相色谱法（RPC）（表 3-2）。

①正相色谱法：采用极性固定相（如聚乙二醇、氨基与腈基键合相）；流动相为相对非极性的疏水性溶剂（烷烃类如正已烷、环已烷），常加入乙醇、异丙醇、四氢呋喃、三氯甲烷等以调节组分的保留时间。常用于分离中等极性和极性较强的化合物（如酚类、胺类、羰基类及氨基酸类等）。

②反相色谱法：一般用非极性固定相（如 C18、C8）；流动相为水或缓冲液，常加入甲醇、乙腈、异丙醇、丙酮、四氢呋喃等与水互溶的有机溶剂以调节保留时间。适用于分离非极性和极性较弱的化合物。RPC 在现代液相色谱中应用最为广泛，据统计，它占整个 HPLC 应用的 80% 左右。

随着柱填料的快速发展，反相色谱法的应用范围逐渐扩大，现已应用于某些无机样品或易解离样品的分析。为控制样品在分析过程的解离，常用缓冲液控制流动相的 pH。但需要注意的是，C18 和 C8 使用的 pH 通常为 2.5 ～ 7.5（2 ～ 8），太高的 pH 会使硅胶溶解，太低的 pH 会使键合的烷基脱落。有报告新商品柱可以在 pH1.5 ～ 10 范围操作。

表 3–2　正相色谱法与反相色谱法比较

项目	正相色谱法	反相色谱法
固定相极性	高～中	中～低
流动相极性	低～中	中～高
组分洗脱次序	极性小先洗出	极性大先洗出

从表 3-2 可看出，当极性为中等时正相色谱法与反相色谱法没有明显的界线（如氨基键合固定相）。

（3）离子交换色谱法

固定相是离子交换树脂，常用苯乙烯与二乙烯交联形成的聚合物骨架，在表面末端芳环上接上羧基、磺酸基（阳离子交换树脂）或季氨基（阴离子交换树脂）。被分离组分在色谱柱上分离原理是树脂上可电离离子与流动相中具有相同电荷的离子及被测组分的离子进行可逆交换，根据各离子与离子交换基团具有不同的电荷吸引力而分离。

缓冲液常用作离子交换色谱的流动相。被分离组分在离子交换柱中的保留时间除与组分离子和树脂上的离子交换基团作用强弱有关外，它还受流动相的 pH 和离子强度影响。pH 可改变化合物的解离程度，进而影响其与固定相的作用。流动相的盐浓度大，则离子强度高，不利于样品的解离，导致样品较快流出。

离子交换色谱法主要用于分析有机酸、氨基酸、多肽及核酸。

（4）离子对色谱法

又称偶离子色谱法，是液液色谱法的分支。它是根据被测组分离子与离子对试剂离子形成中性的离子对化合物后，在非极性固定相中溶解度增大，从而使其分离效果改善。主要用于分析离子强度大的酸碱物质。

分析碱性物质常用的离子对试剂为烷基磺酸盐，如戊烷磺酸钠、辛烷磺酸钠等。另外高氯酸、三氟乙酸也可与多种碱性样品形成很强的离子对。

分析酸性物质常用四丁基季铵盐，如四丁基溴化铵、四丁基铵磷酸盐。

离子对色谱法常用 ODS 柱（即 C18），流动相为甲醇 – 水或乙腈 – 水，水中加入 3 ～ 10 mmol/L 的离子对试剂，在一定的 pH 范围内进行分离。被测组分滞留时间与离子对性质、浓度、流动相组成及其 pH、离子强度有关。

（5）分子排阻色谱法

固定相是有一定孔径的多孔性填料，流动相是可以溶解样品的溶剂。小分子量的化合物可以进入孔中，滞留时间长；大分子量的化合物不能进入孔中，直接随流动相流出。它利用分子筛对分子量大小不同的各组分排阻能力的差异而完成分离。常用于分离高分子化合物，如组织提取物、多肽、蛋白质、核酸等。

3.4.1.3 HPLC 的特点和优点

HPLC 有以下特点：

高压——压力可达 150～300 kg/cm^2。色谱柱每米降压为 75 kg/cm^2 以上。

高速——流速为 0.1～10.0 mL/min。

高效——可达 5 000 塔板每米。在一根柱中同时分离成分可达 100 种。

高灵敏度——紫外检测器灵敏度可达 0.01 ng。同时消耗样品少。

HPLC 与经典液相色谱相比有以下优点：

速度快——通常分析一个样品在 15～30 min，有些样品甚至在 5 min 内即可完成。

分辨率高——可选择固定相和流动相以达到最佳分离效果。

灵敏度高——紫外检测器可达 0.01 ng，荧光和电化学检测器可达 0.1 pg。

柱子可反复使用——用一根色谱柱可分离不同的化合物。

样品量少，容易回收——样品经过色谱柱后不被破坏，可以收集单一组分或做制备。

3.4.1.4 HPLC 系统

HPLC 系统一般由输液泵、进样器、色谱柱、检测器、数据记录及处理装置等组成。其中输液泵、色谱柱、检测器是关键部件。有的仪器还有梯度洗脱装置、在线脱气机、自动进样器、预柱或保护柱、柱温控制器等，现代 HPLC 仪还有微机控制系统，进行自动化仪器控制和数据处理。制备型 HPLC 仪还备有自动馏分收集装置。

最早的液相色谱仪由粗糙的高压泵、低效的柱、固定波长的检测器、绘图仪组成，绘出的峰通过手工测量计算峰面积。后来的高压泵精度很高并可编程进行梯度洗脱，柱填料从单一品种发展至几百种类型，检测器从单波长至可变波长检测器、可得三维色谱图的二极管阵列检测器、可确证物质结构的质谱检测器。数据处理不再用绘图仪，逐渐取而代之的是最简单的积分仪、计算机、工作站及网络处理系统。

目前常见的HPLC仪生产厂家国外有Waters公司、Agilent公司（原HP公司）、岛津公司等，国内有大连依利特公司、上海分析仪器厂、北京分析仪器厂等。

1. 输液泵

（1）泵的构造和性能

输液泵是HPLC系统中重要的部件之一。泵的性能好坏直接影响到整个系统的质量和分析结果的可靠性。输液泵应具备如下性能：①流量稳定，其RSD应＜0.5%，这对定性定量的准确性至关重要；②流量范围宽，分析型应在0.1～10 mL/min范围内连续可调，制备型应能达到100 mL/min；③输出压力高，输出压力一般应能达到150～300 kg/cm^2；④液缸容积小；⑤密封性能好，耐腐蚀。

泵的种类很多，按输液性质可分为恒压泵和恒流泵。恒流泵按结构又可分为螺旋注射泵、柱塞往复泵和隔膜往复泵。恒压泵受柱阻影响流量不稳定，螺旋泵缸体太大，这两种泵已被淘汰。目前应用最多的是柱塞往复泵。

柱塞往复泵的液缸容积小，可至0.1 mL，因此易于清洗和更换流动相，特别适合于再循环和梯度洗脱；改变电机转速能方便地调节流量，流量不受柱阻影响；泵压可达400 kg/cm^2。其主要缺点是输出的脉冲性较大，现多采用双泵系统来克服。双泵按连接方式可分为并联式和串联式，一般说来并联泵的流量重现性较好（RSD为0.1%左右，串联泵为0.2%～0.3%），但出故障的机会较多，价格也较贵。各品牌输液泵的基本参数见表3-3。

表3-3　各品牌输液泵的基本参数

项目	Waters 515型	HP 1100型	LC-10ATvp型	Elite P200 Ⅱ型	检定要求
流量范围/（mL/min）	0.001～10	0.001～10	0.001～9.999	0.01～4.99	
调节精度	0.001	0.001	0.001	0.01	
流量精密度	RSD 0.1%	0.15%（＜0.3%）	0.3%	0.5%	1.5%
流量准确度			±2.0%	±5.0%	±2.0%
最高压力	4 000 Psi※	40 MPa	39.2 MPa	40.0 MPa	

※1Psi＝6.895kPa。

（2）泵的使用和维护注意事项

为了延长泵的使用寿命和维持其输液的稳定性，必须按照下列注意事项进行操作：

①防止任何固体微粒进入泵体，因为尘埃或其他任何杂质微粒都会磨损柱塞、密

封环、缸体和单向阀，因此应预先除去流动相中的任何固体微粒。流动相最好在玻璃容器内蒸馏，而常用的方法是滤过，可采用 Millipore 滤膜（0.2 μm 或 0.45 μm）等滤器。泵的入口都应连接砂滤棒（或片）。输液泵的滤器应经常清洗或更换。

②流动相不应含有任何腐蚀性物质，含有缓冲液的流动相不应保留在泵内，尤其是在停泵过夜或更长时间的情况下。如果将含缓冲液的流动相留在泵内，由于蒸发或泄漏，甚至只是由于溶液的静置，就可能析出盐的微细晶体，这些晶体将和上述固体微粒一样损坏密封环和柱塞等。因此，必须泵入纯水将泵充分清洗后，再换成适合于色谱柱保存和有利于泵维护的溶剂（对于反相键合硅胶固定相，可以是甲醇或甲醇－水）。

③泵工作时要留心防止溶剂瓶内的流动相被用完，否则空泵运转也会磨损柱塞、缸体或密封环，最终产生漏液。

④输液泵的工作压力绝不要超过规定的最高压力，否则会使高压密封环变形，产生漏液。

⑤流动相应该先脱气，以免在泵内产生气泡，影响流量的稳定性，如果有大量气泡，泵就无法正常工作。

如果输液泵产生故障，须查明原因，采取相应措施排除故障：

①没有流动相流出，又无压力指示。原因可能是泵内有大量气体，这时可打开泄压阀，使泵在较大流量（如 5 mL/min）下运转，将气泡排尽，也可用一个 50 mL 针筒在泵出口处帮助抽出气体。另一个可能原因是密封环磨损，需更换。

②压力和流量不稳。原因可能是气泡，需要排除；或者是单向阀内有异物，可卸下单向阀，浸入丙酮内超声清洗。有时可能是砂滤棒内有气泡，或被盐的微细晶粒或滋生的微生物部分堵塞，这时，可卸下砂滤棒浸入流动相内超声除气泡，或将砂滤棒浸入稀酸（如 4 mol/L 硝酸）内迅速除去微生物，或将盐溶解，再立即清洗。

③压力过高的原因是管路被堵塞，需要清除和清洗。压力降低的原因则可能是管路有泄漏。检查堵塞或泄漏时应逐段进行。

（3）梯度洗脱

HPLC 有等强度（isocratic）和梯度（gradient）洗脱两种方式。等强度洗脱是在同一分析周期内流动相组成保持恒定，适合于组分数目较少，性质差别不大的样品。梯度洗脱是在一个分析周期内程序控制流动相的组成，如溶剂的极性、离子强度和 pH 等，用于分析组分数目多、性质差异较大的复杂样品。采用梯度洗脱可以缩短分析时间，提高分离度，改善峰形，提高检测灵敏度，但是常常引起基线漂移和降低重现性。

梯度洗脱有两种实现方式：低压梯度（外梯度）和高压梯度（内梯度）。

两种溶剂组成的梯度洗脱可按任意程度混合，即有多种洗脱曲线：线性梯度、凹形梯度、凸形梯度和阶梯形梯度。线性梯度最常用，尤其适合于在反相柱上进行的梯度洗脱。

在进行梯度洗脱时，由于多种溶剂混合，而且组成不断变化，因此带来一些特殊问题，必须充分重视：

①要注意溶剂的互溶性，不相混溶的溶剂不能用作梯度洗脱的流动相。有些溶剂在一定比例内混溶，超出范围后就不互溶，使用时更要引起注意。当有机溶剂和缓冲液混合时，还可能析出盐的晶体，尤其使用磷酸盐时须特别小心。

②梯度洗脱所用的溶剂纯度要求更高，以保证良好的重现性。进行样品分析前必须进行空白梯度洗脱，以辨认溶剂杂质峰，因为弱溶剂中的杂质富集在色谱柱头后会被强溶剂洗脱下来。用于梯度洗脱的溶剂需彻底脱气，以防止混合时产生气泡。

③混合溶剂的黏度常随组成而变化，因而在梯度洗脱时常出现压力的变化。例如，甲醇和水黏度都较小，当二者以相近比例混合时黏度增大很多，此时的柱压大约是甲醇或水为流动相时的两倍。因此要注意防止梯度洗脱过程中压力超过输液泵或色谱柱能承受的最大压力。

④每次梯度洗脱之后必须对色谱柱进行再生处理，使其恢复到初始状态。须让10～30倍柱容积的初始流动相流经色谱柱，使固定相与初始流动相达到完全平衡。

2. 进样器

早期使用隔膜和停流进样器，装在色谱柱入口处。现在大都使用六通进样阀或自动进样器。进样装置要求：密封性好，死体积小，重复性好，保证中心进样，进样时对色谱系统的压力、流量影响小。HPLC 进样方式可分为：隔膜进样、停流进样、阀进样、自动进样。

（1）隔膜进样

用微量注射器将样品注入专门设计的与色谱柱相连的进样头内，可把样品直接送到柱头填充床的中心，死体积几乎等于零，可以获得最佳的柱效，且价格便宜，操作方便。但不能在高压下使用（如 10 MPa 以上）；此外隔膜容易吸附样品产生记忆效应，使进样重复性只能达到 1%～2%；加之能耐各种溶剂的橡皮不易找到，常规分析使用受到限制。

（2）停流进样

可避免在高压下进样。但在 HPLC 中由于隔膜的污染，停泵或重新启动时往往会出现“鬼峰”;另一缺点是保留时间不准。在以峰的始末信号控制馏分收集的制备色谱中,效果较好。

（3）阀进样

一般 HPLC 分析常用六通进样阀（以美国 Rheodyne 公司的 7725 和 7725 i 型最常见）,其关键部件由圆形密封垫（转子）和固定底座（定子）组成。由于阀接头和连接管死体积的存在,柱效率低于隔膜进样（下降 5%～10%）,但耐高压（35～40 MPa）,进样量准确,重复性好（0.5%）,操作方便。

六通阀的进样方式有部分装液法和完全装液法两种。①用部分装液法进样时,进样量应不大于定量环体积的 50%（最多 75%）,并要求每次进样体积准确、相同。此法进样的准确度和重复性决定于注射器取样的熟练程度,而且易产生由进样引起的峰展宽。②用完全装液法进样时,进样量应不小于定量环体积的 5～10 倍（最少 3 倍）,这样才能完全置换定量环内的流动相,消除管壁效应,确保进样的准确度及重复性。

六通阀使用和维护注意事项：①样品溶液进样前必须用 0.45 μm 滤膜过滤,以减少微粒对进样阀的磨损。②转动阀芯时不能太慢,更不能停留在中间位置,否则流动相受阻,使泵内压力剧增,甚至超过泵的最大压力；再转到进样位时,过高的压力将使柱头损坏。③为防止缓冲盐和样品残留在进样阀中,每次分析结束后应冲洗进样阀。通常可用水冲洗,或先用能溶解样品的溶剂冲洗,再用水冲洗。

（4）自动进样

用于大量样品的常规分析。

3. 色谱柱

色谱是一种分离分析手段,分离是核心,因此担负分离作用的色谱柱是色谱系统的心脏。对色谱柱的要求是柱效高、选择性好,分析速度快等。市售的用于 HPLC 的各种微粒填料如多孔硅胶以及以硅胶为基质的键合相、氧化铝、有机聚合物微球（包括离子交换树脂）、多孔碳等,其粒度一般为 3、5、7、10 μm 等,柱效理论值可达 5 万～16 万塔板数 /m。对于一般的分析只需 5 000 塔板数的柱效；对于同系物分析,只要 500 塔板数即可；对于较难分离物质对则可采用高达 2 万塔板数的柱子,因此一般 10～30 cm 的柱长就能满足复杂混合物分析的需要。

柱效受柱内外因素影响,为使色谱柱达到最佳效率,除柱外死体积要小外,还要有合理的柱结构（尽可能减少填充床以外的死体积）及装填技术。即使最好的装填技术,在柱中心部位和沿管壁部位的填充情况总是不一样的,靠近管壁的部位比较疏松,易产生沟流,流速较快,影响冲洗剂的流形,使谱带加宽,这就是管壁效应。这种管壁区大约是从管壁向内算起30倍粒径的厚度。在一般的液相色谱系统中，柱外效应对柱效的影响远远大于管壁效应。

（1）柱的构造

色谱柱由柱管、压帽、卡套（密封环）、筛板（滤片）、接头、螺丝等组成。柱管多用不锈钢制成，压力不高于70 kg/cm^{2}时，也可采用厚壁玻璃或石英管，管内壁要求有很高的光洁度。为提高柱效，减小管壁效应，不锈钢柱内壁多经过抛光。也有人在不锈钢柱内壁涂敷氟塑料以提高内壁的光洁度，其效果与抛光相同。还有使用熔融硅或玻璃衬里的，用于细管柱。色谱柱两端的柱接头内装有筛板，是烧结的不锈钢或钛合金，孔径0.2～20 μm（5～10 μm），取决于填料粒度，目的是防止填料漏出。

色谱柱按用途可分为分析型和制备型两类，尺寸规格也不同：①常规分析柱（常量柱），内径2～5 mm（常用4.6 mm，国内有4 mm和5 mm），柱长10～30 cm。②窄径柱[narrow bore，又称细管径柱、半微柱（semi-microcolumn）]，内径1～2 mm，柱长10～20 cm。③毛细管柱（又称微柱microcolumn），内径0.2～0.5 mm。④半制备柱，内径＞5 mm。⑤实验室制备柱，内径20～40 mm，柱长10～30 cm。⑥生产制备柱内径可达几十厘米。柱内径一般根据柱长、填料粒径和折合流速来确定，目的是避免管壁效应。

（2）柱的发展方向

因强调分析速度而发展出短柱，柱长3～10 cm，填料粒径2～3 μm。为提高分析灵敏度，与质谱（MS）连接，而发展出窄径柱、毛细管柱和内径小于0.2 mm的微径柱（microbore）。细管径柱的优点是：①节省流动相；②灵敏度增加；③样品量少；④能使用长柱达到高分离度；⑤容易控制柱温；⑥易于实现LC-MS联用。

但由于柱体积越来越小，柱外效应的影响就更加显著，需要更小池体积的检测器（甚至采用柱上检测），更小死体积的柱接头和连接部件。配套使用的设备应具备如下性能：输液泵能精密输出1～100 μL/min的低流量，进样阀能准确、重复地进样微小体积的样品。且因上样量小，要求高灵敏度的检测器，电化学检测器和质谱仪在这方面具有突出优点。

（3）柱的填充和性能评价

色谱柱的性能除了与固定相性能有关外，还与填充技术有关。在正常条件下，填料粒度＞20 μm时，干法填充制备柱较为合适；颗粒＜20 μm时，湿法填充较为理想。填充方法一般有4种：①高压匀浆法，多用于分析柱和小规模制备柱的填充；②径向加压法，Waters专利；③轴向加压法，主要用于装填大直径柱；④干法。柱填充的技术性很强，大多数实验室使用已填充好的商品柱。

必须指出，高效液相色谱柱的获得，装填技术是重要环节，但根本问题还在于填料本身性能的优劣，以及配套的色谱仪系统的结构是否合理。

无论是自己装填的还是购买的色谱柱，使用前都要对其性能进行检查，使用期间或放置一段时间后也要重新检查。柱性能指标包括在一定实验条件（样品、流动相、流速、温度）下的柱压、理论塔板高度和塔板数、对称因子、容量因子和选择性因子的重复性或分离度。一般说来容量因子和选择性因子的重复性在 ±5% 或 ±10% 以内。进行柱效比较时，还要注意柱外效应是否有变化。

一份合格的色谱柱评价报告应给出柱的基本参数，如柱长，内径，填料的种类、粒度，色谱柱的柱效、不对称度和柱压降等。

（4）柱的使用和维护注意事项

色谱柱的正确使用和维护十分重要，稍有不慎就会降低柱效、缩短使用寿命甚至损坏。在色谱操作过程中，需要注意下列问题，以维护色谱柱。

①避免压力和温度的急剧变化及任何机械震动。温度的突然变化或者使色谱柱从高处掉下都会影响柱内的填充状况；柱压的突然升高或降低也会冲动柱内填料，因此在调节流速时应该缓慢进行，在阀进样时阀的转动不能过缓。

②应逐渐改变溶剂的组成，特别是反相色谱中，不应直接从有机溶剂改变为全部是水，反之亦然。

③一般说来色谱柱不能反冲，只有生产者指明该柱可以反冲时，才可以反冲除去留在柱头的杂质。否则反冲会迅速降低柱效。

④选择使用适宜的流动相（尤其是 pH），以避免固定相被破坏。有时可以在进样器前面连接一预柱，分析柱是键合硅胶时，预柱为硅胶，可使流动相在进入分析柱之前预先被硅胶“饱和”，避免分析柱中的硅胶基质被溶解。

⑤避免将基质复杂的样品尤其是生物样品直接注入柱内，需要对样品进行预处理或者在进样器和色谱柱之间连接一保护柱。保护柱一般是填有相似固定相的短柱。保护柱可以而且应该经常更换。

⑥经常用强溶剂冲洗色谱柱，清除保留在柱内的杂质。在进行清洗时，对流路系统中流动相的置换应以相混溶的溶剂逐渐过渡，每种流动相的体积应是柱体积的 20 倍左右，即常规分析需要 50 ～ 75 mL。

阳离子交换柱可用稀酸缓冲液冲洗，阴离子交换柱可用稀碱缓冲液冲洗，除去交换性能强的盐，然后用水、甲醇、二氯甲烷（除去吸附在固定相表面的有机物）、甲醇、水依次冲洗。

⑦保存色谱柱时应将柱内充满乙腈或甲醇，柱接头要拧紧，防止溶剂挥发干燥。绝对禁止将缓冲溶液留在柱内静置过夜或更长时间。

⑧色谱柱使用过程中，如果压力升高，一种可能是烧结滤片被堵塞，这时应更换滤片或将其取出进行清洗；另一种可能是大分子进入柱内，使柱头被污染；如果柱效降低或色谱峰变形，则可能柱头出现塌陷，体积增大。

在后两种情况发生时，小心拧开柱接头，用洁净专用工具将柱头填料取出1～2 mm高度（注意把被污染填料取净）再把柱内填料整平。然后用适当溶剂湿润的固定相（与柱内相同）填满色谱柱，压平，再拧紧柱接头。这样处理后柱效能得到改善，但是很难恢复到新柱的水平。

柱子失效通常是柱端部分，在分析柱前装一根与分析柱相同固定相的短柱（5～30 mm），可以起到保护、延长柱寿命的作用。采用保护柱会损失一定的柱效，这是值得的。

通常色谱柱寿命在正确使用时可达2年以上。以硅胶为基质的填料，只能在pH 2～9范围内使用。柱子使用一段时间后，可能有一些吸附作用强的物质保留于柱顶，特别是一些有色物质更易看清被吸着在柱顶的填料上。新的色谱柱在使用一段时间后柱顶填料可能塌陷，使柱效下降，这时也可补加填料使柱效恢复。

每次工作完后，最好用洗脱能力强的洗脱液冲洗，例如，ODS柱宜用甲醇冲洗至基线平衡。当采用盐缓冲溶液作流动相时，使用完后应用无盐流动相冲洗。含卤族元素（氟、氯、溴）的化合物可能会腐蚀不锈钢管道，不宜长期与之接触。装在HPLC仪上柱子如不经常使用，应每隔4～5 d开机冲洗15 min。

4. 检测器

检测器是HPLC仪的三大关键部件之一。其作用是把洗脱液中组分的量转变为电信号。HPLC的检测器要求灵敏度高、噪声低（即对温度、流量等外界变化不敏感）、线性范围宽、重复性好和适用范围广。

（1）分类

①按原理可分为光学检测器（如紫外、荧光、示差折光、蒸发光散射）、热学检测器（如吸附热）、电化学检测器（如极谱、库仑、安培）、电学检测器（电导、介电常数、压电石英频率）、放射性检测器（闪烁计数、电子捕获、氦离子化）以及氢火焰离子化检测器。

②按测量性质可分为通用型和专属型（又称选择性）。通用型检测器测量的是

一般物质均具有的性质，它对溶剂和溶质组分均有反应，如示差折光、蒸发光散射检测器。通用型的灵敏度一般比专属型的低。专属型检测器只能检测某些组分的某一性质，如紫外、荧光检测器，它们只对有紫外吸收或荧光发射的组分有响应。

③按检测方式分为浓度型和质量型。浓度型检测器的响应与流动相中组分的浓度有关，质量型检测器的响应与单位时间内通过检测器的组分的量有关。

④检测器还可分为破坏样品的和不破坏样品的两种。

（2）性能指标

①噪声和漂移：在仪器稳定之后，记录基线 1 h，基线带宽为噪声，基线在 1 h 内的变化为漂移。它们反映检测器电子元件的稳定性，及其受温度和电源变化的影响，如果有流动相从色谱柱流入检测器，那么它们还反映流速（泵的脉动）和溶剂（纯度、含有气泡、固定相流失）的影响。噪声和漂移都会影响测定的准确度，应尽量减小。

②灵敏度（sensitivity）：表示一定量的样品物质通过检测器时所给出的信号大小。对浓度型检测器，它表示单位浓度的样品所产生的电信号的大小。对质量型检测器，它表示在单位时间内通过检测器的单位质量的样品所产生的电信号的大小。

③检测限（detection limit）：检测器灵敏度的高低，并不等于它检测最小样品量或最低样品浓度能力的高低，因为在定义灵敏度时，没有考虑噪声的大小，而检测限与噪声的大小是直接有关的。

检测限指恰好产生可辨别的信号（通常用 2 倍或 3 倍噪声表示）时进入检测器的某组分的量（对浓度型检测器指在流动相中的浓度——注意与分析方法检测限的区别，单位为 g/mL 或 mg/mL；对质量型检测器指的是单位时间内进入检测器的量，单位为 g/s 或 mg/s）。D（检测限）又称为敏感度（detectability）。$D=2N/S$，式中 N 为噪声，S 为灵敏度。通常是把一个已知量的标准溶液注入检测器中来测定其检测限的大小。

检测限是检测器的一个主要性能指标，其数值越小，检测器性能越好。值得注意的是，分析方法的检测限除了与检测器的噪声和灵敏度有关外，还与色谱条件、色谱柱和泵的稳定性及各种柱外因素引起的峰展宽有关。

④ 线性范围（linear range）：指检测器的响应信号与组分量呈直线关系的范围，即在固定灵敏度下，最大与最小进样量（浓度型检测器为组分在流动相中的浓度）之比。也可用响应信号的最大与最小的范围表示，例如 Waters 996 PDA 检测器的线性范围是 −0.1 ～ 2.0 A。

定量分析的准确与否，关键在于检测器所产生的信号是否与被测样品的量始终呈一定的函数关系。输出信号与样品量最好呈线性关系，这样进行定量测定时既准确又方便。但实际上没有一台检测器能在任何范围内呈线性响应。通常 $A=BCx$，B 为响应因子，当 $x=1$ 时，为线性响应。对大多数检测器来说，x 只在一定范围内才接近于 1，实际上通常只要 $x=0.98\sim1.02$ 就认为它是呈线性的。

线性范围一般可通过实验确定。我们希望检测器的线性范围尽可能大些，能同时测定主成分和痕量成分。此外还要求池体积小，受温度和流速的影响小，能适合梯度洗脱检测等。

⑤池体积：除制备色谱外，大多数 HPLC 检测器的池体积都小于 10 μL。在使用细管径柱时，池体积应减少到 1～2 μL 甚至更低，不然检测系统带来的峰扩张问题就会很严重。而且这时池体、检测器与色谱柱的连接、接头等都要精心设计，否则会严重影响柱效和灵敏度。

几种检测器的主要性能见表 3-4。

表 3-4　几种检测器的主要性能

项目	UV	荧光	安培	质谱	蒸发光散射
信号	吸光度	荧光强度	电流	离子流强度	散射光强
噪声	10^{-5}	10^{-3}	10^{-9}		
线性范围	10^{5}	10^{4}	10^{5}	宽	
选择性	是	是	是	否	否
流速影响	无	无	有	无	
温度影响	小	小	大		小
检测限 /(g/mL)	10～10	10～13	10～13	＜10～9 g/s	10～9
池体积 /μL	2～10	＜7	＜1	—	—
梯度洗脱	适宜	适宜	不宜	适宜	适宜
细管径柱	难	难	适宜	适宜	适宜
样品破坏	无	无	无	有	无

（3）紫外检测器（ultraviolet detector）

UV 检测器是 HPLC 中应用最广泛的检测器，当检测波长范围包括可见光时，又称为紫外－可见检测器。它灵敏度高，噪声低，线性范围宽，对流速和温度均不敏感，可于制备色谱。由于灵敏度高，因此即使是那些光吸收小、消光系数低的物质也可用 UV 检测器进行微量分析。但要注意流动相中各种溶剂的紫外吸收截止波长。如果溶剂中含有吸光杂质，则会提高背景噪声，降低灵敏度（实际是提高检测限）。此外，梯度洗脱时，还会产生漂移。

注：将溶剂装入 1 cm 的比色皿，以空气为参比，逐渐降低入射波长，溶剂的吸光度 A=1 时的波长称为溶剂的截止波长，也称极限波长。

中国药典对 UV 法溶剂的要求是：以空气为空白，溶剂和吸收池的吸收度在 220 ～ 240 nm 范围内不得超过 0.40，在 241 ～ 250 nm 范围内不得过 0.20，在 251 ～ 300 nm 范围内不得过 0.10，在 300 nm 以上不得过 0.05。

UV 检测器的工作原理是 Lambert-Beer 定律，即当一束单色光透过流动池时，若流动相不吸收光，则吸收度 A 与吸光组分的浓度 C 和流动池的光径长度 L 成正比：

$$A=-\lg T=-\lg\frac{I}{I_0}=ECL$$

式中：I_0——入射光强度；

I——透射光强度；

T——透光率；

E——吸收系数。

UV 检测器分为固定波长检测器、可变波长检测器和光电二极管阵列检测器（photodiode array detector，PDAD）。按光路系统来分，UV 检测器可分为单光路和双光路两种。可变波长检测器又可分单波长（单通道）检测器和双波长（双通道）检测器。PDAD 是 20 世纪 80 年代出现的一种光学多通道检测器，它可以对每个洗脱组分进行光谱扫描，经计算机处理后，得到光谱和色谱结合的三维图谱。其中吸收光谱用于定性（确证是否是单一纯物质），色谱用于定量。常用于复杂样品（如生物样品、中草药）的定性定量分析。

（4）与检测器有关的故障及其排除

①流动池内有气泡。如果有气泡连续不断地通过流动池，将使噪声增大，如果气泡较大，则会在基线上出现许多线状“峰”，这是由于系统内有气泡，需要对流动相进行充分的除气，检查整个色谱系统是否漏气，再加大流量驱除系统内的气泡。如果气泡停留在流动池内，也可能使噪声增大，可采用突然增大流量的办法除去气泡（最好不连接色谱柱）；或者启动输液泵的同时，用手指紧压流动池出口，使池内增压，然后放开。可反复操作数次，但要注意不使压力增加太多，以免流动池破裂。

②流动池被污染。无论参比池或样品池被污染，都可能产生噪声或基线漂移。可以使用适当溶剂清洗检测池，要注意溶剂的互溶性；如果污染严重，就需要依次采用 1 mol/L 硝酸、水和新鲜溶剂冲洗，或者取出池体进行清洗或更换窗口。

③光源灯出现故障。紫外或荧光检测器的光源灯使用到极限或者不能正常工作时，

可能产生严重噪声，基线漂移，出现平头峰等异常峰，甚至使基线不能回零。这时需要更换光源灯。

④倒峰。倒峰的出现可能是检测器的极性接反了，改正后即可变成正峰。用示差折光检测器时，如果组分的折光指数低于流动相的折光指数，也会出现倒峰，这就需要选择合适的流动相。如果流动相中含有紫外吸收的杂质，使用紫外检测器时，无吸收的组分就会产生倒峰，因此必须用高纯度的溶剂作流动相。在死时间附近的尖锐峰往往是由于进样时的压力变化，或者由于样品溶剂与流动相不同所引起的。

5. 数据处理和计算机控制系统

早期的 HPLC 仪器是用记录仪记录检测信号，再手工测量计算。其后，使用积分仪计算并打印出峰高、峰面积和保留时间等参数。20 世纪 80 年代后，计算机技术的广泛应用使 HPLC 操作更加快速、简便、准确、精密和自动化，现在已可在互联网上远程处理数据。计算机的用途包括三个方面：①采集、处理和分析数据；②控制仪器；③色谱系统优化和专家系统。

6. 恒温装置

在 HPLC 仪中色谱柱及某些检测器都要求能准确地控制工作环境温度，柱子的恒温精度要求在 ±（0.1～0.5）℃，检测器的恒温要求则更高。

温度对溶剂的溶解能力、色谱柱的性能、流动相的黏度都有影响。一般来说，温度升高，可提高溶质在流动相中的溶解度，从而降低其分配系数 K，但对分离选择性影响不大；还可使流动相的黏度降低，从而改善传质过程并降低柱压。但温度太高易使流动相产生气泡。

色谱柱的不同工作温度对保留时间、相对保留时间都有影响。在凝胶色谱中使用软填料时温度会引起填料结构的变化，对分离有影响；但如使用硬质填料则影响不大。

总的说来，在液固吸附色谱法和化学键合相色谱法中，温度对分离的影响并不显著，通常实验在室温下进行操作。在液固色谱中有时将极性物质（如缓冲剂）加入流动相中以调节其分配系数，这时温度对保留值的影响很大。

不同的检测器对温度的敏感度不一样。紫外检测器一般在温度波动超过 ±0.5℃ 时，就会造成基线漂移起伏。示差折光检测器的灵敏度和最小检出量常取决于温度控制精度，因此需控制在 ±0.001℃左右，微吸附热检测器也要求在 ±0.001℃以内。

3.4.1.5 固定相和流动相

在色谱分析中，如何选择最佳的色谱条件以实现最理想分离，是色谱工作者的重要工作，也是用计算机实现 HPLC 分析方法建立和优化的任务之一。本小节着重讨论填料基质、化学键合固定相和流动相的性质及其选择。

1. 基质（担体）

HPLC 填料可以是陶瓷性质的无机物基质，也可以是有机聚合物基质。无机物基质主要是硅胶和氧化铝。无机物基质刚性大，在溶剂中不容易膨胀。有机聚合物基质主要有交联苯乙烯－二乙烯苯、聚甲基丙烯酸酯。有机聚合物基质刚性小、易压缩，溶剂或溶质容易渗入有机基质中，导致填料颗粒膨胀，结果减少传质，最终使柱效降低。

（1）基质的种类

硅胶。硅胶是 HPLC 填料中最普遍的基质。除具有高强度外，还提供一个表面，可以通过成熟的硅烷化技术键合上各种配基，制成反相、离子交换、疏水作用、亲水作用或分子排阻色谱用填料。硅胶基质填料适用于广泛的极性和非极性溶剂。缺点是在碱性水溶性流动相中不稳定。通常，硅胶基质的填料推荐的常规分析 pH 范围为 2～8。

硅胶的主要性能参数有：

①平均粒度及其分布。

②平均孔径及其分布。与比表面积成反比。

③比表面积。在液固吸附色谱法中，硅胶的比表面积越大，溶质的 k 值越大。

④含碳量及表面覆盖度（率）。在反相色谱法中，含碳量越大，溶质的 k 值越大。

⑤含水量及表面活性。在液固吸附色谱法中，硅胶的含水量越小，其表面硅醇基的活性越强，对溶质的吸附作用越大。

⑥端基封尾。在反相色谱法中，主要影响碱性化合物的峰形。

⑦几何形状。硅胶可分为无定形全多孔硅胶和球形全多孔硅胶，前者价格较便宜，缺点是涡流扩散项及柱渗透性差；后者无此缺点。

⑧硅胶纯度。对称柱填料使用高纯度硅胶，柱效高，寿命长，碱性成分不拖尾。

氧化铝。具有与硅胶相同的良好物理性质，也能耐较大的 pH 范围。它也是刚性的，不会在溶剂中收缩或膨胀。但与硅胶不同的是，氧化铝键合相在水性流动相中不稳定。不过现在已经出现了在水相中稳定的氧化铝键合相，并显示出优秀的 pH 稳定性。

聚合物。以高交联度的苯乙烯－二乙烯苯或聚甲基丙烯酸酯为基质的填料适用于普通压力下的 HPLC，它们的压力限度比无机填料低。苯乙烯－二乙烯苯基质疏水性强。使用任何流动相，在整个 pH 范围内稳定，可以用 NaOH 或强碱来清洗色谱柱。聚甲基丙烯酸酯基质本质上比苯乙烯－二乙烯苯疏水性更强，但它可以通过适当的功能基修饰变成亲水性的。这种基质不如苯乙烯－二乙烯苯那样耐酸碱。

所有聚合物基质在流动相发生变化时都会出现膨胀或收缩。用于 HPLC 的高交联度聚合物填料，其膨胀和收缩要有限制。溶剂或小分子容易渗入聚合物基质中，因为小分子在聚合物基质中的传质比在陶瓷性基质中慢，所以造成小分子在这种基质中柱效低。对于大分子像蛋白质或合成的高聚物，聚合物基质的效能比得上陶瓷性基质。因此，聚合物基质广泛用于分离大分子物质。

（2）基质的选择

硅胶基质的填料被用于大部分的 HPLC 分析，尤其是小分子量的被分析物质；聚合物填料用于大分子量的被分析物质，主要用来制成分子排阻和离子交换柱。

常用的固定相性能比较如表 3-5 所示。

表 3-5　常用的固定相性能比较

项目	硅胶	氧化铝	苯乙烯－二乙烯苯	聚甲基丙烯酸酯
耐有机溶剂	+++	+++	++	++
适用 pH 范围	+	++	+++	++
抗膨胀 / 收缩	+++	+++	+	+
耐压	+++	+++	++	+
表面化学性质	+++	+	++	+++
效能	+++	++	+	+

注：+++ 好，++ 一般，+ 差。

2. 化学键合固定相

将有机官能团通过化学反应共价键合到硅胶表面的游离羟基上而形成的固定相称为化学键合相。这类固定相的突出特点是耐溶剂冲洗，并且可以通过改变键合相有机官能团的类型来改变分离的选择性。

（1）键合相的性质

目前，化学键合相广泛采用微粒多孔硅胶为基体，用烷烃二甲基氯硅烷或烷氧基硅烷与硅胶表面的游离硅醇基反应，形成 Si—O—Si—C 键形的单分子膜而制得。硅胶表面的硅醇基密度约为 5 个 /nm^2，由于空间位阻效应（不可能将较大的有机官能团键合到全部硅醇基上）和其他因素的影响，使得有 40%～50% 的硅醇基未反应。

残余的硅醇基对键合相的性能有很大影响，特别是对非极性键合相，它可以减小键合相表面的疏水性，对极性溶质（特别是碱性化合物）产生次级化学吸附，从而使保留机制复杂化（使溶质在两相间的平衡速度减慢，降低了键合相填料的稳定性。结果使碱性组分的峰形拖尾）。为尽量减少残余硅醇基，一般在键合反应后，要用三甲基氯硅烷（TMCS）等进行钝化处理，称封端（或称封尾、封顶，end-capping），以提高键合相的稳定性。另一方面，也有些 ODS 填料是不封尾的，以使其与水系流动相有更好的"湿润"性能。

由于不同生产厂家所用的硅胶、硅烷化试剂和反应条件不同，因此具有相同键合基团的键合相，其表面有机官能团的键合量往往差别很大，使其产品性能有很大的不同。键合相的键合量常用含碳量来表示，也可以用覆盖度来表示。所谓覆盖度是指参与反应的硅醇基数目占硅胶表面硅醇基总数的比例。

pH 对以硅胶为基质的键合相的稳定性有很大的影响，一般来说，硅胶键合相应在 pH 为 2～8 的介质中使用。

（2）键合相的种类

化学键合相按键合官能团的极性分为极性和非极性键合相两种。

常用的极性键合相主要有氰基（—CN）、氨基（$—NH_2$）和二醇基键合相。极性键合相常用作正相色谱，混合物在极性键合相上的分离主要是基于极性键合基团与溶质分子间的氢键作用，极性强的组分保留值较大。极性键合相有时也可作反相色谱的固定相。

常用的非极性键合相主要有各种烷基（C1～C18）和苯基、苯甲基等，以 C18 应用最广。非极性键合相的烷基链长对样品容量、溶质的保留值和分离选择性都有影响，一般来说，样品容量随烷基链长增加而增大，且长链烷基可使溶质的保留值增大，并常常可改善分离的选择性；但短链烷基键合相具有较高的覆盖度，分离极性化合物时可得到对称性较好的色谱峰。苯基键合相与短链烷基键合相的性质相似。

另外 C18 柱稳定性较高，这是由于长的烷基链保护了硅胶基质的缘故，但 C18 基团空间体积较大，使有效孔径变小，分离大分子化合物时柱效较低。

（3）固定相的选择

分离中等极性和极性较强的化合物可选择极性键合相。氰基键合相对双键异构体或含双键数不等的环状化合物的分离有较好的选择性。氨基键合相具有较强的氢键结合能力，对某些多官能团化合物如甾体、强心苷等有较好的分离能力；氨基键合相上的氨基能与糖类分子中的羟基产生选择性相互作用，故被广泛用于糖类的分析，但它不能用于分离羰基化合物，如甾酮、还原糖等，因为它们之间会发生反应生成 Schiff 碱。二醇基键合相适用于分离有机酸、甾体和蛋白质。

分离非极性和极性较弱的化合物可选择非极性键合相。利用特殊的反相色谱技术，例如反相离子抑制技术和反相离子对色谱法等，非极性键合相也可用于分离离子型或可离子化的化合物。ODS（octadecyl silane）是应用最为广泛的非极性键合相，它对各种类型的化合物都有很强的适应能力。短链烷基键合相能用于极性化合物的分离，而苯基键合相适用于分离芳香化合物。

另外，美国药典对色谱法规定较严，它规定了柱的长度，填料的种类和粒度，填料分类也较详细，这样使色谱图易于重现；而中国药典仅规定填料种类，未规定柱的长度和粒度，这使检验人员难以重现实验，在某些情况下还浪费时间和试剂。

3. 流动相

（1）流动相的性质要求

一个理想的液相色谱流动相溶剂应具有低黏度、与检测器兼容性好、易于得到纯品和低毒性等特征。

选好填料（固定相）后，强溶剂使溶质在填料表面的吸附减少，相应的容量因子 k 降低；而较弱的溶剂使溶质在填料表面吸附增加，相应的容量因子 k 升高。因此，k 值是流动相组成的函数。塔板数 N 一般与流动相的黏度成反比。所以选择流动相时应考虑以下几个方面：

①流动相应不改变填料的任何性质。低交联度的离子交换树脂和排阻色谱填料有时遇到某些有机相会溶胀或收缩，从而改变色谱柱填床的性质。碱性流动相不能用于硅胶柱系统。酸性流动相不能用于氧化铝、氧化镁等吸附剂的柱系统。

②纯度。色谱柱的寿命与大量流动相通过有关，特别是当溶剂所含杂质在柱上积累时。

③必须与检测器匹配。使用 UV 检测器时，所用流动相在检测波长下应没有吸收，或吸收很小。当使用示差折光检测器时，应选择折光系数与样品差别较大的溶剂作流动相，以提高灵敏度。

④黏度要低。高黏度溶剂会影响溶质的扩散、传质，降低柱效，还会使柱压降增加，使分离时间延长。最好选择沸点在 100℃以下的流动相。

⑤对样品的溶解度要适宜。如果溶解度欠佳，样品会在柱头沉淀，不但影响了纯化分离，且会使柱子恶化。

⑥样品易于回收。应选用挥发性溶剂。

（2）流动相的选择

在化学键合相色谱法中，溶剂的洗脱能力直接与它的极性相关。在正相色谱中，溶剂的强度随极性的增强而增加；在反相色谱中，溶剂的强度随极性的增强而减弱。

正相色谱的流动相通常采用烷烃加适量极性调整剂。

反相色谱的流动相通常以水作基础溶剂，再加入一定量的能与水互溶的极性调整剂，如甲醇、乙腈、四氢呋喃等。极性调整剂的性质及其所占比例对溶质的保留值和分离选择性有显著影响。一般情况下，甲醇－水系统已能满足多数样品的分离要求，且流动相黏度小、价格低，是反相色谱最常用的流动相。但 Snyder 则推荐采用乙腈－水系统做初始实验，因为与甲醇相比，乙腈的溶剂强度较高且黏度较小，并可满足在紫外波长 185～205 nm 处检测的要求，因此，综合来看，乙腈－水系统要优于甲醇－水系统。

在分离含极性差别较大的多组分样品时，为了使各组分均有合适的 k 值并分离良好，也需采用梯度洗脱技术。

（3）流动相的 pH

采用反相色谱法分离弱酸（$3 < pKa < 7$）或弱碱（$7 < pKa \leqslant 8$）样品时，通过调节流动相的 pH，以抑制样品组分的解离，增加组分在固定相上的保留，并改善峰形的技术称为反相离子抑制技术。对于弱酸，流动相的 pH 越小，组分的 k 值越大，当 pH 远远小于弱酸的 pKa 值时，弱酸主要以分子形式存在；对弱碱，情况相反。分析弱酸样品时，通常在流动相中加入少量弱酸，常用 50 mmol/L 磷酸盐缓冲液和 1% 醋酸溶液；分析弱碱样品时，通常在流动相中加入少量弱碱，常用 50 mmol/L 磷酸盐缓冲液和 30 mmol/L 三乙胺溶液。

注：流动相中加入有机胺可以减弱碱性溶质与残余硅醇基的强相互作用，减轻或消除峰拖尾现象。所以在这种情况下有机胺（如三乙胺）又称为减尾剂或除尾剂。

（4）流动相的脱气

HPLC 所用流动相必须预先脱气，否则容易在系统内逸出气泡，影响泵的工作。气泡还会影响柱的分离效率，影响检测器的灵敏度、基线稳定性，甚至使无法检测（噪声增大，基线不稳，突然跳动）。此外，溶解在流动相中的氧还可能与样品、流动相甚至固定相（如烷基胺）反应。溶解气体还会引起溶剂 pH 的变化，对分离或分析结果带来误差。

溶解氧能与某些溶剂（如甲醇、四氢呋喃）形成有紫外吸收的络合物，此络合物会提高背景吸收（特别是在波长 260 nm 以下），并导致检测灵敏度的轻微降低，但更重要的是，会在梯度淋洗时造成基线漂移或形成鬼峰（假峰）。在荧光检测中，溶解氧在一定条件下还会引起淬灭现象，特别是对芳香烃、脂肪醛、酮等。在某些情况下，荧光响应可降低达 95%。在电化学检测中（特别是还原电化学法），氧的影响更大。

除去流动相中的溶解氧将大大提高 UV 检测器的性能，也将改善在一些荧光检测应用中的灵敏度。常用的脱气方法有：加热煮沸、抽真空、超声、吹氦等。对混合溶剂，若采用抽气或煮沸法，则需要考虑低沸点溶剂挥发造成的组成变化。超声脱气比较好，10～20 min 的超声处理对许多有机溶剂或有机溶剂 / 水混合液的脱气是足够的（一般 500 mL 溶液需超声 20～30 min 方可），此法不影响溶剂组成。超声时应注意避免溶剂瓶与超声槽底部或壁接触，以免玻璃瓶破裂，容器内液面不要高出水面太多。

离线（系统外）脱气法不能维持溶剂的脱气状态，在停止脱气后，气体立即开始回到溶剂中。在 1～4 h 内，溶剂又将被环境气体所饱和。

在线（系统内）脱气法无此缺点。最常用的在线脱气法为鼓泡，即在色谱操作前和进行时，将惰性气体喷入溶剂中。严格来说，此方法不能将溶剂脱气，它只是用一种低溶解度的惰性气体（通常是氦）将空气替换出来。此外还有使用在线脱气机。

一般说来有机溶剂中的气体易脱除，而水溶液中的气体较顽固。在溶液中吹氦是相当有效的脱气方法，这种连续脱气法在电化学检测时经常使用。但氦气昂贵，难以普及。

（5）流动相的滤过

所有溶剂使用前都必须经 0.45 μm（或 0.22 μm）滤过，以除去杂质微粒，色谱纯试剂也不例外（除非在标签上标明“已滤过”）。

用滤膜过滤时，特别要注意分清有机相（脂溶性）滤膜和水相（水溶性）滤膜。有机相滤膜一般用于过滤有机溶剂，过滤水溶液时流速低或滤不动。水相滤膜只能用于过滤水溶液，严禁用于有机溶剂，否则滤膜会被溶解！溶有滤膜的溶剂不得用于 HPLC。对于混合流动相，可在混合前分别滤过，如需混合后滤过，首选有机相滤膜。现在已有混合型滤膜出售。

（6）流动相的贮存

流动相一般贮存于玻璃、聚四氟乙烯或不锈钢容器内，不能贮存在塑料容器中。因许多有机溶剂如甲醇、乙酸等可浸出塑料表面的增塑剂，导致溶剂受污染。这种被污染的溶剂如用于 HPLC 系统，可能造成柱效降低。贮存容器一定要盖严，防止溶剂挥发引起组成变化，也防止氧和二氧化碳溶入流动相。

磷酸盐、乙酸盐缓冲液很易长霉，应尽量新鲜配制使用，不要贮存。如确需贮存，可在冰箱内冷藏，并在 3 d 内使用，用前应重新滤过。容器应定期清洗，特别是盛水、缓冲液和混合溶液的瓶子，以除去底部的杂质沉淀和可能生长的微生物。因甲醇有防腐作用，所以盛甲醇的瓶子无此现象。

（7）卤代有机溶剂应特别注意的问题

卤代溶剂可能含有微量的酸性杂质，能与 HPLC 系统中的不锈钢反应。卤代溶剂与水的混合物比较容易分解，不能存放太久。卤代溶剂（如 CCl_4、$CHCl_3$）与各种醚类（如乙醚、二异丙醚、四氢呋喃）混合后，可能会反应生成一些对不锈钢有较大腐蚀性的产物，这种混合流动相应尽量不采用，或新鲜配制。此外，卤代溶剂（如 CH_2Cl_2）与一些反应性有机溶剂（如乙腈）混合静置时，还会产生结晶。总之，卤代溶剂最好新鲜配制使用。如果是和干燥的饱和烷烃混合，则不会产生类似问题。

（8）HPLC 用水

HPLC 应用中要求超纯水，如检测器基线的校正和反相柱的洗脱。

进行 HPLC、GC、电泳和荧光分析，或在涉及组织培养时，没有有机物污染是非常重要的。测高锰酸钾颜色保留时间的定性方法反应慢，对很低水平的有机物（对 HPLC 可能还是太高了）不够灵敏，特别是不能定量。总有机碳（TOC）分析仪（把有机物氧化成 CO_2，测游离的 CO_2）常用于 1 类（NCCLS）水中低浓度有机物的测定（表 3-6）。

表 3-6　1 类水标准

项目	NCCLS	ASTM
电阻率 / MΩ · cm，25℃，最小	10.0	18.0
硅酸盐 /（mg/L），最大	0.05	0.003
微粒 /μm 滤器	0.22	0.2
微生物 /（CFU/mL）	10	分三挡

美国药典要求 TOC ＜ 0.5 mg/L（用标准蔗糖溶液 1.19 mg/L），电导率在室温 pH 6 时≤ 2.4 μS/cm（即电阻率≥ 0.42 MΩ · cm）。HPLC 级水增加吸收特性：在 1 cm 池中，用超纯水作空白，在 190 nm、200 nm 和 250 ～ 400 nm 的吸收度分别不得过 0.01、0.01 和 0.05。增加不挥发物，含量≤ 3 ppm（$1\ ppm=10^{-6}$）（中国药典纯水不挥发物含量≤ 10 ppm）。

3.4.1.6　HPLC 应用

1. 样品测定

（1）流动相比例调整

由于我国药品标准中没有规定柱的长度及填料的粒度，因此每次新开检新品种时几乎都须调整流动相（按经验，主峰一般应调至保留时间为 6 ～ 15 min 为宜）。所以建议第一次检验时少配流动相，以免浪费。弱电解质的流动相其重现性更不容易达到，要注意充分平衡柱。

（2）样品配制

①准备溶剂；②容器：塑料容器常含有高沸点的增塑剂，可能释放到样品液中造成污染，而且还会吸留某些药物，引起分析误差。某些药物特别是碱性药物会被玻璃容器表面吸附，影响样品中药物的定量回收，因此必要时应将玻璃容器进行硅烷化处理。

（3）记录时间

第一次测定时，应先将空白溶剂、对照品溶液及供试品溶液各进一针，并尽量收集较长时间（如 30 min 以上）的图谱，以便确定样品中被分析组分峰的位置、分离度、理论板数及是否还有杂质峰在较长时间内才洗脱出来，确定是否会影响主峰的测定。

（4）进样量

药品标准中常标明注入 10 μL，而目前多数 HPLC 系统采用定量环（10 μL、20 μL 和 50 μL），因此应注意进样量是否一致（可改变样液浓度）。

（5）计算

由于有些对照品标示含量的方式与样品标示量不同，有些是复合盐、有些含水量不同、有些是盐基不同或有些是采用有效部位标示，检验时请注意。

（6）仪器的使用

①流动相滤过后，注意观察有无肉眼能看到的微粒、纤维。有请重新滤过。

②柱在线时，增加流速以 0.1 mL/min 的增量逐步进行，一般不超过 1 mL/min，反之亦然。否则会使柱床下塌，叉峰。柱不线时，要加快流速也需以 0.5 mL/min 的速率递增上去（或递减下来），勿急升（降），以免泵损坏。

③安装柱时，注意流向，接口处不要留有空隙。

④样品液请注意滤过（注射液可无须滤过）后进样，注意样品溶剂的挥发性。

⑤测定完毕用水冲柱 1 h，用甲醇冲柱 30 min。如果第二天仍使用，可用水以低流速（0.1 ～ 0.3 mL/min）冲洗过夜（注意水要够量），不须甲醇冲洗。另外需要特

别注意的是：对于含碳量高、封尾充分的柱，应先用含 5% ～ 10% 甲醇的水冲洗，再用甲醇冲洗。

⑥冲水的同时用水充分冲洗柱头（如有自动清洗装置系统，则应更换水）。

2. 方法研究

（1）波长选择

首先在可见紫外分光光度计上测量样品液的吸收光谱，以选择合适的测量波长，如最灵敏的测量波长并避开其他物质的干扰。从紫外光谱中还可大体知道在 HPLC 中的响应值，如吸收度小于 0.5 时，HPLC 测定的面积将会很小。

（2）流动相选择

尽量采用不是弱电解质的甲醇 - 水流动相。

（3）分析样品秘诀

秘诀 1：由强到弱。一般先用 90% 的乙腈（或甲醇）/ 水（或缓冲溶液）进行试验，这样可以很快地得到分离结果，然后根据出峰情况调整有机溶剂（乙腈或甲醇）的比例。

秘诀 2：三倍规则。每减少 10% 的有机溶剂（甲醇或乙腈）的量，保留因子约增加 3 倍，此为三倍规则。这是一个聪明而又省力的办法。调整的过程中，注意观察各个峰的分离情况。

秘诀 3：粗调转微调。当分离达到一定程度，应将有机溶剂 10% 的改变量调整为 5%，并据此规则逐渐降低调整率，直至各组分的分离情况不再改变。

3.4.2 气相色谱法

3.4.2.1 基本原理

气相色谱（GC）是一种分离技术。实际工作中要分析的样品往往是复杂基体中的多组分混合物，对含有未知组分的样品，首先必须将其分离，然后才能对有关组分进行进一步的分析。混合物的分离是基于组分的物理化学性质的差异，GC 主要利用物质的沸点、极性及吸附性质的差异来实现混合物的分离。待分析样品在气化室气化后被惰性气体（即载气，一般是 N_2、He 等）带入色谱柱，柱内含有液体或固体固定相，由于样品中各组分的沸点、极性或吸附性能不同，每种组分都倾向于在流动相和固定相之间形成分配或吸附平衡。但由于载气是流动的，这种平衡实际上很难建立起来，也正是由于载气的流动，使样品组分在运动中进行反复多次的分配或吸附/解附,结果在载气中分配浓度大的组分先流出色谱柱,而在固定相中分配浓度大的组分后流出。当组分流出色谱柱后,立即进入检测器,检测器能够将样品组分的存在与否转变为电信号,而电信号的大小与被测组分的量或浓度成比例,当将这些信号放大并记录下来时,就是色谱图(假设样品分离出三个组分),它包含了色谱的全部原始信息。在没有组分流出时,色谱图的记录是检测器的本底信号,即色谱图的基线。

3.4.2.2 气相色谱仪的结构及维护

1. 进样隔垫

进样隔垫一般由硅橡胶材料制成,可分普通型、优质型和高温型 3 种,普通型为米黄色,不耐高温,一般在 200℃以下使用;优质型可耐温到 300℃;高温型为绿色,使用温度可高于 350℃,至色谱柱最高使用温度的 400℃。正因为进样隔垫多为硅橡胶材料制成,其中不可避免地含有一些残留溶剂和/或低分子齐聚物,另外由于气化室高温的影响,硅橡胶会发生部分降解,这些残留的溶剂和降解产物如果进入色谱柱,就可能出现"鬼峰"(即不是样品本身的峰),从而影响分析。解决的办法有:一是进行"隔垫吹扫",二是更换进样隔垫。一般更换进样隔垫的周期以下面 3 个条件为准:①出现"鬼峰";②保留时间和峰面积重现性差;③手动进样次数 70 次,或自动进样次数 50 次以后。

2. 玻璃衬管

气相色谱仪的衬管多为玻璃或石英材料制成,主要分为分流衬管、不分流衬管、填充柱玻璃衬管 3 种类型。衬管能起到保护色谱柱的作用,在分流/不分流进样时,不挥发的样品组分会滞留在衬管中而不进入色谱柱。如果这些污染物在衬管内积存一定量后,就会对分析产生直接影响。比如,它会吸附极性样品组分而造成峰拖尾,甚至峰分裂,还会出现"鬼峰",因此一定要保持衬管干净,注意及时清洗和更换。

玻璃衬管清洗的原则和方法:当①出现"鬼峰";②保留时间和峰面积重现性差时,应考虑对衬管进行清洗。清洗的方法和步骤如下:①拆下玻璃衬管;②取出石英玻璃棉;③用浸过溶剂(如丙酮)的纱布清洗衬管内壁。玻璃衬管更换时要注意玻璃棉的装填:装填量 3 ~ 6 mg,高度 5 ~ 10 mm。要求填充均匀、平整。

3. 气体过滤器

变色硅胶可根据颜色变化来判断其性能,但分子筛等吸附有机物的过滤器就不能用肉眼判断了,所以必须定期更换,一般 3 个月更换或再生一次。

由于分流气路中的分子筛过滤器饱和或受污严重,就会出现基线漂移大的现象,这个时候就必须更换或再生过滤器了。再生的方法是卸下过滤器，反方向连接于原色谱柱位置。再生条件为载气流速 40 ～ 50 mL/min，温度 340℃，时间 5 h。

4. 检测器

如果说色谱柱是气相色谱仪的心脏，那么，检测器就是气相色谱仪的眼睛。无论色谱分离的效果多么好，若没有好的检测器就会“看”不出分离效果。因此，高灵敏度、高选择性的检测器一直是色谱仪发展的关键技术。目前，GC 所使用的检测器有多种，其中常用的检测器主要有火焰离子化检测器（FID）、火焰热离子检测器（FTD）、火焰光度检测器（FPD）、热导检测器（TCD）、电子俘获检测器（ECD）等。下面对检测器的日常维护做简单讨论：

（1）火焰离子化检测器（FID）

① FID 虽然是准通用型检测器，但有些物质在检测器上的响应值很小或无响应，这些物质包括永久气体、卤代硅烷、H_2O、NH_3、CO、CO_2、CS_2，等等。所以检测这些物质时不应使用 FID。

② FID 的灵敏度与氢气、空气、氮气的比例有直接关系，因此要注意优化，一般三者的比例应接近或等于 1 ∶ 10 ∶ 1。

③ FID 是用氢气在空气燃烧所产生的火焰使被测物质离子化的，故应注意安全问题。在未接上色谱柱时，不要打开氢气阀门，以免氢气进入柱箱。测定流量时，一定不能让氢气和空气混合，即测氢气时，要关闭空气，反之亦然。无论什么原因导致火焰熄灭时，应尽量关闭氢气阀门，直到排除了故障重新点火时，再打开氢气阀门。

④为防止检测器被污染，检测器温度设置不应低于色谱柱实际工作的最高温度。检测器被污染的影响轻则灵敏度明显下降或噪声增大，重则点不着火。消除污染的办法是对喷嘴和气路管道的清洗。具体方法是：断开色谱柱，拔出信号收集极；用一细钢丝插入喷嘴进行疏通，并用丙酮、乙醇等溶剂浸泡。

（2）火焰热离子检测器（FTD）

FTD 使用注意事项如下。

①铷珠：避免样品中带水，使用寿命为 600 ～ 700 h；

②载气：N_2 或 He，要求纯度 99.999%。一般 He 的灵敏度高；

③空气：最好选钢瓶空气，无油；

④氢气：要求纯度 99.999%。

另外需要注意的是，使用 FTD 时，不能使用含氰基固定液的色谱柱，比如 OV-1701。

（3）火焰光度检测器（FPD）

FPD 使用注意事项：

① FPD 也是使用氢火焰，故安全问题与 FID 相同。

②顶部温度开关常开（250℃）。

③ FPD 的氢气、空气和尾吹气流量与 FID 不同，一般氢气为 60～80 mL/min，空气为 100～120 mL/min，而尾吹气和柱流量之和为 20～25 mL/min。分析强吸附性样品如农药等，中部温度应高于底部温度约 20℃。

④更换滤光片或点火时，应先关闭光电倍增管电源。

⑤火焰检测器，包括 FID、FPD，必须在温度升高后再点火；关闭时，应先熄火再降温。

（4）热导检测器（TCD）

TCD 使用注意事项：

①确保热丝不被烧断。在检测器通电之前，一定要确保载气已经通过了检测器，否则，热丝就可能被烧断，致使检测器报废；关机时一定要先关检测器电源，然后关载气。任何时候进行有可能切断通过 TCD 的载气流量的操作，都要关闭检测器电源。

②载气中含有氧气时，热丝寿命会缩短，所以载气中必须彻底除氧。

③用氢气作载气时，气体排至室外。

④基线漂移大时，要考虑以下几个问题：双柱是否相同，双柱气体流速是否相同；是否漏气；更换色谱柱至检测器的石墨垫圈。池体污染的清洗措施：正己烷浸泡冲洗。

⑤电子俘获检测器（ECD）

ECD 使用注意事项：

①气路安装气体过滤器和氧气捕集器，氧气捕集器再生；

②使用填充柱时也需供给尾吹气（2～3 mL/min）；

③操作温度为 250～350℃，无论色谱柱温度多么低，ECD 的温度均不应低于 250℃，否则检测器很难平衡；

④关闭载气和尾吹气后，用堵头封住 ECD 出口，避免空气进入。

3.4.3 质谱分析

3.4.3.1 概述

质谱分析是现代物理、化学以及材料领域内使用的一个极为重要的方法。早期的质谱仪器主要用于测定原子质量、同位素的相对丰度，以及研究电子碰撞过程等物理领域。第二次世界大战时期，为了适应原子能工业和石油化学工业的需要，质谱法在化学分析中的应用受到重视。以后由于出现了高性能的双聚焦质谱仪，这种仪器对复杂有机分子所得的谱图，分辨率高，重现性好，因而成为测定有机化合物结构的一种重要手段。20 世纪 60 年代末，随着色谱－质谱联用技术因分子分离器的出现而日趋完善，使气相色谱法的高效能分离混合物的特点，与质谱法的高分辨率鉴定化合物的特点相结合，加上电子计算机的应用，这样就大大地提高了质谱仪器的效能，扩展了质谱法的工作领域。近年来各种类型的质谱仪器相继问世，而质谱仪器的心脏——离子源，也是多种多样的，因此质谱法已日益广泛地应用于原子能、石油化工、电子、医药、食品、材料等工业生产部门，农业科学研究部门，以及核物理、电子与离子物理、同位素地质学、有机化学、生物化学、地球化学、无机化学、临床化学、考古、环境监测、空间探索等科学技术领域。

质谱法具有独特的电离过程及分离方式，从中所获得的信息直接与样品的结构相关，不仅能得到样品中各种同位素的比值，而且还能给出样品的结构和组成。因此，质谱学已成为有机、无机、高分子材料结构分析的有力工具。以高分子材料为例，由于高分子材料的分子量较大，而且不易挥发，所以无法直接用质谱进行鉴定。但通过软电离方法却可有效地测定各种塑料、橡胶、纤维的主体结构单元以及高分子材料中所使用的各种添加剂的化学结构。应用热裂解－质谱或热裂解－气相色谱－质谱，可分别获得不同高分子结构特征的热裂解产物，从而进一步揭示聚合物的链节以及序列分布。这在研究高分子的结构与性质关系方面可发挥很大的作用。

辉光放电质谱（GDMS）和火花源质谱（SSMS）是进行高纯固体材料全面分析的两种主要分析技术。而二次离子质谱（SIMS）适合于痕量杂质的定性和定量分析。表 3-7 列出了质谱研究中的几种离子源及应用对象。

表 3-7　质谱研究中的几种离子源

名　称	简称	类型	离子化试剂	对　象
电子轰击离子源	EI	气相	高能电子	适合大多数有机化合物分析，不易获得分子离子峰
化学电离	CI	气相	试剂离子	适合大多数有机化合物分析
场电离	FI	气相	高电势电极	混合物的定性定量分析
场解析	FD	解吸	高电势电极	适合于难气化和热稳定性差的固体样品分析
二次离子质谱	SI	解吸	高能电子	非挥发性及热不稳定性样品表面分析
激光解析	LD	解吸	激光束	无机材料分析（粉尘中钙分布及高分子表面研究）

续表 3-7

名　称	简称	类型	离子化试剂	对　象
离子喷雾	EH	解吸	高场	高分子、生物大分子样品的分析
辉光放电质谱	GD	解吸	高能电子	冶金工业中贵金属分析以及金属定量分析
火花源质谱	SS	解吸	高能电子	无机痕量杂质定性定量以及杂质元素分析
同位素质谱	IT			同位素的组成和微量杂质的分析

质谱分析方法是通过对样品离子的质量和强度的测定来进行成分和结构分析的一种方法，它的基本原理是很简单的：被分析的样品首先离子化，然后利用离子在电场或磁场中的运动性质，将离子按质荷比（m/e）分开并按质荷比大小排列成谱图形式，根据质谱图可确定样品成分、结构和相对分子质量。

质谱仪一般具备下述几个部分：进样系统、离子源、质量分析器、检测器。除此以外，质谱仪需要在高真空（$10^{-4}\sim10^{-6}$ Pa）下进行工作，因此还有真空系统。

3.4.3.2　质谱技术基本原理

1. 质谱仪的基本工作原理

现以扇形磁场单聚焦质谱仪为例，将质谱仪各主要部分的作用原理讨论如下。图 3-1 为单聚焦质谱仪的示意图。

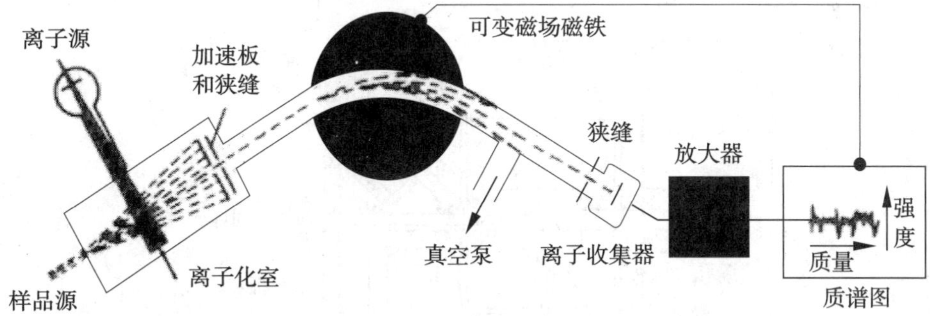

图 3-1　单聚焦质谱仪

（1）真空系统

质谱仪的离子源、质量分析器及检测器必须处于高真空状态（离子源的真空度应达 $10^{-3}\sim10^{-5}$ Pa，质量分析器应达 10^{-6} Pa），若真空度低，则：

①大量氧会烧坏离子源的灯丝；

②会使本底增高，干扰质谱图；

③引起额外的离子－分子反应，改变裂解模型，使质谱解释复杂化；

④干扰离子源中电子束的正常调节；

⑤用作加速离子的几千伏高压会引起放电，等等。

通常用机械泵预抽真空，然后用扩散泵高效率并连续地抽气。

（2）进样系统

图 3-2 是一种进样系统的示意图。对于气体及沸点不高、易于挥发的液体，可以用图中上方的进样装置。贮样器的容量为 0.5 L（玻璃或上釉不锈钢制），抽低真空（1 Pa），并加热至 150℃，样品以微量注射器注入，在贮样器内立即气化为蒸气分子，然后由于压力梯度，通过漏孔以分子流形式渗透入高真空的离子源中。对于高沸点的液体、固体，可以用探针杆直接进样（图 3-2 下方）。它是一直径为 6 mm，长

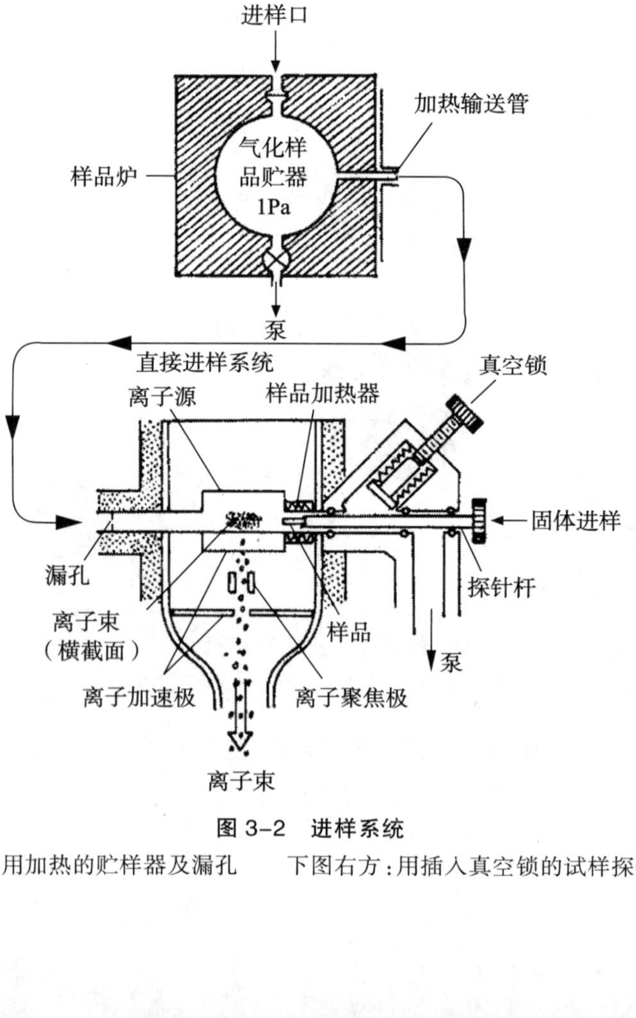

图 3-2　进样系统

上图：用加热的贮样器及漏孔　　下图右方：用插入真空锁的试样探针杆

25 cm 的不锈钢杆，在其末端有一盛放试样的小黄金坩埚。调节加热温度，使试样气化为蒸气。此方法可将微克量级甚至更少试样送入电离室。探针杆中试样的温度可冷却至约 -100℃，或在数秒钟内加热到较高温度（如 300℃左右）。

对于有机化合物的分析，目前较多采用色谱－质谱联用，此时试样经色谱柱分离后，经分子分离器进入质谱仪的离子源。

（3）离子源

被分析的气体或蒸气首先进入仪器的离子源，转化为离子。使分子电离的手段很多，常用的一种离子源是电子轰击离子源，其构造原理如图 3-3 所示。电子由直热式阴极（多用铁丝制成）f 发射，在电离室 a（正极）和阴极（负极）之间施加直流电压（5～80 V），使电子得到加速而进入电离室中。当这些电子轰击电离室中的气体（或蒸气）的原子或分子时，该原子或分子就失去电子成为正离子（分子离子）：

$$M+e^- \Leftrightarrow M^+ + 2e^-$$

分子离子继续受到电子的轰击，使一些化学键断裂，或引起重排以瞬间速度裂解成多种碎片离子（正离子）。

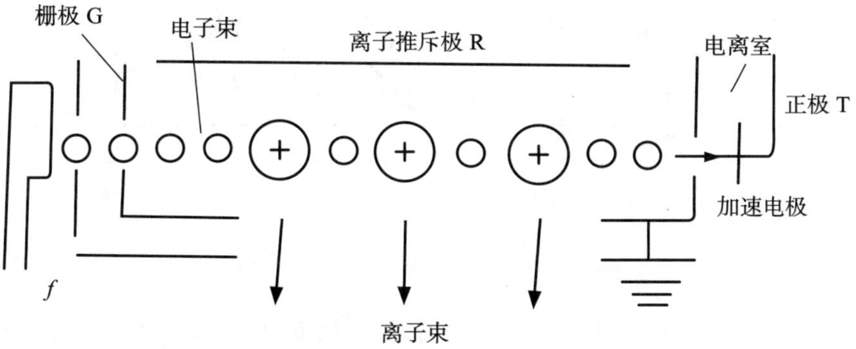

图 3-3　电子轰击离子源构造原理

T 为电子捕集极，在 T（正极）和电离室（负极）之间施加适当电位（例如 45 V），使多余的电子被 T 收集。G 为栅极，可用来控制进入电离室的电子流，也可在脉冲工作状态下切断和导通电子束。

在电离室（正极）和加速电极（负极）之间施加一个加速电压（800～8 000 V），使电离室中的正离子得到加速而进入质量分析器。

R 为离子推斥极，在推斥极上施加正电压，于是正离子受到它的排斥作用而向前运动。

离子源的作用是将试样分子转化为正离子,并使正离子加速、聚焦为离子束,此离子束通过狭缝进入质量分析器。

除上述电子轰击源外,还有场致电离源、化学电离源、激光电离源等等。

(4)质量分析器

质量分析器内主要为一电磁铁,自离子源发生的离子束在加速电极电场(800～8 000 V)的作用下,使质量 m 的正离子获得 v 的速度,以直线方向(n)运动(图3-4),其动能为:

$$zV=\frac{1}{2}mv^2 \quad 即\ v=\left(\frac{2V}{\frac{m}{z}}\right)^{\frac{1}{2}} \tag{3-1}$$

式中:z——离子电荷数;

V—— 加速电压。显然,在一定的加速电压下,离子的运动速度与质量 m 有关。

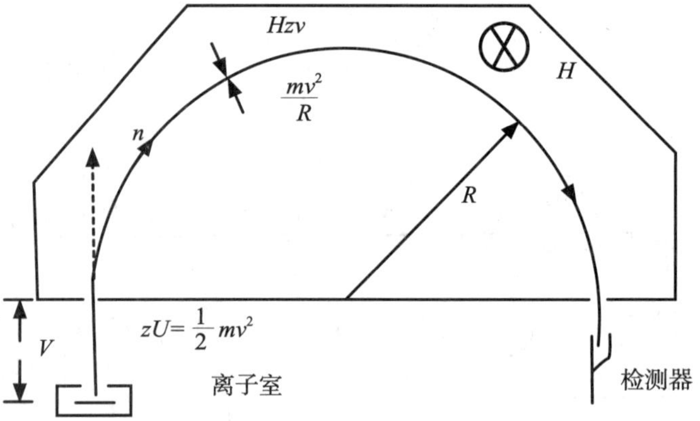

图 3-4　正离子在正交磁场中的运动

当具有一定动能的正离子进入垂直于离子速度方向的均匀磁场(质量分析器)时,正离子在磁场力(洛仑兹力)的作用下,将改变运动方向(磁场不能改变离子的运动速度)做圆周运动。设离子做圆周运动的轨道半径(近似为磁场曲率半径)为 R,则运动离心力 $\frac{mv^2}{R}$ 必然和磁场力 Hzv 相等,故

$$Hzv=\frac{mv^2}{R} \quad 即\ v=\left(\frac{RH}{\frac{m}{z}}\right) \tag{3-2}$$

式中: H 为磁场强度。合并式(3-1)及式(3-2),可得

$$\frac{m}{z}=\frac{H^2R^2}{2V} \tag{3-3}$$

式（3-3）称为质谱方程式，是设计质谱仪器的主要依据。由此式可见，离子在磁场内运动半径 R 与 m/z、H、V 有关。因此只有在一定的 V 及 H 的条件下，某些具有一定质荷比的正离子才能以运动半径为 R 的轨道到达检测器。

若 H、R 固定，$m/z \propto 1/V$，只要连续改变加速电压（电压扫描）；或 V、R 固定，$m/z \propto H^2$，连续改变 H（磁场扫描），就可使具有不同 m/z 的离子依次到达检测器发生信号而得到质谱图。

（5）离子检测器

质谱仪器中所用的检测器有下述三种检测方法：

①直接电测法：离子流直接为金属电极所接收（筒状或平板状金属电极检测器），配合直流放大器或动态电容式静电放大器，可检测 $10^{-9} \sim 10^{-15}$A 电流，时间常数为 1 s 左右。由于时间常数较大，它不适用于快速分析，但测量的线性较好，结构简单。

②二次效应电测法：使离子引起二次效应，产生二次电子或光子，然后用相应的倍增管和电学方法记录离子流。静电式电子倍增器是应用最广的倍增器，其时间常数远小于 1 s，因而适用于快速分析。多数电子倍增器是非线性的，因此在定量分析时要做相应的校正。

③照相记录法：多数应用于高频火花源质谱仪中，以检测微量固体组分。控制曝光时间，有利于提高灵敏度。

2. 质谱仪的种类和技术指标

（1）质谱仪的种类

由质谱方程式（3-3）可知，质谱分析从理论上可分为电压扫描和磁场扫描两大类，从实际工作原理角度又可将质谱仪分成磁质谱、四极质谱、离子阱质谱、飞行时间质谱、离子回旋共振傅立叶质谱等类型。先将上述各类质谱仪的性能特点介绍如下。

①磁质谱仪。磁质谱仪利用扇形电场（E）和磁场（B）分析器，将不同质谱的离子相互分离，给出质谱图。单聚焦质谱仪就属于磁质谱仪。另外还有双聚焦质谱仪。磁质谱仪的主要特点是可实现很高的分辨率，商品的双聚焦质谱仪分辨率可达 5 万～10 万，是目前高分辨质谱分析的主要仪器，对许多中小分子的化合物（分子量 3 000 以下），可以给出准确的分子质量、离子质量及其元素组成与分子式、离子式等重要的结构信息。这类仪器体积庞大，结构复杂，价格贵，使用及维护亦较困难，因此主要供有机化学研究使用。

②四级质谱仪（quadrupole mass spectrometer，QUAD-MS）。四级质谱仪的质量分析器由四根棒状电极组成，两对电极中间施加交变射频场，在一定射频电压与

射频频率下，只允许一定质量的离子通过四级分析器而到达接收器，这种分析器又称四级滤质器。四级质谱仪的突出优点是仪器结构简单，体积小，价格较便宜，操作与维护容易，因无磁铁作分析器，所以无磁滞效应，扫描响应速度快，特别适合于与气相色谱 GC 的联用分析，是 GC/MS 分析应用最多的仪器，适合工厂质量控制等分析应用。缺点是分辨率比较低，所检测的分子质量一般只在 1 000 以内。

③离子阱质谱仪（quadrupole ion storage，英文又称 quistor）。离子阱质谱仪是在四级质谱仪后发展起来的，样品的离子引入并储存在圆形电极和一组射频电极组成的离子盒中，改变射频逐个拉出所有的离子。离子阱质谱仪可作成 GC 和 LC 的检测器，并装配成体积小、价格低、高扫速的新一代台式 GC/MC、LC/MS 仪。

④飞行时间质谱仪（time-of flight MS，TOF-MS）。飞行时间质谱仪的原理与仪器结构非常简单，只是把引入离子室的样品分子电离后，将离子加速并通过一个空管无场区，不同质量的离子具有不同的能量，通过无场区的飞行时间长短不同，可依次被收集检测出来。原先，这种结构简单的质谱仪，由于受飞行距离的限制，分辨率很低，只能用于低分子量气体的分析，所以未得到推广和应用。近年来采用一些延长离子飞行距离的新离子光学系统，如各种离子反射透镜，可以随意改变飞行距离，以及离子延迟引出技术等，质量分辨率达到几千到一万，使这种方法重新获得应用。新型飞行时间质谱仪的突出优点，一是不存在聚焦狭缝，因此灵敏度很高；二是扫描速度快，可达 10 000 张谱 /s；三是测定的质量范围仅取决于飞行时间，可达到几十万质量数，为近年来生命科学中生化大分子的研究，提供了有效分析手段。

⑤离子回旋共振傅立叶质谱仪（ion cyclotron resonance Fourier transform spectrometer，ICR-FTMS）。由于傅立叶技术的发展，新型的 ICR-FTMS 出现，与此同期发展的 FT-IR 和超导 FT-NMR，开辟了现代有机结构傅立叶谱学分析的新时代。ICR-FTMS 是一种具有超高分辨率和能测定大分子量的质谱仪器。仪器的核心部分是由超导磁体组成的强磁场，和置于磁场中的离子盒组成。离子盒有三对互相垂直的平板电极，第一对电极为发射一定射频的激发极，使各种离子以特定的频率在离子盒内作共振回旋；第二对电极为储存极，它与磁场方向垂直，电极板上加上一定的正电压，可延长离子在室内的回旋滞留时间；第三对是收集电极，用于接受离子作检测电极。所以在 FTMS 中，离子的产生、储存、分析与检测都集中在一个离子盒中进行。

FTMS 因有超导磁体存在，必须在液氮和液氦的温度下工作，离子盒须在 10^{-8} Pa 的高真空系统下维持其正常工作，对工作环境要求较高，仪器的价格很高。

上述各种质谱仪都有自己的特点，并适用于一定的应用范围，不同的分析要求可选用不同类型的仪器。

3. 质谱仪的主要技术指标

（1）分辨率

分辨率是指仪器对相邻两质谱峰的区分能力。相邻等高的两个峰，其峰谷不大于峰的 10% 时，就定义为可以区分（图 3–5）。当两个峰的峰谷等于峰高的 10% 时，分辨率只等于两峰质量的平均值与质量差的比值，即 $R=m/\Delta m$。分辨率在 30 000 以上的称高分辨率仪器，10 000 ～ 30 000 的称中分辨率仪器。低分辨率仪器的分辨率为几百到几千。

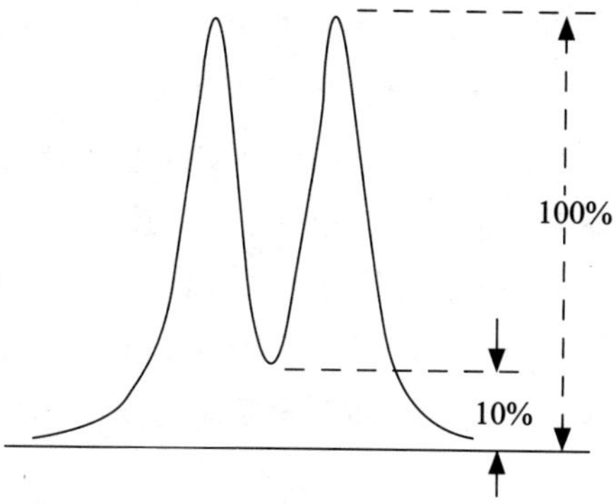

图 3–5　两峰部分重叠

（2）灵敏度与信噪比

灵敏度是表示仪器出峰（或信号）的强度与样品用量的关系。如果用的样品量少而出的峰强度大就说明灵敏度高。测定灵敏度的方法多种多样，一般用的直接进样灵敏度的测定方法是：在固定分辨率的情况下，直接进入微克量级的某种样品，看其分子离子峰的强度与噪声的比值，就是信 / 噪的值，用 S/N 表示。噪声指基线的强度。质谱仪的最高灵敏度可达 fg 级。

（3）质量范围

质量范围是指仪器可以测定的最小到最大质量数。目前高分辨仪器可达到的质量数是 2 000 至 1 万多。但这些高值都是在降低加速电压的情况下得到的，所以一般应注意在仪器加速电压最高挡时的质量范围。对磁式质谱仪，加速电压降低，质量范围可增大，但能量分散也增大，分辨率会降低，灵敏度也会下降。

（4）质量精度

利用质谱仪定性分析时，质量精度是一个很重要的性能指标。在低分辨率质谱仪中，仪器的质量指示标尺精度不应低于 ±0.4 质量数。高分辨率质谱仪给出离子的精确质量，相对精度一般在 1 ～ 10 mg/kg。计算方式如下：

$$\text{相对精度}=\frac{m_1-m_0}{m}$$

式中: m_1 是实测质量; m_0 是质量真值; m 是 m_0 的质量数。

4. 质谱图的表示和解释方法

在质谱图中每个质谱峰表示一种质荷比的离子，质谱峰的强度表示该种离子的多少，因此根据质谱峰出现的位置可以进行定性分析，根据质谱峰的强度可以进行定量分析。对于有机化合物质谱，根据质谱峰的质荷比和相对强度可以进行结构分析。图 3-6 为一张空气的质谱图。

横坐标表示 m/z（实际上就是磁场强度），由于分子离子或碎片离子在大多数情况下只带一个正电荷，所以通常 m/z 称为质量数，例如—CH_3 离子的质量数（m/z）是 15，对于低分辨率的仪器，离子的质荷比在数值上就等于它的质量数。

质谱图的纵坐标表示离子流强度，在质谱中可以看到几个高低不同的峰，纵坐标峰高代表了各种不同质荷比 m/z 的离子丰度——离子流强度。

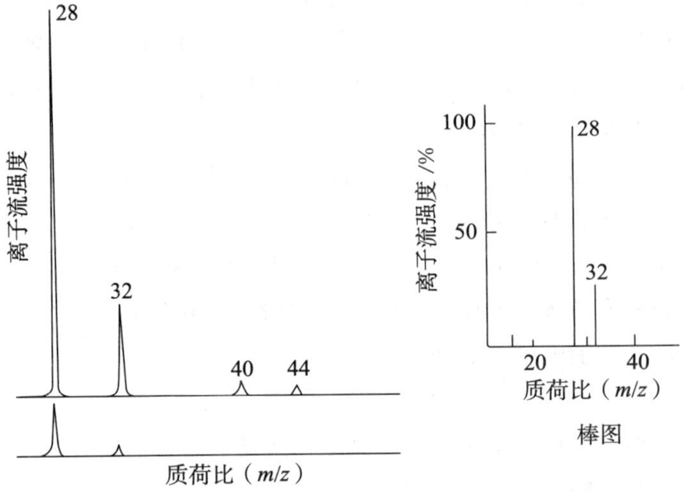

图 3-6　空气的质谱图

离子流强度有两种不同的表示方法。

（1）绝对强度

绝对强度是将所有离子峰的离子流强度相加作为总离子流强度，用各离子峰的离子强度除以总离子流强度，得出各离子流强度占总离子流强度的百分数（总离子流强度是 100%）。有两种表示绝对强度的方法：

20% $\sum$：表示离子流强度占总离子流强度的 20%。

20% $\sum$40：表示此离子流强度占总离子流的 20%，而总离子流是从 m/z =40 以上算起的，m/z =40 以下的各离子流强度未计入总离子流内。

用绝对强度表示各种离子流强度的百分数之和应该等于 100%。

（2）相对强度

是以质谱峰中最强峰作为 100%，称为基峰（该离子的丰度最大、最稳定），然后用各种峰的离子流强度除以基峰的离子流强度，所得的百分数就是相对强度。

表示方法：

m/z	14 (4.0)	m/z	28 (100)	m/z	33 (0.02)
	16 (0.8)		29 (0.76)		34 (0.99)
	20 (0.8)		32 (23)		40 (2.0)
					44 (0.10)

括号中的数字即峰的相对强度，表示 100% 者是基峰。$m/z=28$（100）是基峰，N_2 在空气中含量最高而且也最稳定。$m/z=32$（23）是 O_2，在空气中约占 1/5。N_2 约占 4/5，N_2 的峰高为 100%，O_2 就占 N_2 的 23%。

现在一般的质谱图都以相对强度表示，并以棒图的形式画出来。

5. 离子的类型

当气体或蒸气分子（原子）进入离子源（例如电子轰击离子源）时，受到电子轰击而形成各种类型的离子。以 A、B、C、D 4 种原子组成的有机化合物分子为例，它在离子源中可能发生下列过程：

$$ABCD + e^- \longrightarrow ABCD^+ + 2e^- \quad \text{分子离子} \qquad (3-4)$$

裂分为碎片离子 （3-5）

$$ABCD^+ \longrightarrow BCD\cdot + A^+$$

$$ABCD^+ \longrightarrow CD\cdot + AB^+ ;\quad AB^+ \longrightarrow B\cdot + A^+ \ \text{或}\ A\cdot + B^+$$

$$ABCD^+ \longrightarrow AB\cdot + CD^+ ;\quad CD^+ \longrightarrow D\cdot + C^+ \ \text{或}\ C\cdot + D^+$$

重排后裂分离子 （3-6）

$$ABCD^+ \longrightarrow ADBC^+ \longrightarrow BC\cdot + AD^+ \ \text{或}\ AD\cdot + BC^+$$

$$ABCD^+ + ABCD \longrightarrow (ABCD)_2^+ \longrightarrow BCD\cdot + ABCDA^+ \quad \text{离子分子反应} \qquad (3-7)$$

因而在所得的质谱图中可出现下述一些质谱峰。

（1）分子离子峰

反应式（3-4）形成的离子 $ABCD^+$ 称为分子离子或母离子。因为多数分子易于失去一个电子而带一个正电荷，所以分子离子的质荷比值就是它的相对分子质量。

对于有机化合物，杂原子上未共用电子（n 电子）最易失去，其次是 π 电子，再其次是 σ 电子。所以对于含有氧、氮、硫等杂原子的分子，首先是杂原子失去一个电子而形成分子离子，此时正电荷的位置处在杂原子上，例如

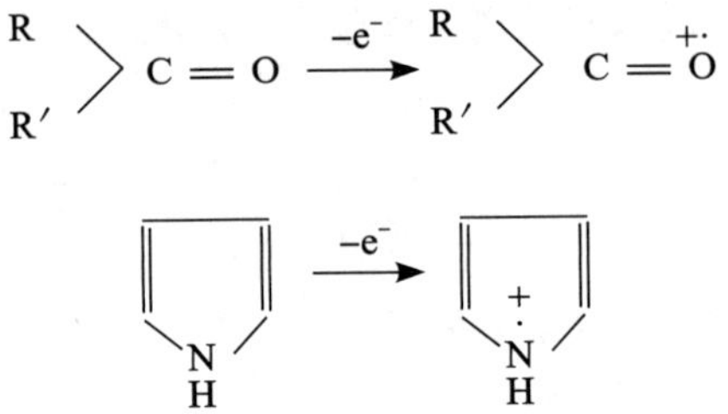

上式中氧或氮原子上的“+·”表示一对未共用电子对失去一个电子而形成的分子离子。对于含双键无杂原子的分子离子,正电荷位于双键的一个碳原子上:

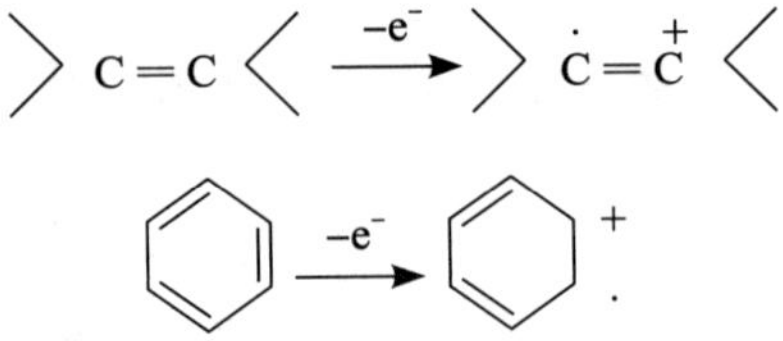

(2)同位素离子峰

分子离子峰并不是质荷比最大的峰,在它的右边常常还有 $M+1$ 和 $M+2$ 等小峰,这些峰是由于许多元素具有同位素的缘故,称为同位素峰。例如氢有 ^{1}H、^{2}H,碳有 ^{12}C、^{13}C,氧有 ^{16}O、^{17}O、^{18}O。由于各种元素的同位素在自然界中的丰度是一定的,因此同位素与分子离子峰的比值是一个常数。它们的天然丰度如表 3-8 所示。从表 3-8 可见, S、Cl、Br 等元素的同位素丰度高,因此含 S、Cl、Br 的化合物的分子离子或碎片离子,其 $M+2$ 强度较大,所以根据 M 和 $M+2$ 两个峰的强度比就可以判断化合物中是否含有这些元素。

表 3-8 一些同位素的天然丰度和丰度比

同位素	天然丰度 /%	丰 度 比 / %
^{1}H	99.985	^{2}H / ^{1}H 0.015
^{2}H	0.015	
^{12}C	98.893	^{13}C / ^{12}C 1.11
^{13}C	1.107	
^{14}N	99.634	^{15}N/^{14}N 0.37
^{15}N	0.366	
^{16}O	99.759	^{17}O / ^{16}O 0.04 ^{18}O / ^{16}O 0.20
^{17}O	0.037	
^{18}O	0.204	
^{32}S	95.0	^{33}S / ^{32}S 0.8 ^{34}S / ^{32}S 4.4

续表 3-8

同位素	天然丰度 /%	丰 度 比 / %
^{33}S	0.77	
^{34}S	4.23	
^{85}Cl	75.77	$^{87}Cl/^{85}Cl$ 32.5
^{87}Cl	24.23	
^{79}Br	50.537	$^{81}Br/^{79}Br$ 97.9
^{81}Br	49.463	

通过查看分子离子峰的同位素峰组，由 M+1 和 M+2 的丰度，通过查表，确定未知化合物的组成式。例如，CH_4 的 $M+1/M$ 为 1.1%，C_2H_6 的 $M+1/M$ 为 2.2%。既然不同分子式的比值 $M+1/M$ 为一常数，反过来，我们就可以从质谱的同位素峰知道该化合物的分子式。例如，甲苯的分子离子峰位于 m/z =92 处，这是由 $^{12}C_7{}^1H_8$ 离子产生的 M 峰，但在 m/z = 93 处也出现一个 M+1 峰，它是由 $^{12}C_6{}^{13}C^1H_8$ 产生的峰，由于自然界中 ^{12}C 的百分含量为 98.9%，^{13}C 为 1.1%，所以 M+1 峰的强度是 M 峰的 7×1.1% = 7.7%。根据分子离子峰与同位素峰的相对丰度，可以测得精确的分子量，以及判断未知物的分子式。此外，各类有机物的分子离子进一步裂解成大小不同的离子碎片是有一定规律的，根据这些规律，我们还可以推测出有机化合物的结构。

（3）碎片离子峰

产生分子离子只要十几电子伏特的能量，而电子轰击源常选用的电子能量为 50～80eV，因而除产生分子离子外，尚有足够能量致使化学键断裂，形成带正、负电荷和中性的碎片，所以在质谱图上可以出现许多碎片离子峰。碎片离子的形成和化学键的断裂与分子结构有关，利用碎片峰可协助阐明分子的结构。

（4）重排离子峰

分子离子裂解为碎片离子时，有些碎片离子不是仅仅通过简单的键的断裂，而是还通过分子内原子或基团的重排后裂分而形成的，这种特殊的碎片离子称为重排后裂分离子（重排离子）[式（3-6）]。

（5）两价离子峰

分子受到电子袭击，可能失去两个电子而形成两价离子 M^{2+}。在有机化合物的质谱中，M^{2+} 是杂环、芳环和高度不饱和化合物的特征，可供结构分析参考。

（6）离子分子反应

在离子源压强较高的条件下，正离子可能与中性碎片进行碰撞而发生离子分子反应

[式(3-7)],形成大于原来分子的离子。但若离子源处于高真空时,此反应可忽略。

(7)亚稳离子峰

以上各种离子都是指稳定的离子。实际上,在电离、裂解或重排过程中所产生的离子,都有一部分处于亚稳态,这些亚稳离子同样被引出离子室。例如,在离子源中生成质量为 m_1 的离子,当被引出离子源后,在离子源和质量分析器入口处之间的无场区飞行漂移时,由于碰撞等原因很容易进一步分裂失去中性碎片而形成质量为 m_2 的离子,由于它的一部分动能被中性碎片夺走,这种 m_2 离子的动能要比在离子源直接产生 m_1 的小得多,所以前者在磁场中的偏转要比后者大得多,此时记录到的质荷比要比后者小,这种峰称亚稳离子峰。例如,在十六烷的质谱图中可以发现好几个亚稳离子峰,共质荷比分别为 32.9、29.5、28.8、25.7 和 21.7。

亚稳离子峰钝而小,一般要跨 2 ~ 5 个质量单位,其质荷比通常不是整数,故可利用这些特征加以区别。

6. 质谱定性分析及图谱解析

通过质谱图中分子离子峰和碎片离子峰的解析可提供许多有关分子结构的信息,因而定性能力强是质谱分析的重要特点。

7. 相对分子质量的测定

从分子离子峰可以准确地测定该物质的相对分子质量,这是质谱分析的独特优点,它比经典的相对分子质量测定方法(如冰点下降法、沸点上升法、渗透压力测定等)快而准确,且所需试样量少(一般 0.1 mg)。关键是分子离子峰的判断,因为在质谱中最高质荷比的离子峰不一定是分子离子峰,这是由于存在同位素和分子离子反应[如式(3-7)所示]等原因,可能出现 M+1 或 M+2 峰;另一方面,若分子离子不稳定,有时甚至不出现分子离子峰。因此,在判断分子离子峰时可参考以下几个方面的规律和经验方法:

(1)分子离子稳定性的一般规律

分子离子的稳定性与分子结构有关。碳数较多、碳链较长(也有例外)和有支链的分子,分裂概率较高,其分子离子的稳定性低;而具有 π 键的芳香族化合物和共轭烯烃分子,分子离子稳定,分子离子峰大。分子离子稳定性的顺序为:芳香环>共轭烯烃>脂环化合物>直链的烷烃类>硫醇>酮>胺>酯>醚>分支较多的烷烃类>醇。

(2)分子离子峰质量数的规律(氮规则)

由 C、H、O 组成的有机化合物,分子离子峰的质量一定是偶数。而由 C、H、O、N 组成的化合物,含奇数个 N,分子离子峰的质量是奇数,含偶数个 N,分子离子峰的质量则是偶数。这一规律称为氮规则。凡不符合氮规则者,就不是分子离子峰。

（3）分子离子峰与邻近峰的质量差是否合理

如有不合理的碎片峰,就不是分子离子峰。例如分子离子不可能裂解出两个以上的氢原子和小于一个甲基的基团,故分子离子峰的左面,不可能出现比分子离子的质量小 3 ～ 14 个质量单位的峰;若出现质量差 15 或 18,这是由于裂解出—CH_3 或一分子水,因此这些质量差都是合理的。

（4）$M+1$ 峰

某些化合物（如醚、酯、胺、酰胺等）形成的分子离子不稳定,分子离子峰很小,甚至不出现;但 $M+1$ 峰却相当大。这是由于分子离子在离子源中捕获一个 H 而形成的,例如,

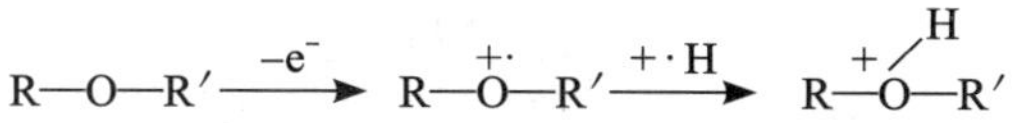

（5）$M-1$ 峰

有些化合物没有分子离子峰,但 $M-1$ 峰却较大,醛就是一个典型的例子,这是由于发生如下的裂解而形成的：

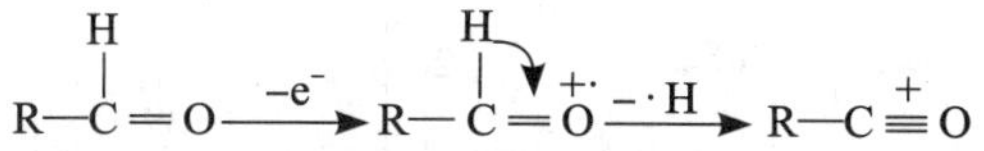

因此在判断分子离子峰时，应注意形成 $M+1$ 或 $M-1$ 峰的可能性。

（6）降低电子轰击源的能量,观察质谱峰的变化

在不能确定分子离子峰时,可以逐渐降低电子流的能量，使分子离子的裂解减少。这时所有碎片离子峰的强度都会减小,但分子离子峰的相对强度会增加。仔细观察质荷比最大的峰是否在所有的峰中最后消失。最后消失的峰即为分子离子峰。

如前所述,有机化合物的质谱分析,最常应用电子轰击源作离子源,但在应用这种离子源时,有的化合物仅出现很弱的,有时甚至不出现分子离子峰,这样就使质谱失去一个很重要的作用。为了得到分子离子峰,可以改用其他一些离子源,如场致电离源、化学电离源等。

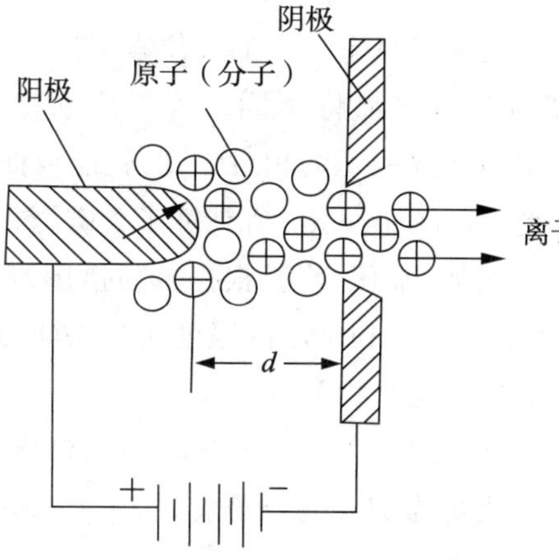

图 3-7　场致电离源

场致电离源如图 3-7 所示。在相距很近（$d < 1$ mm）的阳极和阴极之间,施加

7 000～10 000 V 的稳定直流电压，在阳极的尖端（曲率半径 $r=2.5\ \mu m$）附近产生 10^7～10^8 V 的强电场，依靠这个电场把尖端附近纳米处的分子中的电子拉出来，使之形成正离子，然后通过一系列静电透镜聚集成束，并加速到质量分析器中去。图 3-8 是 3，3- 二甲基戊烷的质谱图。在场致电离的质谱图上，分子离子峰很清楚，碎片峰则较弱，这对相对分子质量测定是很有利的，但缺乏分子结构信息。为了弥补这个缺点，可以使用复合离子源，例如电子轰击 - 场致电离复合源，电子轰击 - 化学电离复合源等。

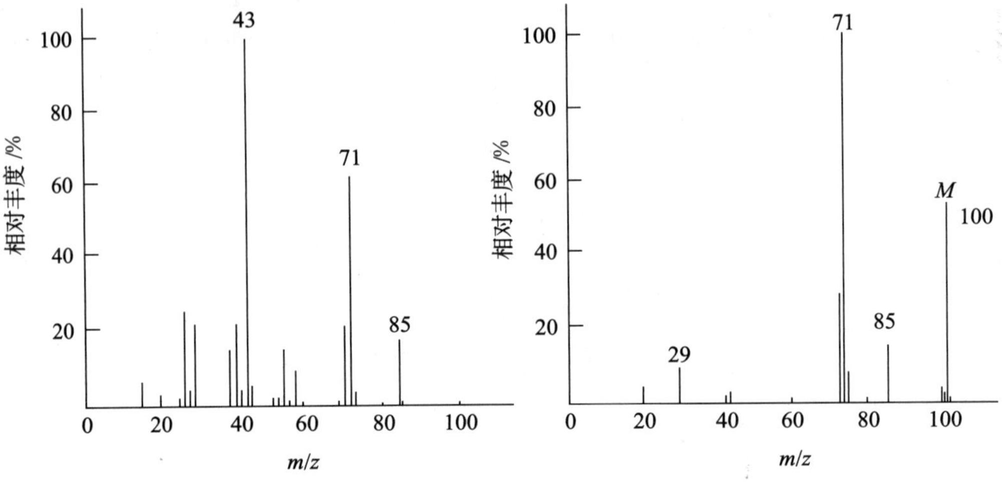

图 3-8 3,3- 二甲基戊烷的质谱图

8. 分子式的确定

各元素具有一定的同位素天然丰度，因此不同的分子式，其 $(M+1)/M$ 和 $(M+2)/M$ 的百分比都将不同。若以质谱法测定分子离子峰及其分子离子的同位素峰（$M+1$，$M+2$）的相对强度，就能根据 $(M+1)/M$ 和 $(M+2)/M$ 的百分比确定分子式。为此，J. H. Beynon 等计算了含碳、氢、氧的各种组合的质量和同位素丰度比。

例如，某化合物，根据其质谱图，已知其相对分子质量为 150，由质谱测定可知，m/z 50、151 和 152 的强度比为 $M(150)=100\%$，$M+1(151)=9.9\%$，$M+2(152)=0.9\%$，试确定此化合物的分子式。

从（$M+2$）/ $M=0.9\%$ 可见，该化合物不含 S、Br 或 Cl。在 Beynon 的表中相对分子质量为 150 的分子式共 29 个，其中（$M+2$）/M 的百分比为 9～11 的分子式有如下 7 个：

分子式	M+1/%	M+2/%
① $C_7H_{10}N_4$	9.25	0.38
② $C_8H_8NO_2$	9.23	0.78
③ $C_8H_{10}N_2O$	9.61	0.61
④ $C_8H_{12}N_3$	9.98	0.45
⑤ $C_9H_{10}O_2$	9.96	0.84
⑥ $C_9H_{12}NO$	10.34	0.68
⑦ $C_9H_{14}N_2$	10.71	0.52

此化合物的相对分子质量是偶数，根据前述氮规则，可以排除上列第 2、4、6 三个式子，剩下四个分子式中，M+1 与 9.9%最接近的是第 5 式（$C_9H_{10}O_2$），这个式子的 M+2 也与 0.9% 很接近，因此分子式应为 $C_9H_{10}O_2$。

各种化合物在一定能量的离子源中是按照一定的规律进行裂解而形成各种碎片离子的，因而所得到的质谱图也呈现一定的规律。所以根据裂解后形成各种离子峰就可以检定物质的组成及结构。同时应注意，同一种化合物在不同的质谱仪中就可能得到不同的质谱图。

例如有一未知物，经初步鉴定是一种酮，它的质谱图如图 3-9 所示，图中分子离子质荷比为 100。因而这个化合物的相对分子质量 M 为 100。质荷比为 85 的碎片离子可认为是由分子断裂—CH_3（质量 15）碎片后形成的。质荷比为 57 的碎片离子则可以认为是再断裂 CO（质量 28）碎片后形成的。质荷比为 57 的碎片离子峰

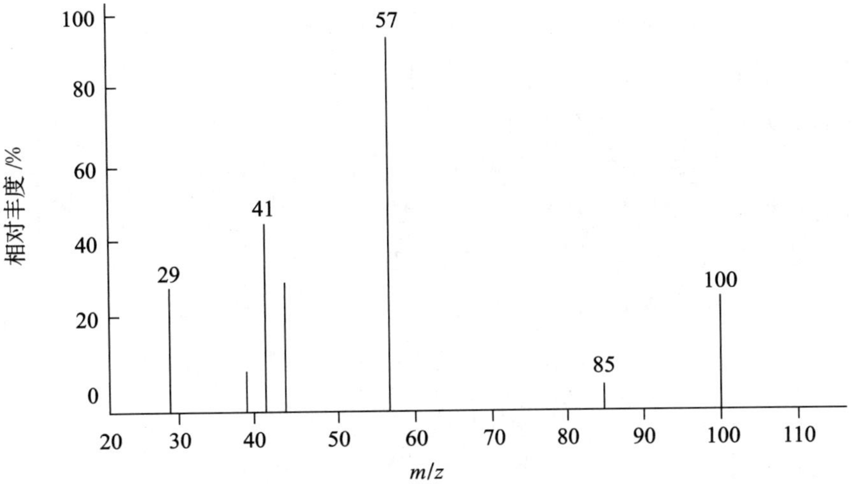

图 3-9 一未知物的质谱图

丰度很高，是标准峰，表示这个碎片离子很稳定，也表示这个碎片和分子的其余部分是比较容易断裂的。这个碎片离子很可能是 $C(CH_3)_3$。

于是这个断裂过程可以表示如下：

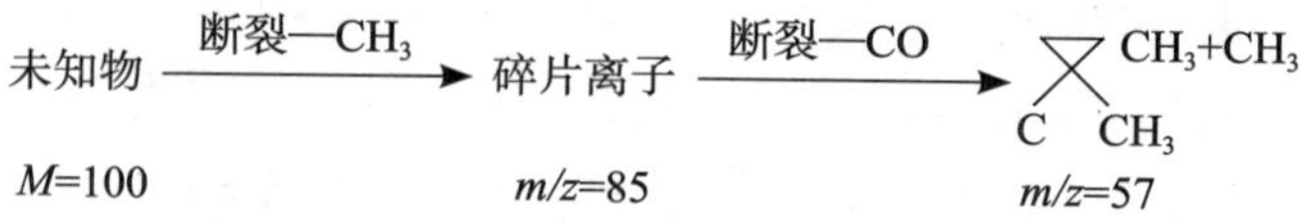

因而这个未知酮的结构式很可能是 $CH_3—CO—C(CH_3)_3$。为了确证这个结构式，还可以采用其他分析手段，例如红外光谱、核磁共振等进行验证。

图中质荷比为 41 和 29 的两个质谱峰，则可认为是碎片离子进一步重排和断裂后所生成的碎片离子峰，这些重排和断裂过程可表示如下：

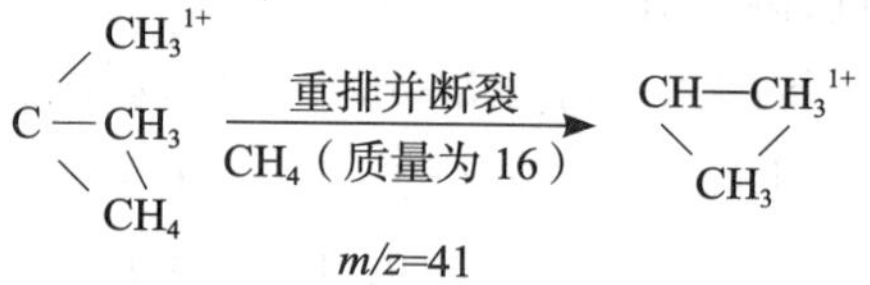

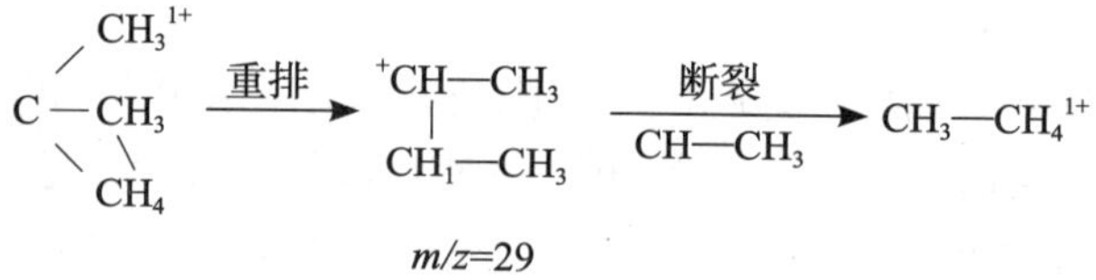

9. 质谱定量分析

质谱法进行定量分析时，应满足一些必要的条件，例如：

①组分中至少有一个与其他组分有显著不同的峰；

②各组分的裂解模型具有重现性；

③组分的灵敏度具有一定的重现性（要求 1%）；

④每种组分对峰的贡献具有线性加和性；

⑤有适当的供校正仪器用的标准物，等等。

对于 n 个组分的混合物：

$$
\begin{aligned}
i_{11}p_1 + i_{12}p_2 + \cdots + i_{1n}p_n &= I_1 \\
i_{21}p_1 + i_{22}p_2 + \cdots + i_{2n}p_n &= I_2 \\
\vdots \qquad \vdots \qquad & \quad \vdots \quad \vdots \\
i_{m1}p_1 + i_{m2}p_2 + \cdots + i_{mn}p_n &= I_m
\end{aligned}
$$

式中: I_m——在混合物的质谱图上于质量 m 处的峰高（离子流）;

i_{mn}——组分 n 在质量 m 处的离子流;

p_n——混合物中组分 n 的分压强。

故以纯物质校正 i_{mn}, p_n,测得未知混合物 I_m,通过解上述多元一次联立方程组即可求出各组分的含量。

采用质谱技术进行定量分析,一般应用不多,但对某些试样却很能解决问题,例如石油的族组分定量分析就是一个例子。石油的组分是极其复杂的,很难把各组分分离和进行定量分析,而且实用上也没有这个必要。对于石油化工生产,只要提供烷径、芳烃等各个族的定量数据就足够了。然而这样做也不是简单的。为了解决这个问题,质谱分析是最成熟和可靠的方法。

例如,轻柴油（馏分 160～360℃）11 个族组分就可用质谱分析来测定。测定时先用气相色谱法将烷烃和芳烃分离,然后以质谱法进行分析（气相色谱－质谱联用）。对于烷烃部分,需要解七元一次联立方程组,对于芳烃部分,需解十元一次联立方程组。

3.4.4 色谱与质谱联用技术

3.4.4.1 气相色谱－质谱联用技术

质谱法具有灵敏度高、定性能力强等特点,但进样要纯,才能发挥其特长,另一方面,进行定量分析又较复杂;气相色谱法则具有分离效率高、定量分析简便的特点,但定性能力却较差。因此,这两种方法若能联用,可以相互取长补短,其优点是:

①气相色谱仪是质谱法的理想的“进样器”,试样经色谱分离后以纯物质形式进入质谱仪,就可充分发挥质谱法的特长。

②质谱仪是气相色谱法的理想的“检测器”,色谱法所用的检测器如氢焰电离检测器、热导池检测器、电子捕获检测器等都有局限性,而质谱仪能检出几乎全部化合物,灵敏度又很高。

所以,色谱－质谱联用技术既发挥了色谱法的分离能力,又发挥了质谱法的高鉴别能力。这种技术适用于做多组分混合物中未知组分的定性鉴定;可以判断化合物的分子结构;可以准确地测定未知组分的相对分子质量;可以修正色谱分析的错误判断;可以鉴定出部分分离或未分离开的色谱峰等等,因此日益受到重视,现今的质谱仪器几乎都配有进行联用的气相色谱仪。

图 3-10 是一种色谱-质谱联用仪器的示意图。由色谱柱分离后的组分经分子分离器进入电离室,并在此被电子轰击而产生相应的正离子,其中部分被引入离子检测器,所得信号称为质谱总离子流。总离子流随时间的变化曲线就是相应的色谱流出曲线。另一部分正离子则引入质量分析器中进行质量分离并得到与色谱图相对应的各个流出部分的质谱图。

气质联用仪(GC-MS)是最早商品化的联用仪器,适宜分析小分子、易挥发、热稳定、能气化的化合物;用电子轰击方式(EI)得到的谱图,可与标准谱库对比。

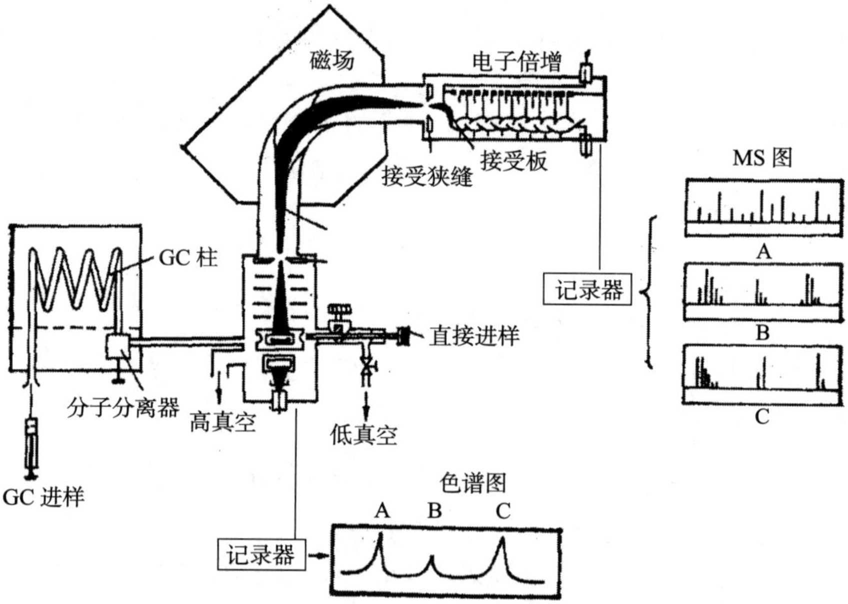

图 3-10 气相色谱-质谱联用仪器示意图

3.4.4.2 液相色谱-质谱联用的原理及应用

1977 年,LC/MS 开始投放市场,1978 年,LC/MS 首次用于生物样品分析。1989 年,LC/MS/MS 取得成功。1991 年,API LC/MS 用于药物开发。1997 年,LC/MS/MS 用于药物动力学高通量筛选。2002 年美国质谱协会统计的药物色谱分析各种不同方法所占的比例。1990 年,HPLC 所占的份额高达 85%,而 2000 年下降到 15%,相反,LC/MS 所占的份额从 3% 提高到大约 80%。我们国家目前在这方面与世界先进水平还有差距,为此我们还有很长的一段路要走。色谱质谱的在线联用将色谱的分离能力与质谱的定性功能结合起来,实现对复杂混合物更准确地定量和定性分析。而且也简化了样品的前处理过程,使样品分析更简便。色谱质谱联用包括气相色谱质谱联用(GC-MS)和液相色谱质谱联用(LC-MS),液质联用与气质联用互为补充,分析不同性质的化合物。

液质联用(LC-MS)主要可解决如下几方面的问题:不挥发性化合物的分析测定;极性化合物的分析测定;热不稳定化合物的分析测定;大分子量化合物(包括蛋白、多肽、多聚物等)的分析测定;没有商品化的谱库可对比查询,只能自己建库或自己解析谱图。

3.4.5 超临界流体色谱技术

超临界流体色谱技术是20世纪80年代兴起的,以高于临界温度和临界压力的超临界流体作为色谱的流动相,进行分离、纯化、分析的前处理方法。由于其传质阻力小、相对温度低,可以对大分子化合物、热不稳定化合物、高聚物等进行快速分析。超临界色谱可与各种气相、液相色谱检测器匹配,也可与红外、质谱联用。通过调节压力、温度、流动相等条件,实现多重梯度,选择最佳的色谱条件。超临界流体色谱综合利用了气相色谱和高效液相色谱的优点,克服了各自的缺点,成为一种强有力的分离和检测手段。

3.4.6 生物传感检测法

酶抑制法、酶联免疫吸附分析法、生物传感器法等以生物传感器为媒介的测定农药残留量的方法是以生物学为基础的一种高精确度测定手段。

以生物传感器法为例简介如下:

酶作为敏感元件,由具有底物识别功能的固定化酶层和可以转换信号的转换器组成。底物经过酶催化转化,再经过检测器检测,通过转换器转换为可识别的信号,从而达到检测的目的。

3.4.7 红外光谱分析技术

近红外光谱和表面增强拉曼光谱,使光谱分析的灵敏度提高了102～107倍。这些快速、直接的光谱技术,只需要极少量样品,具有很大应用潜力,其灵敏度几乎达到一个分子甚至一个原子的水平。

3.4.8 毛细管区带电泳

毛细管区带电泳是以高压直流电场为驱动力的新型液相分离分析方法,是现代分析化学研究的前沿领域之一。它利用液体介质中的带电粒子在电场作用下迁移速度不同而进行分离。毛细管区带电泳法非常适用于离子化样品的分析和分离,尤其是那些难以用传统的液相色谱法分离的样品。

3.5 农药残留的测定

农药残留检测方法有 111 种,以气相色谱 - 质谱法和液相色谱 - 质谱 / 质谱法为主,包括 64 种单残留检测方法和 47 种多残留检测方法。多残留检测方法可检测 2 ～ 512 种农药及相关化学品残留。元素检测方法 45 种,包括 39 种单元素方法和 6 种多元素方法(多元素方法可检测 4 ～ 26 种元素),前者主要是原子吸收光谱法、原子荧光光谱法和分光光度法,后者均为 ICP-OES 法或 ICP-MS 法。

我国根据《中华人民共和国食品安全法》规定,经食品安全国家标准审评委员会审查通过,国家卫生健康委员会、农业农村部、国家市场监督管理总局发布了《食品安全国家标准　食品中百草枯等 43 种农药最大残留限量》(GB 2763.1—2018)等 9 项食品安全国家标准。其编号和名称如表 3-9 所示，9 项食品安全国家标准于 2018 年 12 月 21 日正式实施。

表 3-9 《食品中百草枯等 43 种农药最大残留限量》(GB 2763.1—2018)等 9 项食品安全国家标准

序号	标准编号	标准名称
1	GB 2763.1—2018	食品中百草枯等 43 种农药最大残留限量
2	GB 23200.108—2018	植物源性食品中草铵膦残留量的测定液相色谱 - 质谱联用法
3	GB 23200.109—2018	植物源性食品中二氯吡啶酸残留量的测定液相色谱 - 质谱联用法
4	GB 23200.110—2018	植物源性食品中氯吡脲残留量的测定液相色谱 - 质谱联用法
5	GB 23200.111—2018	植物源性食品中唑嘧磺草胺残留量的测定液相色谱 - 质谱联用法
6	GB 23200.112—2018	植物源性食品中 9 种氨基甲酸酯类农药及其代谢物残留量的测定液相色谱 - 柱后衍生法
7	GB 23200.113—2018	植物源性食品中 208 种农药及其代谢物残留量的测定气相色谱 - 质谱联用法
8	GB 23200.114—2018	植物源性食品中灭瘟素残留量的测定液相色谱 - 质谱联用法
9	GB 23200.115—2018	鸡蛋中氟虫腈及其代谢物残留量的测定液相色谱 - 质谱联用法

3.5.1　动物性食品中农药残留的测定

3.5.1.1　动物性食品中有机磷农药多组分残留量的测定

【原理】试样经提取、净化、浓缩、定容，用毛细管柱气相色谱分离，火焰光度检测器检测，以保留时间定性，外标法定量。出峰顺序：甲胺磷、敌敌畏、乙酰甲胺磷、久效磷、乐果、乙拌磷、甲基对硫磷、杀螟硫磷、甲基嘧啶磷、马拉硫磷、倍硫磷、对硫磷、乙硫磷。

【试剂】

①丙酮：重蒸。

②二氯甲烷：重蒸。

③乙酸乙酯：重蒸。

④环己烷：重蒸。

⑤氯化钠。

⑥无水硫酸钠。

⑦凝胶：Bio-Beads S-X_3 200～400 目。

⑧有机磷农药标准品：见表 3-10。

表 3-10　农药标准品

农药名称	英文名称	纯度
甲胺磷	methamidophos	≥ 99%
敌敌畏	dichlorvos	≥ 99%
乙酰甲胺磷	acephate	≥ 99%
久效磷	monocrotophos	≥ 99%
乐果	dimethoate	≥ 99%
乙拌磷	disulfoton	≥ 99%
甲基对硫磷	methyl-parathion	≥ 99%
杀螟硫磷	fenitrothion	≥ 99%
甲基嘧啶磷	pirimiphos methyl	≥ 99%
马拉硫磷	malathion	≥ 99%
倍硫磷	fenthion	≥ 99%
对硫磷	parathion	≥ 99%
乙硫磷	ethion	≥ 99%

⑨有机磷农药标准溶液的配制。

单体有机磷农药标准储备液：准备称取各有机磷农药标准品 0.010 0 g，分别置于 25 mL 容量瓶中，用乙酸乙酯溶解、定容（浓度各为 400 μg/mL）。

混合有机磷农药标准应用液：测定前，量取不同体积的各单体有机磷农药储备液于 10 mL 容量瓶中，用氮气吹尽溶剂，用经【分析步骤】中 2. 条③款和 3. 条提取、净化处理的鲜牛乳提取液稀释、定容。此混合标准应用液中各有机磷农药浓度（μg/mL）为：甲胺磷 16、敌敌畏 80、乙酰甲胺磷 24、久效磷 80、乐果 16、乙拌磷 24、甲基对硫磷 16、杀螟硫磷 16、甲基嘧啶磷 16、马拉硫磷 16、倍硫磷 24、对硫磷 16、乙硫磷 8。

【仪器】

①气相色谱仪：具火焰光度检测器，毛细管色谱柱。

②旋转蒸发仪。

③凝胶净化柱：长 30 cm，内径 2.5 cm 具活塞玻璃层析柱，柱底垫少许玻璃棉。用洗脱液乙酸乙酯 - 环己烷（1+1）浸泡的凝胶以湿法装入柱中，柱床高约 26 cm，胶床始终保持在洗脱液中。

【分析步骤】

1. 试样制备

蛋品去壳，制成匀浆；肉品去筋后，切成小块，制成肉糜；乳品混匀待用。

2. 提取与分配

①称取蛋类试样 20 g（精确到 0.01 g）于 100 mL 具塞三角瓶中，加水 5 mL（视试样水分含量加水，使总量约 20 g），加 40 mL 丙酮，振摇 30 min，加氯化钠 6 g，充分摇匀，再加 30 mL 二氯甲烷，振摇 30 min。取 35 mL 上清液，经无水硫酸钠滤于旋转蒸发瓶中，浓缩至约 1 mL，加 2 mL 乙酸乙酯 - 环己烷（1+1）溶液再浓缩，如此重复 3 次，浓缩至约 1 mL。

②称取肉类试样 20 g（精确 0.01 g），加水 6 mL（视试样水分含量加水，使总水量约 20 g），以下按照 2. 条①款蛋类试样的提取、分配步骤处理。

③称取乳类试样 20 g（精确到 0.01 g），以下按照 2. 条①款蛋类试样的提取、分配步骤处理。

3. 净化

将此浓缩液经凝胶柱，以乙酸乙酯 - 环己烷（1+1）溶液洗脱，弃去 0 ～ 35 mL 流分，收集 35 ～ 70 mL 流分。将其旋转蒸发浓缩至约 1 mL，再经凝胶柱净化收集

35～70 mL 流分，旋转蒸发浓缩，用氮气吹至约 1 mL，以乙酸乙酯定容至 1 mL，留待 GC 分析。

4. 气相色谱测定

（1）色谱条件

①色谱柱：涂以 SE-54 0.25 μm，30 m×0.32 mm（内径）石英弹性毛细管柱。

②柱温：程序升温

$$60℃，1\ min \xrightarrow{40°C/min} 110℃ \xrightarrow{5°C/min} 235℃ \xrightarrow{40°C/min} 265℃$$

③进样口温度：270℃。

④检测器：火焰光度检测器（FPD-P）。

⑤气体流速：氮气（载气），1 mL/min；尾吹，50 mL/min；氢气，50 mL/min；空气，500 mL/min。

（2）色谱分析

分别量取 1 μL 混合标准液及试样净化液注入色谱仪中，以保留时间定性，以试样和标准的峰高或峰面积比较定量。

（3）色谱图

见图 3-11。

【计算】

$$X=\frac{m_1\times V_2\times 1\ 000}{m\times V_1\times 1\ 000}$$

式中：X——试样中各农药的含量，mg/kg；

m_1——被测样液中各农药的含量，ng；

m——试样质量，g；

V_1——样液进样体积，μL；

V_2——试样最后定容体积，mL；

1000——均为单位换算系数。

计算结果保留两位有效数字。

1—甲胺磷；
2—敌敌畏；
3—乙酰甲胺磷；
4—久效磷；
5—乐果；
6—乙拌磷；
7—甲基对硫磷；
8—杀螟硫磷；
9—甲基嘧啶磷；
10—马拉硫磷；
11—倍硫磷；
12—乙基对硫磷；
13—乙硫磷。

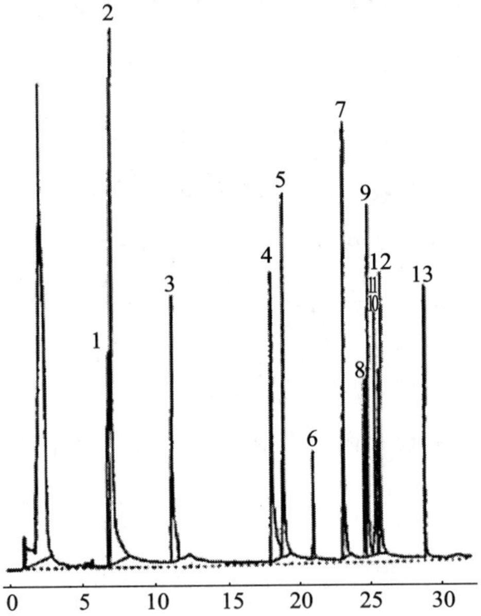

图 3-11　13 种有机磷农药色谱图

【说明】

①本法为 GB/T 5009.161—2003 动物性食品中有机磷农药多组分残留量的测定。

②本法适用于畜禽肉及其制品、乳与乳制品、蛋与蛋制品中甲胺磷、敌敌畏、乙酰甲胺磷、久效磷、乐果、乙拌磷、甲基对硫磷、杀螟硫磷、甲基嘧啶磷、马拉硫磷、倍硫磷、乙基对硫磷、乙硫磷等 13 种常用有机磷农药多组分残留测定方法；在重复性条件下获得的两次独立测定结果的绝对差值不得超过算术平均值的 15%。

③有机磷农药是我国农业上常用的一类农药。由于动物性食品基质的特殊性，试样净化是测定方法的关键技术之一。本法提出采用凝胶渗透净化技术的动物性食品中甲胺磷、敌敌畏、乙酰甲胺磷、久效磷、乐果、乙拌磷、甲基对硫磷、杀螟硫磷、甲基嘧啶磷、马拉硫磷、倍硫磷、乙基对硫磷、乙硫磷等 13 种有机磷农药的多组分残留量测定方法。

④本方法各种农药检出限（μg/kg）为：甲胺磷 5.7；敌敌畏 3.5；乙酰甲胺磷 10.0；久效磷 12.0；乐果 2.6；乙拌磷 1.2；甲基对硫磷 2.6；杀螟硫磷 2.9；甲基嘧啶磷 2.5；马拉硫磷 2.8；倍硫磷 2.1；乙基对硫磷 2.6；乙硫磷 1.7。

3.5.1.2 动物性食品中有机氯农药和拟除虫菊酯农药多组分残留量的测定

【原理】试样经提取、净化、浓缩、定容，用毛细管柱气相色谱分离，电子捕获检测器检测，以保留时间定性，外标法定量。出峰顺序：α-HCH、β-HCH、γ-HCH、五氯硝基苯、δ-HCH、七氯、艾氏剂、除螨酯、环氧七氯、杀螨酯、狄氏剂、p，p′-DDE、p，p′-DDD、o，p′-DDT、p，p′-DDT、胺菊酯、氯菊酯、氯氰菊酯、α-氰戊菊酯、溴氰菊酯。

【试剂】

①丙酮：重蒸。

②二氯甲烷：重蒸。

③乙酸乙酯：重蒸。

④环己烷：重蒸。

⑤正己烷：重蒸。

⑥石油醚：沸程 30～60℃，分析纯，重蒸。

⑦氯化钠。

⑧无水硫酸钠。

⑨凝胶：Bio-Beads S-X_3 200～400 目。

⑩农药标准品见表 3-11。

⑪标准溶液的配制：

分别准确称取表 3-11 中农药标准品，用少量苯溶解，再以正己烷稀释成一定浓度的储备液。根据各农药在仪器上的响应情况，以正己烷配制混合标准应用液。

【仪器】

①气相色谱仪：具电子捕获检测器，毛细管色谱柱。

②旋转蒸发仪。

③凝胶净化柱：长 30 cm、内径 2.5 cm 具活塞玻璃层析柱，柱底垫少许玻璃棉。用洗脱剂乙酸乙酯 - 环己烷（1+1）浸泡的凝胶以湿法装入柱中，柱床高约 26 cm，胶床始终保持在洗脱剂中。

表 3-11　农药标准品一览表

农药名称	英文名称	纯度
α- 六六六	α-HCH	> 99%
β- 六六六	β-HCH	> 99%
γ- 六六六	γ-HCH	> 99%
δ- 六六六	δ-HCH	> 99%
p,p′ - 滴滴涕	p,p′ -DDT	> 99%
o,p′ - 滴滴涕	o,p′ -DDT	> 99%
p,p′ - 滴滴伊	p,p′ -DDE	> 99%
p,p′ - 滴滴滴	p,p′ -DDD	> 99%
五氯硝基苯	quintozene	> 99%
七氯	heptachlor	> 99%
环氧七氯	heptachlor epoxide	> 99%
艾氏剂	aldrin	> 99%
狄氏剂	dieldrin	> 99%
除螨酯	fenson	> 99%
杀螨酯	chlorfenson	> 99%
胺菊酯	phthalthrin	> 99%
氯菊酯	permethrin	> 99%
氯氰菊酯	cypermethrin	> 99%
α- 氰戊菊酯	α -fenvalerate	> 99%
溴氰菊酯	deltamethrin	> 99%

【分析步骤】

1. 试样制备

蛋品去壳，制成匀浆；肉品去筋后，切成小块，制成肉糜；乳品混匀待用。

2. 提取与分配

①称取蛋类试样 20 g（精确到 0.01 g），于 100 mL 具塞三角瓶中，加水 5 mL（视试样水分含量加水，使总水量约 20 g。通常鲜蛋水分含量约 75%，加水 5 mL 即可），加 40 mL 丙酮，振摇 30 min，加氯化钠 6 g，充分摇匀，再加 30 mL 石油醚，振摇 30 min。取 35 mL 上清液，经无水硫酸钠滤于旋转蒸发瓶中，浓缩至约 1 mL，加 2 mL 乙酸乙酯 - 环己烷（1+1）溶液再浓缩，如此重复 3 次，浓缩至约 1 mL。

②称取肉类试样 20 g（精确到 0.01 g），加水 6 mL（视试样水分含量加水，使总

水量约 20 g。通常鲜肉水分含量约 70%，加水 6 mL 即可），以下按照①蛋类试样的提取、分配步骤处理。

③称取乳类试样 20 g（精确到 0.01 g。鲜乳不需加水，直接加丙酮提取。）以下按照①蛋类试样的提取、分配步骤处理。

3. 净化

将此浓缩液经凝胶柱以乙酸乙酯 - 环己烷（1+1）溶液洗脱，弃去 0～35 mL 流分，收集 35～70 mL 流分。将其旋转蒸发浓缩至约 1 mL，再经凝胶柱净化收集 35～70 mL 流分，蒸发浓缩，用氮气吹除溶剂，以石油醚定容至 1 mL，留待 GC 分析。

4. 测定

（1）气相色谱参考条件

①色谱柱：涂以 0 V-101 0.25 μm，30 m×0.32 mm（内径）石英弹性毛细管柱。

②柱温：程序升温

$$60℃,\ 1\ \mathrm{min} \xrightarrow{40℃/\mathrm{min}} 170℃ \xrightarrow{2℃/\mathrm{min}} 235℃ \xrightarrow{40℃/\mathrm{min}} 280℃,\ 10\ \mathrm{min}$$

③进样口温度：270℃。

④检测器：电子捕获检测器（ECD），300℃。

⑤载气流速：氮气（N_2）：1 mL/min；尾吹，50 mL/min。

（2）色谱分析

分别量取 1 μL 混合标准液及试样净化液注入气相色谱仪中，以保留时间定性，以试样和标准的峰高或峰面积比较定量。

（3）色谱图

色谱图如图 3-12 所示。

【计算】

$$X=\frac{m_1\times V_2\times 1\,000}{m\times V_1\times 1\,000}$$

式中：X——试样中各农药的含量，mg/kg；

m_1——被测样液中各农药的含量，ng；

m——试样质量，g；

V_1——样液进样体积，μL；

V_2——样液最后定容体积，mL；

1000——单位换算系数。

计算结果保留两位有效数字。

1—α- 六六六；
2—β- 六六六；
3—γ 六六六；
4—五氯硝基苯；
5—δ- 六六六；
6—七氯；
7—艾氏剂；
8—除螨酯；
9—环氧七氯；
10—杀螨酯；
11—狄氏剂；
12—p,p′- 滴滴伊；
13—p,p′- 滴滴滴；
14—o,p′- 滴滴涕；
15—p,p′- 滴滴涕；
16—胺菊酯；
17—氯菊酯；
18—氯氰菊酯；
19—α- 氰戊菊酯；
20—溴氰菊酯。

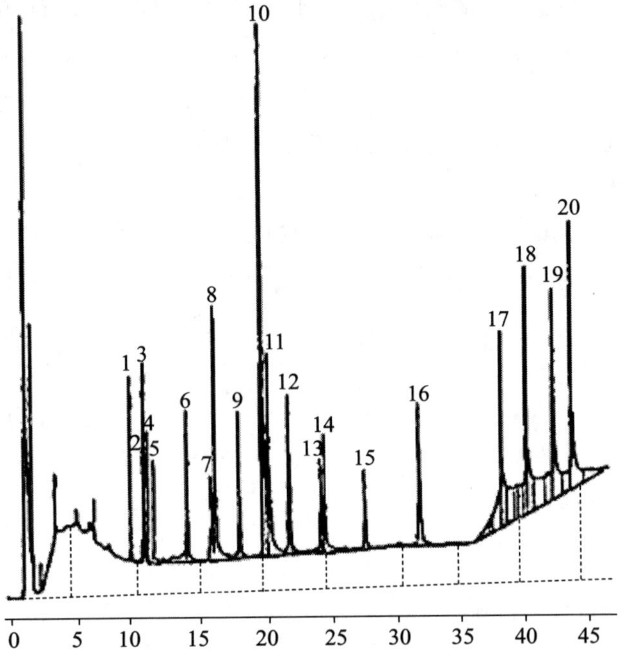

图 3-12　有机氯农药和拟除虫菊酯农药色谱图

【说明】

①本法为 GB/T 5009.162—2003 动物性食品中有机氯农药和拟除虫菊酯农药多组分残留量的测定。

②本法适用于肉类、蛋类及乳类动物性食品中 α-HCH、β-HCH、γ-HCH、δ-HCH、五氯硝基苯、七氯、环氧七氯、艾氏剂、狄氏剂、除螨酯、杀螨酯、p, p′-DDE、p, p′-DDD、o, p′-DDT、p, p′-DDT、胺菊酯、氯菊酯、氯氰菊酯、α- 氰戊菊酯、溴氰菊酯等 20 种常用有机氯农药和拟除虫菊酯农药残留量的分析；在重复性条件下获得的两次独立测定结果的绝对差值不得超过算术平均值的 15%。

③有机氯农药和拟除虫菊酯农药是我国常用的两类农药。由于动物性食品基质的特殊性，试样净化是测定方法的关键技术之一；本法提出了以凝胶渗透净化技术的动物性食品中 α-HCH、β-HCH、γ-HCH、δ-HCH、五氯硝基苯、七氯、环氧七氯、艾氏剂、狄氏剂、除螨酯、杀螨酯、p, p′-DDE、p, p′-DDD、o, p′-DDT、p, p′-DDT、胺菊酯、氯菊酯、氯氰菊酯、α- 氰戊菊酯、溴氰菊酯的多组分残留量测定方法。

④本方法各种农药的检出限（μg/kg）为：α- 六六六 0.25；β- 六六六 0.50；γ-

六六六 0.25；δ- 六六六 0.25；五氯硝基苯 0.25；七氯 0.50；环氧七氯 0.50；艾氏剂 0.25；狄氏剂 0.50；除螨酯 1.25；杀螨酯 1.25；p，p′-DDT 0.50；o，p′-DDT 0.50；p，p′-DDE 0.60；p，p′-DDD 0.75；胺菊酯 12.50；氯菊酯 7.50；氯氰菊酯 2.00；α-氰戊菊酯 2.50；溴氰菊酯 2.50。

3.5.1.3 动物性食品中氨基甲酸酯类农药多组分残留高效液相色谱测定

【原理】试样经提取、净化、浓缩、定容，微孔滤膜过滤后进样，用反相高效液相色谱分离，紫外检测器检测，根据色谱峰的保留时间定性，外标法定量。

【试剂】

①甲醇：重蒸。

②丙酮：重蒸。

③乙酸乙酯：重蒸。

④环己烷：重蒸。

⑤氯化钠。

⑥无水硫酸钠。

⑦蒸馏水：重蒸。

⑧凝胶：Bio-Beads S-X_3 200～400 目。

⑨氨基甲酸酯类农药（NMCs）标准：涕灭威、甲萘威、呋喃丹、速灭威、异丙威纯度均大于 99%。

⑩ NMCs 标准溶液配制：将 5 种 NMCs 分别以甲醇配成一定浓度的标准储备液，冰箱保存。使用前取标准储备液一定量，用甲醇稀释配成混合标准应用液。5 种 NMCs 的浓度分别为涕灭威 6.0 mg/L、甲萘威 5.0 mg/L、呋喃丹 5.0 mg/L、速灭威 10.0 mg/L、异丙威 10.0 mg/L。

【仪器】

①高效液相色谱仪：附紫外检测器及数据处理器。

②旋转蒸发仪。

③凝胶净化柱：长 50 cm，内径 2.5 cm 带活塞玻璃层析柱，柱底垫少量玻璃棉，用洗脱剂（乙酸乙酯 + 环己烷：1+1）浸泡过夜的凝胶以湿法装入柱中，柱床高约 40 cm，柱床始终保持在洗脱剂中。

【试样制备】蛋品去壳，制成匀浆；肉品切块后，制成肉糜；乳品混匀后待用。

【分析步骤】

1. 提取与分配

①称取蛋类试样 20 g（精确到 0.01 g），于 100 mL 具塞三角瓶中，加水 5 mL（视试样水分含量加水，使总水量约 20 g。通常鲜蛋水分含量约 75%，加水 5 mL 即可），加 40 mL 丙酮，振摇 30 min，加氯化钠 6 g，充分摇匀，再加 30 mL 二氯甲烷，振摇 30 min。取 35 mL 上清液，经无水硫酸钠滤于旋转蒸发瓶中，浓缩至 1 mL，加 2 mL 乙酸乙酯 - 环己烷（1+1）溶液再浓缩，如此重复 3 次，浓缩至约 1 mL。

②称取肉类试样 20 g（精确到 0.01 g），加水 6 mL（视试样水分含量加水，使总水量约 20 g。通常鲜肉水分含量约 70%，加水 6 mL 即可），以下按照①蛋类试样的提取、分配步骤处理。

③称取乳类试样 20 g（精确到 0.01 g。鲜乳不需要加水，直接加丙酮提取）。以下按照①蛋类试样的提取、分配步骤处理。

2. 净化

将此浓缩液经凝胶柱以乙酸乙酯 - 环己烷（1+1）溶液洗脱，弃去 0 ~ 35 mL 流分，收集 35 ~ 70 mL 流分。将其旋转蒸发浓缩至约 1 mL，再经凝胶柱净化收集 35 ~ 70 mL 流分，旋转蒸发浓缩，用氮气吹至约 1 mL。以乙酸乙酯定容至 1 mL，留待 HPLC 分析。

3. 高效液相色谱测定

（1）色谱条件

①色谱柱：Altima C_{18} 4.6 mm×25 cm。

②流动相：甲醇 + 水（60+40），流速 0.5 mL/min。

③柱温：30℃。

④紫外检测波长为 210 nm。

（2）测定

将仪器调至最佳状态后，分别将 5 μL 混合标准溶液及试样净化液注入色谱仪中，以保留时间定性，以试样峰高或峰面积与标准比较定量。

（3）色谱图

色谱图见图 3-13。

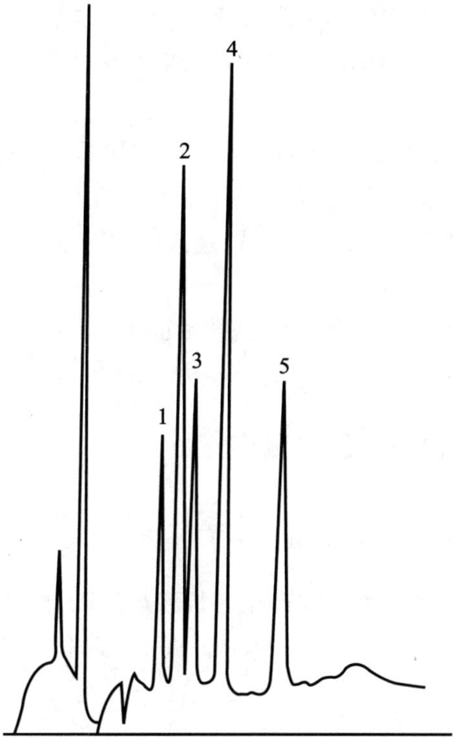

图 3-13　氨基甲酸酯类农药（NMCs）标准色谱图

【计算】

$$X=\frac{m_1\times V_2\times 1\ 000}{m\times V_1\times 1\ 000}$$

式中：X——试样中各农药的含量，mg/kg；

m_1——被测样液中各农药的含量，ng；

m——试样质量，g；

V_1——样液进样体积，μL；

V_2——试样最后定容体积，mL；

1000——单位换算系数。

计算结果保留两位有效数字。

【说明】

①本法为 GB/T 5009.163—2003 动物性食品中氨基甲酸酯类农药多组分残留高效液相色谱测定。

②本法适用于肉类、蛋类及乳类食品中涕灭威、速灭威、呋喃丹、甲萘威、异丙威残留量测定；在重复性条件下获得的两次独立测定结果的绝对差值不得超过算术平均值的 15%。

③涕灭威、速灭威、呋喃丹、甲萘威、异丙威为我国常用的一类氨基甲酸酯类农药。由于动物性食品基质的特殊性，试样净化是测定方法的关键技术之一。本法提出了以凝胶渗透净化技术的动物性食品中涕灭威、速灭威、呋喃丹、甲萘威、异丙威多组分残留量测定方法。

④本方法检出限分别为涕灭威 9.8 μg/kg，速灭威 7.8 μg/kg，呋喃丹 7.3 μg/kg，甲萘威 3.2 μg/kg，异丙威 13.3 μg/kg。

3.5.2 植物性食品中农药残留的测定

3.5.2.1 植物性食品中有机磷和氨基甲酸酯类农药多种残留的测定

【原理】试样中有机磷和氨基甲酸酯农药用有机溶剂提取，再经液液分配、微型柱净化等步骤除去干扰物质，用氮磷检测器（FTD）检测，根据色谱峰的保留时间定性，外标法定量。

【试剂】

①丙酮：重蒸。

②二氯甲烷：重蒸。

③乙酸乙酯：重蒸。

④甲醇：重蒸。

⑤正己烷：重蒸。

⑥磷酸。

⑦氯化钠。

⑧无水硫酸钠。

⑨氯化铵。

⑩硅胶：60～80 目 130℃烘 2 h，以 5% 水失活。

⑪助滤剂：celite 545。

⑫凝结液：5 g 氯化铵 +10 mL 磷酸 +100 mL 水，用前稀释 5 倍。

⑬农药标准品：见表 3-12。

⑭农药标准溶液的配制：分别准确称取表 3-12 中的标准品，用丙酮为溶剂，分

别配成 1 mg/mL 标准储备液，贮于冰箱中，使用时用丙酮稀释配成单品种的标准使用液。再根据各农药品种在仪器上的响应情况，吸收不同量的标准储备液，用丙酮稀释成混合标准使用液。

表 3–12 有机磷和氨基甲酸酯农药标准品

农药名称	英文名称	纯度
敌敌畏	dichlorvos	⩾ 99%
乙酰甲胺磷	acephate	⩾ 99%
速灭威	MTMC	⩾ 99%
异丙威	isoprocarb	⩾ 99%
仲丁威	BPMC	⩾ 99%
甲基内吸磷	demeton–methyl	⩾ 98%
甲拌磷	phorate	⩾ 99%
久效磷	monocrotphos	⩾ 99%
乐果	dimethoate	⩾ 98%
甲萘威（西维因）	carbaryl	⩾ 99%
甲基对硫磷	parathion–methyl	⩾ 99%
马拉氧磷	malathior	⩾ 96.1%
毒死蜱	chtorpyrifos	⩾ 99%
甲基嘧啶磷	pirimiphos	⩾ 99%
倍硫磷	fenthion	⩾ 99%
马拉硫磷	malathion	⩾ 99%
对硫磷	parathion	⩾ 98%
杀扑磷	mathidathion	⩾ 99%
克线磷	phenamiphos	⩾ 99%
乙硫磷	ethion	⩾ 99%

【仪器】

①组织捣碎机。

②离心机。

③超声波清洗器。

④旋转蒸发仪。

⑤气相色谱仪：附氮磷检测器（FTD）。

【试样的制备】取粮食试样以粉碎机粉碎，过 20 目筛制成粮食试样，蔬菜擦去表层泥水，取可食部分匀浆制成分析试样。

【分析步骤】

1. 提取

（1）蔬菜

①方法一：称取 10 g 试样于三角瓶中，加入与试样含水量之和为 10 g 的水和 20 mL 丙酮。振荡 30 min，抽滤，取 20 mL 滤液于分液漏斗中。

②方法二：称取 5 g 试样（视试样中农药残留量而定），置于 50 mL 离心管中，加入试样含水量之和为 5 g 的水和 10 mL 丙酮。置于超声波清洗器中，超声提取 10 min。在 5 000 r/min 离心转速下离心使蔬菜沉降，用移液管吸出上清液 10 mL 至分液漏斗中。

（2）粮食

称取 20 g 试样于三角瓶中，加入 5 g 无水硫酸钠和 100 mL 丙酮。振荡提取 30 min，过滤后取 50 mL 滤液于分液漏斗中。

2. 净化

向①方法一分液漏斗中加入 40 mL 凝结液和 1 g 助滤剂 celite 545，或向②方法二分液漏斗中分别加入 20 mL 凝结液和 1 g 助滤剂 celite 545，轻摇后放置 5 min，经两层滤纸的布漏斗抽滤，并用少量凝结液洗涤分液漏斗和布氏漏斗。将滤液转移至分液漏斗中，加入 3 g 氯化钠，依次用 50、50、30 mL 二氯甲烷提取，合并 3 次二氯甲烷提取液，经无水硫酸钠漏斗过滤至浓缩瓶中，在 35℃水浴的旋转蒸发仪上浓缩至少量，用氮气吹干。取下浓缩瓶，加入少量正己烷。以少许棉花塞住 5 mL 医用注射器出口，1 g 硅胶以正己烷湿法装柱，敲实，将浓缩瓶中液体倒入，再以少量正己烷 + 二氯甲烷（9+1）洗涤浓缩瓶，倒入柱中。依次以 4 mL 正己烷 + 丙酮（7+3），4 mL 乙酸乙酯，8 mL 丙酮 + 乙酸乙酯（1+1），4 mL 丙酮 + 甲醇（1+1）洗柱，汇集全部滤液化经旋转蒸发仪 45℃水浴浓缩近干，定容至 1 mL。

向（1）条②款中分液漏斗中加入 50 mL 5% 氯化钠溶液，再以 50 mL、50 mL、30 mL 二氯甲烷提取三次，合并二氯甲烷层经无水硫酸钠过滤后，在旋转蒸发仪 40℃水浴上浓缩近干，定容至 1 mL。

3. 测定

（1）气相色谱参考条件

①色谱柱：BP5 或 OV−101 25 m×0.32 mm（内径）石英弹性毛细管柱。

②气体流速：

氮气：50 mL/min；

尾吹气:（氮气）30 mL/min；

氢气：$0.5\ kg/cm^2$；

空气：$0.3\ kg/cm^2$。

③温度

柱温采用程序升温方式

$$140℃ \xrightarrow{50℃\ /min} 185℃ \xrightarrow{恒温\ 2\ min\ 2℃\ /min} 195℃ \xrightarrow{10℃\ /min} 235℃ \xrightarrow{恒温\ 1\ min} 235℃$$

进样口温度240℃。

④检测器：氮磷检测器（FTD）。

（2）色谱分析

量取1 μL混合标准溶液及试样净化液注入色谱仪中，以保留时间定性，以试样峰高或峰面积与标准比较定量。

（3）色谱图

色谱图如图3-14所示。

【计算】

$$X_i = \frac{h_i \times E_{si} \times 1\ 000}{h_{si} \times m \times f}$$

式中：X_i——i组分有机磷农药的含量，mg/kg；

h_i——试样中i组分的峰高或峰面积；

h_{si}——标样中i组分的峰高或峰面积；

E_{si}——标样中i组分的量，ng；

m——试样量，g；

f——换算系数，粮食为1/2，蔬菜为2/3；

1000——单位换算系数。

【说明】

①本法为GB/T 5009.145—2003植物性食品中有机磷和氨基甲酸酯类农药多种残留的测定。

②本法适用于粮食、蔬菜中敌敌畏、乙酰甲胺磷、甲基内吸磷、甲拌磷、久效磷、乐果、甲基对硫磷、马拉氧磷、毒死蜱、甲基嘧啶磷、倍硫磷、马拉硫磷、对硫磷、杀扑磷、

克线磷、乙硫磷、速灭威、异丙威、仲丁威、甲萘威等农药残留量的测定。

1—2.062 甲胺磷；
2—3.775 乙酸甲胺磷；
3—4.097 敌百虫；
4—5.058 叶蝉散；
5—6.163 仲丁威；
6—6.5 甲基内吸磷；
7—7.688 甲拌磷；
8—7.797 久效磷；
9—8.41 乐果；
10—8.575 甲基对硫磷；
11—12.288 马拉氧磷；
12—12.745 毒死蜱；
13—13.367 甲萘威；
14—14.18 甲基嘧啶磷；
15—14.353 倍硫磷；
16—14.827 马拉硫磷；
17—15.027 对硫磷；
18—18.28 杀扑磷；
19—19.412 乙硫磷；
20—21.293 克线磷；

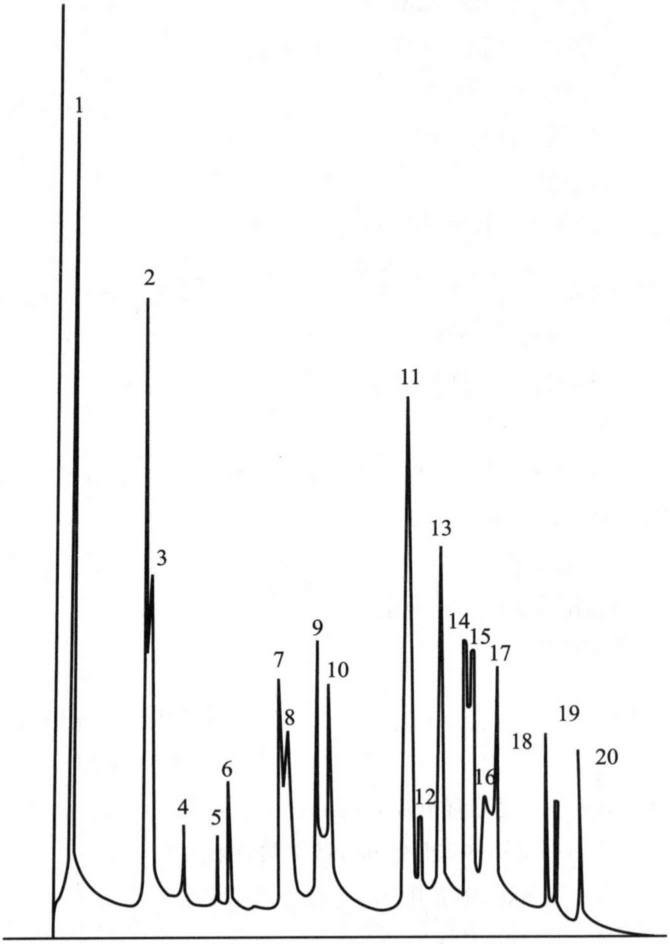

图 3-14　16 种有机磷和 4 种氨基甲酸酯农药色谱图

③将 16 种有机磷和 4 种氨基甲酸酯农药混合标准分别加入到大米、番茄、白菜中进行方法的精密度和准确试验，添加回收率在 73.38%～108.22%，变异系数在 2.17%～7.69%；有机磷和氨基甲酸酯类农药是当前我国使用量最大的两类杀虫剂；食品中农药多种残留分析方法可以囊括多种农药的残留分析，可以解决多种组分及未知组分农药在食品中残留分析；本方法提供了粮食、蔬菜中敌敌畏等 16 种有机磷及速灭威等 4 种氨基甲酸酯类农药的多种残留分析，同时也适用于其他有机磷及氨基甲酸酯农药残留量的分析。

④ 本方法检出限见表 3-13。

表 3-13 植物性食品中有机磷和氨基甲酸酯类农药多种残留的测定检出限

农药名称	最小检出浓度 /（μg/kg）
敌敌畏	4
乙酰甲胺磷	2
速灭威	8
叶蝉散	4
仲丁威	15
甲基内吸磷	4
甲拌磷	2
久效磷	10
乐果	2
甲萘威	4
甲基对硫磷	2
马拉氧磷	8
毒死蜱	8
甲基嘧啶磷	8
倍硫磷	6
马拉硫磷	6
对硫磷	8
杀扑磷	10
克线磷	10
乙硫磷	14

3.5.2.2 植物性食品中有机氯和拟除虫菊酯类农药多种残留的测定

【原理】试样中有机氯和拟除虫菊酯农药用有机溶剂提取，经液液分配及层析净化除去干扰物质，用电子捕获检测器检测，根据色谱峰的保留时间定性，外标法定量。

【试剂】

试剂除非另有说明，在分析中仅使用确定为分析纯的试剂和蒸馏水或相当纯度的水。

①石油醚：沸程 60～90℃，重蒸。

②苯：重蒸。

③丙酮：重蒸。

④乙酸乙酯：重蒸。

⑤无水硫酸钠。

⑥弗罗里硅土：层析用，于 620℃灼烧 4 h 后备用，用前 140℃烘 2 h，趁热加 5% 水灭活。

⑦农药标准品，见表 3-14。

⑧标准溶液的配制：分别准确称取表 3-14 中的标准品，用苯溶解并配成 1 mg/mL 的储备液，使用时用石油醚稀释配成单品种的标准使用液。再根据各农药品种在仪器上的响应情况，吸取不同量的标准储备液，用石油醚稀释成混合标准使用液。

表 3-14　有机氯和拟除虫菊酯农药标准品

农药名称	英文名称	纯度
α-666	α-HCH	≥ 99%
β-666	β-HCH	≥ 99%
γ-666	γ-HCH	≥ 99%
δ-666	δ-HCH	≥ 99%
p,p′ - 滴滴涕	p,p′ -DDT	≥ 99%
p,p′ - 滴滴滴	p,p′ -DDD	≥ 99%
p,p′ - 滴滴伊	p,p′ -DDE	≥ 99%
o,p′ - 滴滴涕	o,p′ -DDT	≥ 99%
七氯	heptachlor	≥ 99%
艾氏剂	aldrin	≥ 99%
甲氰菊酯	fenpropathrin	≥ 99%
氯氟氰菊酯	cyhalothrin	≥ 99%
氯菊酯	permethrin	≥ 99%
氯氰菊酯	cypermethrin	≥ 99%
氰戊菊酯	fenvalerate	≥ 99%
溴氰菊酯	deltamethrin	≥ 99%

【仪器】

①气相色谱仪：附电子捕获检测器（ECD）。

②电动振荡器。

③组织捣碎机。

④旋转蒸发仪。

⑤过滤器具：布氏漏斗（直径 80 mm）抽滤瓶（200 mL）。

⑥具塞三角瓶：100 mL。

⑦分液漏斗：250 mL。

⑧层析柱。

【试样制备】

取粮食试样经粮食粉碎机粉碎，过20目筛制成粮食试样。取蔬菜试样擦净，去掉非可食部分后备用。

【分析步骤】

1. 提取

（1）粮食试样

称取10 g粮食试样，置于100 mL具塞三角瓶中，加入20 mL石油醚，于振荡器上振摇0.5 h。

（2）蔬菜试样

称取20 g蔬菜试样。置于组织捣碎杯中，加入30 mL丙酮和30 mL石油醚，于捣碎机上捣碎2 min，捣碎液经抽滤，滤液移入250 mL分液漏斗中，加入100 mL 20 g/L硫酸钠水溶液，充分摇匀，静置分层，将下层溶液转移到另一250 mL分液漏斗中，用20 mL、20 mL石油醚萃取，合并三次萃取的石油醚层，过无水硫酸钠层，于旋转蒸发仪上浓缩至10 mL。

2. 净化

（1）层析柱的制备

玻璃层析柱中先加入1 cm高无水硫酸钠，再加入5 g 5%水脱活弗罗里硅土，最后加入1 cm高无水硫酸钠，轻轻敲实，用20 mL石油醚淋洗净化柱，弃去淋洗液，柱面要留有少量液体。

（2）净化与浓缩

准确吸取试样提取液2 mL，加入已淋洗过的净化柱中，用100 mL石油醚＋乙酸乙酯（95+5）洗脱，收集洗脱液于蒸馏瓶中，于旋转蒸发仪上浓缩近干，用少量石油醚多次溶解残渣于刻度离心管中，最终定容至1.0 mL，供气相色谱分析。

3. 测定

（1）气相色谱参考条件

①色谱柱：石英弹性毛细管柱，0.25 mm（内径）×15 m，内涂有OV-101固定液。

②气体流速：氮气：40 mL/min，尾吹气：60 mL/min，分流比1：50。

③温度：柱温自180℃升至230℃保持30 min；检测器、进样口温度250℃。

（2）色谱分析

吸收 1 μL 试样液注入气相色谱仪，记录色谱峰的保留时间和峰高。再吸取 1 μL 混标溶液进样，记录色谱峰的保留时间和峰高。根据组分在色谱上的出峰时间与标准组分比较定性：用外标法与标准组分比较定量。

（3）色谱图

见图 3-15。

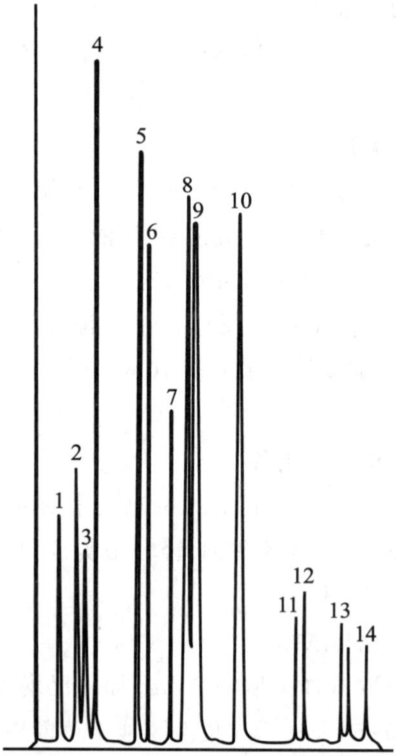

1—α-666；
2—β-666；
3—γ-666；
4—δ-666；
5—七氯；
6—艾氏剂
7—p,p′-DDE；
8—o,p′-DDT；
9—p,p′-DDD；
10—p,p′-DDT；
11—三氟氯氰菊酯；
12—二氯苯醚菊酯；
13—氰戊菊酯；
14—溴氰菊酯。

图 3-15　有机氯和拟除虫菊酯标液色谱图

【计算】

$$X=\frac{h_i \times E_{si} \times V_2}{h_{si} \times V_1 \times m} \times K$$

式中：X——试样中农药的含量，mg/kg；

E_{si}——标准品中 i 组分农药的含量，ng；

V_1——试样进样体积，μL；

V_2——最后定容体积，mL；

h_{si}—标准品中 i 组分农药峰高，mm；

h_i—试样中 i 组分农药峰高，mm；

m—试样的质量，g；

K—稀释倍数。

【说明】

①本法为 GB/T 5009.146—2003 植物性食品中有机氯和拟除虫菊酯类农药多种残留的测定；有机氯和拟除虫菊酯类农药是当前我国使用量较大的两类杀虫剂；食品中农药多残留分析方法可以囊括多种农药的残留分析，可以解决多种组分及未知组分农药在食品中的残留分析；本方法提供了粮食、蔬菜中六六六等 10 种有机氯及甲氰菊酯等 6 种拟除虫菊酯类农药的多残留分析，同时也适用于其他有机氯及拟除虫菊酯农药残留量的分析。

②本法适用于粮食、蔬菜中 α–666、β–666、γ–666、δ–666、七氯、艾氏剂、p，p′–DDT、p，p′–DDD、p，p′–DDE、o，p′–DDT、甲氰菊酯、氯氟氰菊酯、氯菊酯、氯氰菊酯、氰戊菊酯、溴氰菊酯等农药残留量的测定。

③将 10 种有机氯和 6 种菊酯类农药混合标准分别加入到面粉、黄瓜、油菜中进行方法的精密度和准确度试验，添加回收率在 81.71% ～ 112.41%，变异系数在 2.48% ～ 10.05%。

④本方法检出限见表 3–15。

表 3–15 植物性食品中有机氯和拟除虫菊酯类农药多种残留的测定检出限

农药名称	检出限 /（μg/kg）
α–666	0.1
β–666	0.2
γ–666	0.6
δ–666	0.6
七氯	0.8
艾氏剂	0.8
p,p′–DDE	0.8
o,p′–DDT	1.0
p,p′–DDD	1.0
p,p′–DDT	1.0

农药名称	检出限 / (μg/kg)
氯氟氰菊酯	0.8
氯菊酯	16
氰戊菊酯	3.0
溴氰菊酯	1.6

思考题

1. 试述农药的概念及分类。

2. 试述农药残留及最大残留限量的概念。

3. 农药对农产品的污染有哪些途径？

4. 早期使用什么方法测定农产品中农药残留？早期使用的方法有何缺点？现在使用什么方法测定农产品中农药残留？现在的方法有何优点？

5. 有机磷农药有几种类型？有机氯农药有几种类型？拟除虫菊酯类农药有几种类型？

6. 氨基甲酸酯类农药有几种类型？其主要检测手段是什么？

7. 欧盟对农药残留的要求对我国农产品出口欧盟时有无影响？

8. 农药残留主要的检测方法有哪些？

9. 简述高效液相色谱法的原理和特点。

10. 简述气相色谱法的原理。

11. 简述质谱法的原理。

12. 简述气质联用和液质联用的原理。

13. 下列五题请选做一题：

（1）试述动物性食品中有机磷农药多组分残留量的测定的原理和操作要点。

（2）试述动物性食品中有机氯农药和拟除虫菊酯农药多组分残留量的测定原理和分析步骤。

（3）试述动物性食品中氨基甲酸酯类农药多组分残留高效液相色谱测定的原理和分析步骤。

（4）试述植物性食品中有机磷和氨基甲酸酯类农药多种残留的测定原理和操作要点。

（5）试述植物性食品中有机氯和拟除虫菊酯类农药多种残留的测定原理和分析步骤。

参考文献

[1] 中华人民共和国国家标准. 食品卫生检验方法. 理化部分(一)[M]. 北京:中国标准出版社,2004.

[2] 中华人民共和国国家标准. 食品卫生检验方法. 理化部分(二)[M]. 北京:中国标准出版社,2004.

[3] 许牡丹,毛跟年. 食品安全性与分析检测[M]. 北京:化学工业出版社,2003.

[4] 张意静. 食品分析技术[M]. 北京:中国轻工出版社,2001.

[5] 杨祖英. 食品检验[M]. 北京:化学工业出版社,2001.

[6] 穆华荣,于淑萍. 食品分析[M]. 北京:化学工业出版社,2004.

[7] 杨新星. 工业分析技术(工业分析专业 CBE 教程)[M]. 北京:化学工业出版社,2000.

[8] 中华人民共和国国家标准. 食品卫生微生物检验[M]. 北京:中国标准出版社,2004.

[9] 大连轻工业学院等八校. 食品分析[M]. 北京:中国轻工业出版社,2002.

[10] 宁正祥. 食品成分分析手册[M]. 北京:中国轻工业出版社,1998.

[11] 方惠群,于俊生,史坚. 仪器分析[M]. 北京:科学出版社,2002.

[12] 穆华荣,陈志超. 仪器分析实验[M]. 2 版. 北京:化学工业出版社,2004.

[13] 杨洁彬,王晶,王柏琴,等. 食品安全性[M]. 北京:中国轻工业出版社,1999.

[14] 武汉大学化学系. 仪器分析[M]. 北京:高等教育出版社,2001.

[15] 王肇庆. 粮油食品品质分析[M]. 北京:中国轻工业出版社,1994.

[16] 朱明华. 仪器分析[M]. 3 版. 北京:高等教育出版社,2000.

[17] 高鹤娟. 食品中有害物质[M]. 北京:化学工业出版社,2000.

[18] 靳敏,夏玉宇. 食品检验技术[M]. 北京:化学工业出版社,2003.

[19] 卫生部卫生监督中心卫生标准处 . 食品卫生国家标准汇编第 6 卷 [M]. 北京：中国标准出版社，2004.

[20] 中国预防医学科学院标准处 . 食品卫生国家标准汇编第 3 卷 [M]. 北京：中国标准出版社，2004.

[21] 穆华荣 . 食品检验技术 [M]. 北京：化学工业出版社，2005.

[22] 侯曼玲 . 食品分析 [M]. 北京：化学工业出版社，2004.

[23] 王竹天，杨大进 . 食品安全与健康 [M]. 北京：化学工业出版社，2005.

[24] 刘焕龙 . 农产品生产环境检测 [M]. 中国农业大学出版社，2010.

[25] 张勇刚，钟琦 . 农产品重金属普查样品分析方法 [J]. 安徽农业科学，2015, 43 (36)：12-13.

[26] 温静，张敏，徐晶 . 积极推广有机产品认证保障农产品质量安全 [J]. 吉林蔬菜，2011 (6)：82-84.

[27] 葛猛，瞿峰峰 . 有机农业的发展历史、现状及对策 [J]. 现代农业科技，2018 (22)：266-268.

[28] 朱丽梅，张美霞 . 农产品安全检测技术 [J]. 上海：上海交通大学出版社，2012.

[29] 赵春雁，卫来，范德清 . 世界有机农场发展现状及趋势分析 [J]. 南方业，2018, 12 (31)：75-78.

[30] 乔玉辉，孟凡乔，李花粉，等 . 有机产品认证风险评估关键技术 [M]. 北京：中国农业科学技术出版社，2017.

[31] 王文欣，杨明，宋文佳，等 . 我国有机农业发展的现状、问题及对策 [J]. 中国市场，2019 (5)：59-62.

[32] 安志装，等 . 农田重金属污染危害与修复技术 [M]. 北京：中国农业出版社，2018.

[33] 贾玉娟 . 农产品质量安全 [M]. 重庆：重庆大学出版社，2017.

[34] 王冬群，付晓陆，范鹏志，等 . 农药残留检测技术研究及风险评价 [M]. 杭州：浙江大学出版社，2013.

[35] 赵刚，顾佳丽 . 农药残留分析技术 [M]. 北京：中国石化出版社，2014.

[36] 岳永德 . 农药残留分析 [M]. 2 版 . 北京：中国农业出版社，2014.

[37] 蔡红梅，汪孟丽，田子玉 . 蔬菜中农药残留检测前处理方法概述 [J]. 现代农业科技，2019 (3)：93-94.

[38] 张水华 . 食品分析 [M]. 北京 : 中国轻工业出版社 , 2004.

[39] 张意静 . 食品分析技术 [M]. 北京 : 中国轻工业出版社 , 2001.

[40] 中华人民共和国国家标准委员会 . 食品卫生检验方法理化部分 [M]. 北京 : 中国标准出版社 , 2003.

[41] 黄伟坤 . 食品检验与分析 [M]. 北京 : 中国轻工业出版社 , 1997.

[42] 张英 . 食品理化于微生物检测实验 [M]. 北京 : 中国轻工业出版社 , 2004.